AF610391

LES FEMMES

ET

LES MŒURS DU BRÉSIL

PAR

CHARLES EXPILLY

Auteur du *Brésil tel qu'il est.*

PARIS

CHARLIEU ET HUILLERY, LIBRAIRES-ÉDITEURS

10, RUE GIT-LE-CŒUR, 10

1863

LES FEMMES

ET

LES MŒURS DU BRÉSIL

OUVRAGES DU MÊME AUTEUR :

Le Brésil tel qu'il est. 1 fort vol. in-18, 2e édition.

Le Pirate Noir. 1 vol., 6e édition.

Grande Dame et Lorette. 1 vol.

Les Filles de Mahomet. 1 vol.

Sous presse :

La Cabra d'or. 1 vol. in-18.

Pour paraître prochainement :

L'Émigration et la Colonisation au Brésil. 1 vol. in-8.

Les Nègres charmeurs. 1 vol. in-18.

Les Martyrs de la civilisation. 2 vol. in-18.

Histoire anecdotique du Brésil. 2 vol. in-18.

Le Testament du capitaine Cayol (Mœurs esclavagistes). 1 vol. in-18.

PARIS — IMPRIMERIE ÉDOUARD BLOT, RUE SAINT-LOUIS, 46.

LES FEMMES

ET

LES MŒURS DU BRÉSIL

PAR

CHARLES EXPILLY

Auteur du *Brésil tel qu'il est.*

« Abrutissement du clergé, — nulle croyance dans les hautes classes, — un mélange d'idolâtrie, de paganisme, de superstition et de christianisme dans les classes inférieures, tel est l'état du Brésil. »

EUGENIO DO PRADO, *Jornal do Commercio* du 20 avril 1857.

PARIS
CHARLIEU ET HUILLERY, ÉDITEURS
10, RUE GIT-LE-CŒUR, 10

1863

DÉDICACE

A MADEMOISELLE MARTHE EXPILLY

MA CHÈRE ENFANT,

Comme ta mère, tu es née au Brésil et une esclave t'a donné son lait.

Tu étais bien jeune quand, après de douloureuses épreuves, nous avons quitté ce pays; aussi n'as-tu gardé aucun souvenir de ta nourrice noire.

Dès lors, comment pourrais-tu te rappeler le *Discours des adieux* qu'elle murmura à tes oreilles, avant de se séparer de toi?

Elle te demandait, à travers ses larmes, et comme si tu eusses pu la comprendre, de ne pas oublier celle qui, chaque jour, te berçait dans ses bras et t'endormait sur son sein; et si jamais tu devenais riche, de la racheter.

Ta mère et moi nous étions profondément émus, en entendant la naïve et touchante prière de Julia la Monjola.

Qu'est devenue, depuis notre départ, la pauvre négresse?

Hélas! peut-être, celle qui t'a versé la vie est morte sous la chicote du commandeur!

Lorsqu'il te sera permis de lire cette étude de mœurs esclavagistes, tu penseras à ta mère noire et, de Julia, ta pitié s'étendra sur toutes les infortunes imméritées; car, ce n'est pas seulement en Amérique, ma chère Marthe, qu'il y a des esclaves et des maîtres inexorables.

Ce livre aura complété l'enseignement que je m'efforce d'inculquer à ta jeune âme, s'il t'inspire l'horreur de l'oppression et l'amour de la justice.

L'oppression, c'est l'iniquité: l'iniquité retranchée dans une logique impie; c'est le blasphème incarné dans le bourreau.

La justice, c'est la vérité; et la vérité, c'est Dieu!

CHARLES EXPILLY.

Paris, juin 1863.

PRÉFACE

Des notes que j'ai recueillies pendant mon séjour dans l'Amérique du Sud, une partie a été publiée sous ce titre : LE BRÉSIL TEL QU'IL EST. Il y a sept mois de cela. Depuis lors, LE BRÉSIL TEL QU'IL EST a fait son chemin ; aujourd'hui, il est parvenu à la fin de sa deuxième édition ; la troisième ne tardera pas à paraître.

Les livres sérieux n'ont pas les mêmes chances de vente que les romans ; ils s'adressent à un public éclairé, mais restreint. Aussi, est-ce avec un légitime orgueil que je constate le succès du BRÉSIL TEL QU'IL EST.

Ce n'est pas que les critiques acerbes, et les reproches acrimonieux aient fait défaut à mon travail. A vrai dire, je m'attendais à pire que cela.

Ne pouvant nier l'exactitude de mes tableaux et la sincérité de mes jugements, quelques Brésiliens m'ont accusé d'exagération. Un seul, — c'est un homme officiel, et à ce titre, il est excusable, — m'a dit :

— Votre bonne foi est incontestable ; mais vous avez mal vu.

Heureusement, l'appréciation que la presse parisienne, y compris la *Revue des deux Mondes*, et les journaux de Marseille, de Lyon, de Bordeaux, de Belgique et aussi ceux de Buenos-Ayres, ont faite de mon livre, me lave du reproche d'avoir chargé mes peintures.

Heureusement encore, le témoignage spontané d'autres Brésiliens, et les félicitations qui m'ont été adressées de Rio-de-Janeiro même, où mon volume, *souvent demandé*, pourtant, ne se trouve pas dans les librairies (Pourquoi cela ?) me maintiennent dans cette opinion que j'ai *bien vu* et *bien rendu* les impressions éprouvées.

Néanmoins, je dois confesser qu'on m'a querellé à propos du titre que j'ai adopté.

« Eh quoi ! — m'écrit-on encore de Rio-de-Janeiro, — votre livre s'intitule fièrement : LE BRÉSIL TEL QU'IL EST, et il ne parle ni des ressources matérielles de ce pays, ni de son organisation intérieure, ni de ses tendances rétrogrades, étroites, *chinoises* (*sic*), ni de son dépérissement actuel, ni de ses destinées qui deviendront fatales, si l'émigration européenne persiste à se détourner de ses côtes ! Évidemment, votre travail contient une lacune importante, regrettable, et cette lacune m'autorise à soutenir que le titre du volume n'est pas justifié. »

A première vue, on trouvera fondée cette critique, et rien ne m'empêcherait de renvoyer une partie du reproche à mon éditeur, qui m'a fourni le titre en question.

J'essayerai de prouver, toutefois, que notre tort à tous les deux est moins grand qu'il ne le paraît. Nous sommes coupables, sans doute, mais seulement aux yeux de la grammaire. Seule, la grammaire a le droit de nous chicaner à cause de ce titre.

Et, en effet, ce n'est pas purement, et simplement, une aride et monotone monographie que j'ai entrepris d'écrire. Ce genre de travail a certainement son mérite : il demande du temps, des recherches, et la coordination des matières exige un esprit judicieux et pratique.

Si tel avait été mon but, il m'aurait été facile de l'atteindre. Comme tant d'autres, j'aurais compilé, compilé, compilé.

Grâce au dernier *relatorio* du ministre de l'Empire, et à l'ouvrage de M. Baril, comte de la Hure, j'aurais déclaré sûrement que la marine brésilienne se compose de 31 navires à voiles et de 29 à vapeur, parmi lesquels : 21 corvettes, 8 bricks, 8 canonnières, et 23 d'un moindre tonnage ; qu'elle possède 1 amiral honoraire, et qu'elle est commandée par 2 amiraux, 2 vice-amiraux, 7 chefs d'escadre, 15 chefs de division, 21 capitaines de mer et de guerre, 37 capitaines de frégate et un nombre indéterminé de capitaines-lieutenants, lieutenants, enseignes, etc., etc.

J'aurais porté à 23,000 hommes le chiffre de l'armée

de terre; à 58 le nombre des *Augustes* et *Excellentissimes* sénateurs, et à 118 celui des *Dignissimes* députés.

Il ne m'en aurait pas plus coûté pour signaler, dans l'ordre judiciaire, le Suprême Tribunal de justice (Cour de Cassation), composé de 17 membres, et les quatre tribunaux de *relação* (cours d'appel); puis dans l'état-major sacerdotal, 1 archevêque et 6 évêques; le premier, qualifié d'*Excellence* et prenant rang avec les marquis, les amiraux et les maréchaux; les seconds, traités également d'*Excellences*, bien qu'ils marchent de pair seulement avec les comtes, les ministres, les lieutenants-généraux et les vice-amiraux.

Toujours, d'après le même procédé, j'aurais établi sans peine que le budget, pour l'exercice 1861-1862, se solde par 46,659,651,000 reis, soit 115,315,092 francs de recette, et 52,842,981,087 reis, soit 136,899,065 francs de dépense; et, je n'aurais pas été embarrassé davantage pour constater qu'il est entré dans la caisse du trésor 987,584 francs pour la taxe et la demi-taxe sur les esclaves; 40,526 francs pour l'impôt sur les magasins de modes; 40,206 francs 40 centimes (droit de 1/2 p. 0/0), sur les diamants exportés; et pour droits de brevets des officiers de la garde nationale, une somme de 252,488 francs 60 centimes.

Vous le voyez : les documents ne me manquaient pas. Si je n'ai pas puisé aux sources officielles pour éclairer le côté matériel de la question, c'est que mon travail avait une visée plus haute.

C'est moins une monographie, qu'une physiologie que j'ai voulu produire, et mon livre : LE BRÉSIL TEL QU'IL EST justifie pleinement son titre, s'il traite des mœurs, des coutumes, des institutions, de la vie morale, en un mot, du peuble brésilien.

J'espère que mon pointilleux critique de Rio-de-Janeiro sera satisfait de ces explications, surtout lorsque, après avoir lu ce second volume, il possédera la preuve que mon cadre physiologique a été consciencieusement rempli.

Le bienveillant accueil qu'a reçu la première partie de mes notes, m'engage donc aujourd'hui à publier la deuxième partie.

Cette nouvelle étude continue la première, ou, pour mieux dire, LES FEMMES DU BRÉSIL ne sont que le complément forcé du BRÉSIL TEL QU'IL EST.

A part deux questions d'ordre supérieur : la traite et le régime pénitentiaire, — LE BRÉSIL TEL QU'IL EST était spécialement consacré à peindre les mœurs de la capitale de l'Empire, *da Corte*, comme on dit à Rio-de-Janeiro.

Dans les FEMMES DU BRÉSIL, au contraire, l'auteur s'est proposé de reproduire la vie de la province et surtout l'existence que mènent, au fond des *engenhos* et des *fazendas*, les grands propriétaires d'esclaves.

Ici, naturellement, le cadre du livre s'est considérablement agrandi.

Ce n'est plus seulement les habitudes luxueuses et despotiques des senhores que nous avons à retracer; c'est une société tout entière qui comparaît devant nous avec les préjugés stupides, les détestables excès, les turpitudes, les vices et les crimes, qu'engendre une institution antisociale.

L'esclavage domine la pensée de l'écrivain; il l'absorbe presque.

Nos critiques, en s'exerçant contre la société brésilienne, atteignent donc virtuellement l'Espagne coloniale et les États sécessionnistes de l'Union-Américaine; elles frappent plus haut encore : elles s'attaquent à une institution que réprouvent également la religion, la morale, la civilisation, l'humanité!

Le dey de Tunis a supprimé l'esclavage dans son empire. Pourquoi faut-il que l'exemple d'un despote africain n'ait pas été suivi par l'Espagne, le Brésil, les colons d'origine française, de New-Orléans, qui professent tous la religion chrétienne!

Dans cette circonstance, nous sommes forcés de l'avouer, le catholicisme s'est montré plus rebelle à la civilisation que le mahométisme.

Aujourd'hui toutes les nations protestantes ont effacé de leur code cette iniquité, et l'esclavage n'est plus pratiqué que par des peuples catholiques! Cela est humiliant pour nous.

Des penseurs éminents, M. de Tocqueville entre autres, ont flétri d'une plume autorisée cette odieuse exploitation de l'homme par l'homme.

Avant lui, Buckingham avait déchiré, en partie, les voiles qui cachaient à l'Europe les saturnales et les profanations de ce régime impie.

Dernièrement encore une femme de beaucoup de cœur, l'auteur de la *Case de l'oncle Tom*, a poussé un cri d'indignation et d'horreur qui a été répété par toutes les âmes honnêtes et droites.

Pourtant, tout n'a pas été dit sur cette question qui, à cette heure, fait couler des torrents de sang de l'autre côté de l'Atlantique.

L'esclavage possède des capitaux immenses, des armées, des vaisseaux cuirassés, des canons ; et ce qui est plus triste encore, des hommes vaillants, convaincus, nous devons le croire puisqu'ils n'hésitent pas à affirmer par leur mort, l'excellence de cette exécrable institution.

Que les États sécessionnistes triomphent, et la traite, poursuivie par la réprobation générale des peuples chrétiens, frappée à mort par l'application inexorable du bill Aberdeen, reprendra une énergie nouvelle.

L'Espagne, le Portugal, le Brésil, se grouperont autour du drapeau protectionniste, et, de nouveau, des cargaisons humaines achetées à vil prix dans les *baracons* d'Afrique, viendront nier, en face de l'Europe frémissante, les progrès si vantés de la civilisation, et les préceptes de la loi divine.

L'insolent défi jeté à la science et à la conscience publique par le gouvernement de Richmond a été relevé par celui de Washington.

L'esclavage ose proclamer son droit de vivre, et ce droit, il ne craint pas de l'affirmer au nom du principe démocratique.

Quel horrible blasphème !

A notre tour de rentrer dans l'arène.

Nous allons essayer d'étreindre le monstre corps-à-corps, et, après avoir dévoilé ses actes les plus cachés, de le clouer impitoyablement au pilori de l'opinion.

Du rôle dévolu à la femme de couleur, au mulâtre et au métis, à la blanche, dans la société esclavagiste, ressortira, je l'espère, un enseignement utile. Enfin, le chapitre consacré à *l'organisation de la famille* achèvera de démontrer à quel degré de démoralisation, par conséquent, à quels excès monstrueux peuvent conduire le préjugé de la couleur et l'exercice d'un pouvoir sans limites.

Aussi courageux que M. Moura, député de Rio-de-Janeiro, un publiciste brésilien, M. Eugenio do Prado, a caractérisé ainsi l'état moral et religieux de son pays :

« Abrutissement (*embrutecimento*) du clergé, — absence de croyance dans les hautes classes, — un mélange d'idolâtrie, de paganisme, de superstition et de christianisme dans les classes inférieures.» (*Jornal do Commercio*, du 20 avril 1857.)

Le senhor do Prado a oublié de faire remonter jusqu'à l'esclavage la responsabilité d'une situation aussi déplorable.

Nous conclurons dans ce sens à sa place.

Ce n'est pas uniquement aux mœurs brésiliennes, faut-il le répéter ? que nous faisons un procès. Ces mœurs ne sont que les conséquences fatales d'une abominable institution.

Oui : L'esclavage étant la consécration légale de toutes les erreurs, de toutes les superstitions, de tous les préjugés, de toutes les ignominies, de tous les crimes qu'engendre l'ignorance, nous nous croyons fondé à pousser contre lui le cri de guerre du vieil Arouet :

ÉCRASONS L'INFAME !

CHARLES EXPILLY.

Paris, 1863.

LES FEMMES

ET

LES MŒURS DU BRÉSIL

CHAPITRE PREMIER

L'Empereur dom Pedro II. — Mademoiselle Amanda. — L'Académie des *Beaux-Arts*. — Le niveau musical à Rio-de-Janeiro. — Les funérailles. — Rencontre d'un camarade de Charlemagne.

En racontant, dans une précédente publication, les motifs de mon voyage au Brésil[1], j'ai dit comme quoi mon cousin Nausier, qui avait apprécié à leur juste valeur mes aptitudes commerciales, s'était réservé la direction de notre maison de Rio-de-Janeiro, et m'avait placé à la tête d'une fabrique de *phosphoros* (allumettes).

Quel singulier emploi pour un homme de lettres, n'est-il pas vrai?

Toutefois, cette métamorphose, qui paraîtra à bon droit étrange aux lecteurs, surprendra moins ceux qui connaissent les transformations autrement bizarres qui

1. *Le Brésil tel qu'il est*, 1 vol. in-18, E. Dentu, éditeur, 1862.

s'accomplissent chaque jour parmi les hommes de professions libérales que leur destin a poussés en Californie.

Du moment, en effet, où l'on s'est décidé à quitter le vieux continent avec l'intention d'aller chercher fortune dans les pays lointains, il faut savoir se soumettre à toutes les épreuves qu'impose la dure nécessité.

Ventre affamé n'a point d'oreilles, et l'orgueil nourrit fort mal.

De là, ces jeunes avocats partis pour bouleverser les terrains aurifères, et devenus, après les premières ampoules, — chanteurs de café, cuisiniers, pêcheurs, comédiens, laveurs de vaisselle ; — ces ex-négociants, momentanément facteurs aux lettres, peintres de navires, professeurs de français, de belles manières et de chausson ; — ces disciples d'Esculape, passés décrotteurs, apprentis maçons, portefaix, garçons de peine, qu'on rencontre si fréquemment à San-Francisco.

Au Brésil, où le préjugé de la couleur règne souverainement, un blanc ne saurait faire partie de la domesticité d'une maison. Toutes les fonctions qui touchent au service intérieur sont exclusivement réservées aux esclaves.

Les émigrants pour ce pays doivent exercer un état manuel, ou trafiquer sur n'importe quelle denrée.

Malheur donc, malheur aux hommes d'intelligence, inhabiles à manier le rabot ou le tranchet ; qui ne savent ni confectionner un cornet élégant, ni plier délicatement et ficeler avec coquetterie un paquet de marchandises.

L'instruction est ici d'un mince secours, lorsqu'elle n'est pas une fâcheuse recommandation. Consultez plutôt l'histoire déplorable de cette petite colonie de savants et d'artistes appelés à Rio-de-Janeiro par João VI dans le but d'y fonder une académie. Pour prix de leur dévouement, nos compatriotes ne rencontrèrent qu'indifférence, ingratitude et dédain. M. Lebreton, le président, mourut de chagrin; quelques-uns de ses compagnons végétèrent péniblement, et les autres furent forcés de retourner en Europe[1].

Les années se sont écoulées, mais la situation est restée à peu près la même. Aujourd'hui un Européen d'un mérite sérieux, qui voudrait utiliser ses connaissances pour se créer une position honorable, se verrait exposé à de cruels déboires. Le sol du Brésil, ce sol d'une prodigieuse fertilité pour les trafiquants de toute espèce, deviendrait pour lui d'une stérilité effrayante, à moins, toutefois, qu'il ne suivît le conseil que S. M. dom Pedro daigna me donner.

Puisque l'occasion m'y convie, j'encadrerai dans ces pages sincères le portrait de l'Empereur actuel du Brésil. Cette figure, remarquable à plus d'un titre, n'est pas assez connue en Europe. Je serais heureux de la placer dans son jour.

1. Voici la liste complète de ces malheureux artistes engagés par le marquis de Marialva, alors ambassadeur de Portugal en France : A. Taunay, membre de l'Institut; Aug. Taunay, son frère, sculpteur; Debret, peintre d'histoire; Grandjean de Montigny, architecte; Simon Pradier, graveur en taille-douce; François Ovide, professeur de mécanique; François Bourepos, aide-sculpteur de M. Taunay; les deux frères Perrez.

Bien différent de son père, dont l'humeur batailleuse et le caractère turbulent ne s'accommodaient guère du repos, dom Pedro II aime l'étude; il y consacre tous les instants que ne réclament pas les affaires de l'empire. Fondateur de l'*Instituto Historico*, il se fait remarquer, entre tous les membres de cette société, par son assiduité à en suivre les travaux. Plus d'une fois, il lui est arrivé d'y faire des lectures d'un grand intérêt.

Grâce à une aptitude toute particulière, et à une application soutenue, dom Pedro parle à peu près toutes les langues de l'Europe.

Il tient à l'Allemagne par sa mère, l'infortunée archiduchesse Léopoldina; à l'Italie par sa femme, qui est la sœur de l'ex-roi de Naples, et, naturellement, il possède à fond l'*italien* et l'*allemand*.

Le *portugais* est l'idiome avec lequel il a été bercé.

Il a adressé la parole en *anglais* à une femme, et moi, j'ai eu l'honneur de l'entretenir en *français*.

Plus heureux qu'Ennius, qui prétendait avoir *trois* cœurs parce qu'il parlait *trois* langues —le grec, l'osque et le latin, —le monarque brésilien a *cinq* cœurs, à ma connaissance, et il est en état de converser avec autant de savants de différents pays.

Il est vrai que Mithridate savait l'idiome de vingt-cinq nations qui lui obéissaient; un idiome de plus seulement, assure-t-on, que le cardinal Mezzofante.

L'Empereur est donc un polyglotte distingué. Il profite des avantages qu'il a su acquérir pour se tenir au courant, par lui-même, de tout ce qui se publie en Europe et en Amérique. Livres de science, œuvres littéraires, journaux, il dévore tout; il retient tout. En voici la preuve :

Quelque temps après notre arrivée à Rio-de-Janeiro, nous eûmes l'honneur, ma femme et moi, d'être reçus par Sa Majesté Brésilienne. C'est à la résidence impériale de São-Christovão que nous fûmes admis à lui présenter nos respectueux hommages.

La galerie couverte où se tenait l'Empereur était encombrée par une foule de personnes des deux sexes et de diverses nations qui venaient, les unes pour complimenter (*comprimentar*) Sa Majesté, les autres pour solliciter d'elle quelque faveur.

Dans la cour, que surplombait la galerie, des musiciens de toute nuance de peau, — si j'ai bonne mémoire, leur chef était un mulâtre, — exécutaient des morceaux de la *Juive* et de la *Fille du Régiment.*

L'Empereur du Brésil est assurément le souverain qu'on peut le plus facilement aborder. Il n'y a ni gardes du corps, ni aides de camp, ni maîtres des cérémonies qui s'interposent entre lui et ses sujets. L'étiquette a eu le bon esprit de s'effacer en cette circonstance, et il n'est même pas nécessaire d'être porteur d'une lettre d'audience.

Deux fois par semaine, les mercredis et les samedis, tout le monde, indistinctement, est autorisé à franchir le seuil de la résidence impériale. A São-Christovão, il y a autant d'élus que d'appelés.

On attend debout dans la galerie, et, chacun à son tour, — les Brésiliens comme les étrangers, — a la facilité de s'approcher de l'Empereur.

Sa Majesté tend sa main à ceux qui manifestent le désir de la baiser; elle écoute toujours les communications qu'on lui apporte avec une bienveillante attention.

La galerie couverte de São-Christovão et l'absence de cérémonial me firent naturellement penser au chêne de Vincennes, où saint Louis rendait la justice.

Dom Pedro II ne prononce pas de jugement comme le roi de France, mais il accueille avec bonté les demandes et les plaintes des visiteurs, quels qu'ils soient. Ce jour-là, il tenait à la main une liasse de papiers qu'on venait de lui remettre. On prétend que dom Pedro lit lui-même toutes les requêtes qu'il reçoit. Combien y a-t-il, en Europe, de présidents de tribunaux et de préfets qui en font autant?

Le métier d'*Empereur Constitutionnel* n'est pas toujours agréable, on le voit; il offre cependant certains avantages qui ne sont pas à dédaigner. Ainsi, cette condescendance de dom Pedro, loin d'être dépensée en pure perte, lui gagne plus de cœurs que ne le feraient le luxe des réceptions officielles et le prestige de la victoire.

Je dirai, à ce propos, que les fêtes sont rares, très-rares au palais impérial; cela provient et de la modicité de la liste civile accordée au DÉFENSEUR PERPÉTUEL DU BRÉSIL, et de l'avidité effrontée de son entourage.

Dom Pedro touche une liste civile de 800 contos de reis, soit 2,400,000 francs.

On ne peut guère vivre royalement avec cette somme, et encore moins tenir constamment ouvertes la salle des bals et celle des festins; d'autant plus que, personnellement, l'Empereur et l'Impératrice sont fort charitables.

Si je ne me trompe, la dernière fête donnée à la cour date de l'année 1852. Pour un motif d'économie, que l'on comprend à cette heure, on avait voulu remettre à neuf le mobilier de la couronne; ce mobilier, nous pouvons l'avouer, en avait extrêmement besoin. L'entrepreneur, — il était malheureusement dans la tradition, — ne craignit pas de rembourrer avec du *capim* (herbe de Guinée), en guise de crin, les canapés et les fauteuils. Il présenta ensuite une note de frais s'élevant à 30 contos (90,000 fr.), et, l'ayant reçue, il partagea cette somme avec plusieurs individus de l'entourage de dom Pedro. Ceux-ci restaient également fidèles à la tradition, et aussi l'Empereur qui, ayant eu connaissance du vol, le laissa impuni.

Autrefois, ce genre d'escroquerie était vaillamment pratiqué, en Europe, dans les mêmes régions supérieures. Malgré le préjugé de la naissance qui les séparait, courtisans et fournisseurs s'entendaient comme larrons en foire pour dépouiller le souverain. L'argent avait rapproché les distances; seulement le duc et le marquis s'adjugeaient la part du lion, ce qui paraissait tout naturel au manant qu'ils avaient pris pour complice.

Madame de Pompadour, dont l'entretien coûta quelque chose comme 36 millions à la France, eut envie, un matin, d'une parure de diamants dont le marchand demandait 250,000 livres. La marquise possédait déjà pour 1,787,000 livres de diamants, et pour 394,000 livres de bijoux; de plus, les caisses publiques étaient à sec, et les paysans en étaient réduits à manger l'herbe des champs, les chardons crus et les charognes. Ce n'étaient pas là des raisons suffisantes pour ne point satisfaire le nouveau caprice de madame de Pompadour. Touché du désespoir de Louis XV, le garde des sceaux, Chauvelin, se fit autoriser à vendre la cuirasse que l'Empereur Soliman avait donnée à François Ier. Cette vente produisit 600,000 livres, sur lesquelles le fidèle Chauvelin s'en appropria 350,000 pour droit, — non convenu, — de commission. Le juif qui avait acheté la cuirasse réalisa encore un gain de 100,000 livres. Mais tout le monde fut content, puisque la marquise eut sa parure.

Parlerai-je du carrosse qui figura pour 30,000 livres sur les comptes du même roi Louis XV, et qui en valait bien 5,000? Cinq cents pour cent de bénéfice, c'est un joli denier, qu'en pensez-vous?

Dans quelles proportions se fit le partage de ces 30,000 livres entre le carrossier et ses nobles protecteurs? C'est ce que, malheureusement, l'histoire a oublié de mentionner.

Le roi n'ignorait rien de ces voleries.

Comme le duc de Choiseul, indigné, lui proposait de le débarrasser de tous ces fripons plus ou moins dorés qui l'exploitaient sans vergogne :

— Vous voulez donc supprimer la cour? observa le roi.

Faut-il citer encore la fameuse chandelle que Catherine de Russie paya 1,200 livres?

Après ce trait, il convient de s'arrêter.

Sans doute, les trois anecdotes que je viens de rapporter appartiennent au dernier siècle; c'est déjà de l'histoire ancienne, j'en conviens, et le mot de Louis XV, je me plais à le croire, ne serait plus aussi exactement vrai aujourd'hui, du moins, de ce côté de l'Atlantique.

Ce n'est pas que les courtisans modernes aient gagné en moralité; Dieu me garde de les calomnier à ce point d'avoir d'eux une pareille opinion. La révolution de 89 a bien pu leur enlever certaines de leurs illusions, sans, pour cela, rectifier toutes leurs idées. Si donc leurs opérations, dans ce genre d'industrie, sont moins audacieuses, c'est que, en l'état de nos mœurs, la police correctionnelle leur paraît autrement redoutable que les reproches du Prince, voire même la disgrâce qui les atteindrait.

Au compte de Louis XV, la cour de Rio-de-Janeiro n'est pas près d'être supprimée, on vient d'en acquérir la preuve. Seulement, depuis cette singulière réparation du mobilier de la couronne, on n'a plus dansé, ni festoyé au palais de São-Christovão. Le souverain, toutefois, n'a pas cessé d'y être aussi accessible à tous ceux qui désirent lui parler.

La galerie de São-Christovão me remet encore en mémoire un fait qui achèvera de peindre le caractère vraiment grand, vraiment généreux du jeune Empereur.

Un officier de la légion italienne de Montevideo, gracieusement accueilli par dom Pedro, en 1848, eut le triste courage de l'appeler « Monsieur, » pendant toute la durée de l'audience.

Pourquoi donc ambitionner la faveur d'entretenir

l'Empereur du Brésil, pour venir l'insulter grossièrement, et, cela, dans sa propre demeure?

Certains ont cru expliquer la brutalité du procédé, en prétendant que l'officier était un démocrate.

Anerie énormissime!

D'autres ont même désigné l'intrépide commandant de la légion italienne. L'absurde a pris dès lors les proportions d'une odieuse calomnie.

Celui dont la vaillante épée venait de protéger la république orientale de l'Urugay contre les bandes sanguinaires de Rosas; celui qui, avec des ressources insuffisantes, eut pourtant l'honneur, l'année suivante, de défendre Rome contre les premiers soldats du monde, commandés par deux généraux français; celui qui, dix ans plus tard, devait être le vainqueur de Calatafimi, de Varèse, du Volturne; puis, après avoir donné les États Napolitains et la Sicile à Victor-Emmanuel, devenir simplement le modeste agriculteur de Caprera; celui-là a toujours eu l'âme trop noble pour pouvoir être jamais insolent ou ridicule. Garibaldi possède trop aussi la conscience du droit pour ne pas garder profondément en lui le sentiment du devoir.

Je n'admets pas davantage les opinions radicales de l'officier dont il s'agit. Un démocrate, ou bien ne se serait pas approché de l'Empereur, ou bien il se serait conduit décemment en sa présence.

Démocrate n'est pas, que je sache, synonyme de butor et de sot.

Ce qui est incontestable, par exemple, c'est que l'Italien qui a osé appeler « MONSIEUR » l'Empereur du Brésil, s'il n'était ni fou, ni gris, ne prouva guère, en cette circonstance, qu'il était un homme bien élevé. Ce qui est tout aussi évident c'est que dom Pedro II, en ne faisant pas jeter dehors, après la première insulte, le téméraire personnage; bien plus, en ne se départant pas un seul instant, à son égard, de sa bienveillance habituelle, donna à l'officier une leçon de haute convenance et de modération digne, dont celui-ci, j'aime à le croire, aura su profiter.

Donc, je m'étais rendu, avec ma femme, à la résidence impériale de São-Christovão.

La galerie s'était vidée lentement. Nous nous avançâmes, à notre tour, vers Sa Majesté Brésilienne.

Voici encore un fait qui contient son enseignement, car il constate l'opinion, — trop souvent justifiée, hélas ! — que l'on nourrit, au Brésil, relativement à la moralité des Français établis dans l'Empire.

Heureusement on m'avait averti, et, tout d'abord, *je présentai à dom Pedro mon contrat de mariage.*

L'Empereur le parcourut attentivement.

— Expilly ? dit-il ; je connais ce nom.

— C'est, sans doute, celui de Claude, l'arrêtiste, et premier président au parlement du Dauphiné ?

— Non pas, non pas, répondit dom Pedro, en homme qui est sûr de sa mémoire.

Je ne pouvais pourtant pas admettre qu'il s'agît de moi, à cette heure. Je repris :

— Votre Majesté veut parler, alors, soit d'Alexandre Expilly, député de Bretagne en 89, et le premier évêque nommé par le suffrage universel ; soit de l'abbé Expilly, mon grand-oncle, l'auteur du *Dictionnaire des Gaules*, du *Géographe manuel*, de la *Description géographique et historique des Iles-Britanniques*, du.....

L'Empereur m'arrêta dans mon énumération, un peu orgueilleuse peut-être.

— Charles Expilly! voilà le nom que j'ai lu au bas du feuilleton de maints journaux parisiens. Est-ce le vôtre, ou est-ce celui d'un de vos parents?

— Je suis forcé de convenir que c'est bien mon nom que Votre Majesté a retenu, répondis-je, justement émerveillé qu'un nom si obscur en France fût connu de l'Empereur dom Pedro.

— Et qu'êtes-vous venu faire dans ce pays? reprit-il. Un littérateur n'a pas de position à prendre au Brésil. Cependant, nous manquons de livres d'éducation. Apprenez le portugais, et vous ferez des traductions.

Ce jour-là, sans le vouloir assurément, l'Empereur dom Pedro m'a infligé une humiliation que je n'étais pas venu chercher à São-Christovão.

Moi ! m'abrutir à faire le métier de traducteur !

Chausser les bottes de MM. Noël et Chapsal !

Endosser le paletot de M. Lamé-Fleury !

Allons donc !

Avec votre permission, sire, je ne suivrai pas le conseil que Votre Majesté a bien voulu me donner.

Je me respecte davantage en fabriquant des allumettes. Cette vulgaire occupation, du moins, ne m'empêche pas de vivre avec ma propre pensée et de développer mon intelligence par l'étude des mœurs brésiliennes.

Ma visite à São-Christovão avait pour but de soumettre à l'Empereur le projet d'un établissement d'une utilité incontestable, et dont la privation, en maintenant le Brésil sous la dépendance intellectuelle des étrangers, provoquait et provoque encore des plaintes amères de la part des citoyens soucieux de l'avenir de leur pays [1]. Je veux parler d'une maison d'enseignement professionnel, à l'usage des filles pauvres des hauts fonctionnaires de l'empire.

Cette idée d'une éducation supérieure donnée sous le patronage immédiat et sous la surveillance spéciale de l'État, d'une ÉCOLE NORMALE destinée tout à la fois et à récompenser d'honorables services et à préparer un meilleur sort aux générations futures; cette idée généreuse et féconde répondait trop à un besoin réel, pour ne pas être favorablement accueillie par un esprit aussi judicieux que l'Empereur dom Pedro.

Le diplôme de ma femme et d'autres pièces tout aussi importantes établissaient manifestement sa compétence sérieuse en semblable matière. C'est pourquoi elle fut admise, dans une nouvelle audience, à développer son plan, pour lequel elle s'était inspirée de la Constitution donnée autrefois à Saint-Cyr par madame de Maintenon, mais modifiée dans un sens libéral, et appropriée au caractère brésilien. Le programme des études était le même, à peu de chose près, que celui qui fonctionne aujourd'hui à la maison de Saint-Denis.

1. « Estamos habituados até, *por vergogha nossa*, a instruir-nos pelas cabeças do estrangeiro! »

Censor. A ORDEM, *de Pernambuco* (11 favereiro de 1863).

Gagné de plus en plus à une idée dont la réalisation devait être une des gloires les plus pures et les plus éclatantes de son règne, l'Empereur commanda à ma femme un travail complet sur l'établissement qu'il s'agissait de fonder.

Hélas ! pourquoi suis-je forcé de déclarer que, faute des fonds nécessaires pour l'exécuter, ce projet resta... à l'état de projet[1].

1. J'ai toujours soupçonné que notre insuccès, incompréhensible assurément, après l'approbation donnée par l'Empereur à notre proposition, et les compliments adressés par dom Pedro à ma femme, à propos du travail qu'il lui avait commandé, pouvait bien avoir une autre cause. Cette cause est trop singulière pour ne pas être signalée.

Neuf mois, — jour pour jour, — après notre présentation à Sa Majesté Brésilienne, nous nous trouvions encore à São-Christovão.

Dom Pedro qui, pendant cet intervalle, avait demandé à Bruxelles et à Paris des renseignements sur notre compte, nous apprit que ces renseignements étaient arrivés, et qu'ils étaient très-satisfaisants.

— Mais, ajouta l'Empereur, comment se fait-il qu'il n'y ait pas trace du diplôme sur les registres de l'Université de France?

J'ai constaté ailleurs le nombre considérable d'intrigants et de flibustiers de toute sorte que l'émigration européenne déverse annuellement sur les terres de l'Empire, partant, la méfiance, bien naturelle, certes, des Brésiliens à l'endroit des étrangers. On comprend dès lors le douloureux étonnement dont nous fûmes saisis à cette réflexion de dom Pedro II. Le rapport incomplet, par conséquent défavorable pour nous, du représentant à Paris de l'Empereur venait-il d'éveiller des soupçons fâcheux dans l'esprit du monarque brésilien?

Si l'authenticité du diplôme était contestée, celle du contrat de mariage pouvait l'être également, et aussi celle des autres titres qui établissaient péremptoirement notre honorabilité et notre capacité.

Il n'y a pas trace du diplôme sur les registres de l'Université de France! voilà ce qu'on avait osé écrire à l'Empereur dom Pedro.

J'ignore la source où M. le ministre du Brésil est allé puiser les renseignements qu'il a envoyés à son souverain; je puis affirmer, toutefois, qu'il ne s'est pas adressé là où on les lui aurait donnés exacts, précis, officiels, en un mot.

Si jamais M. le ministre se trouve à l'*Hôtel-de-Ville*, et que de cette

Parlez-moi des coiffeurs et des modistes pour faire ici de brillantes affaires !

Un artiste capillaire, bien qu'il eût subi en France une condamnation infamante, n'a-t-il pas occupé le poste de premier barbier, et celui, plus envié encore, de confident de l'Empereur dom Pedro Ier ? A sa mort, le susdit Figaro a laissé une fortune considérable.

Parmi les chiffonneuses de fleurs et de rubans de la rue *do Ouvidor*, on m'a cité une jolie Parisienne qui avait produit une violente impression sur un million-

affaire il veuille avoir le cœur net, il n'aura qu'à compulser le registre des examens pour l'année 1839. En s'arrêtant à la date du 14 avril, il acquerra la preuve irrécusable que le diplôme en question n'a rien de fantastique. Les *traces*, restées invisibles pour lui jusqu'à ce jour, apparaîtront nettement à ses yeux, et il pourra, s'il le juge à propos, rectifier le premier rapport qu'il a expédié à l'Empereur dom Pedro. Malheureusement il n'est plus en son pouvoir de réparer les effets désastreux de ce rapport.

Nous parlâmes à l'Empereur avec une fermeté respectueuse, car, il ne fallait pas se le dissimuler, dans les circonstances où nous nous trouvions placés, c'était notre honneur qui était en jeu, en même temps que notre fortune. Je m'engageai même à faire parvenir à Sa Majesté Brésilienne l'attestation universitaire de l'admission de ma femme, et aussi la copie de la note flatteuse qui accompagne son nom.

— Vos explications m'ont satisfait, dit gracieusement l'Empereur. Mon ministre n'a pas cherché à l'*Hôtel-de-Ville*; voilà tout.

Nous croyions notre procès gagné; il était perdu, bien perdu.

A quoi tient pourtant le destin des individus et même celui des empires !

Majora à minimis.

Si mon appréciation est juste, c'est parce que le représentant à Paris de l'Empereur dom Pedro n'a pas su trouver une date que le Brésil ne possède pas encore aujourd'hui une maison d'enseignement supérieur, et que nous avons vu s'évanouir, nous, les espérances autorisées d'une brillante position.

naire brésilien. Malheureusement, ce millionnaire était un nègre.

L'adorateur de mademoiselle Amanda, n'osant avouer lui-même ses prétentions, fit transmettre à la jeune fille des propositions de mariage.

Grands éclats de rire! grand scandale dans le magasin de la modiste!

Jamais on n'a vu au Brésil un *blanc* épouser une *négresse*. A plus forte raison, jamais une *blanche* n'a osé consentir à unir légalement sa destinée à celle d'un *noir*.

Cependant, un noir qui possède un million est-il réellement aussi noir que ses frères d'Afrique?

Mademoiselle Amanda se posa cette question; à force de la creuser, elle la résolut négativement. Une modiste, surtout une modiste ambitieuse, a si peu de préjugés!

Bravant donc les railleries de ses compagnes, la Parisienne se décida à combler les vœux de son adorateur, mais, cependant, sans vouloir éloigner tout à fait un acteur de la troupe française qu'elle avait pris en grande estime.

La coquette créature se flattait de soumettre à toutes ses volontés un homme assez épris pour lui reconnaître une dot de cent cinquante mille francs. Elle comptait sur sa beauté et sur sa gentillesse pour établir solidement son empire, — un empire absolu, — dans un cœur qui se traînait à ses pieds.

Quels beaux rêves, mademoiselle Amanda! quels beaux rêves ne poursuivîtes-vous pas alors, en compagnie de votre jeune et peu délicat confident!

Nonchalamment étendue dans un somptueux équipage; couverte de dentelles, de bijoux et de diamants, l'ex-modiste entreprit de réduire au silence les langues envieuses qui affirmaient que son luxe sentait la *catinga*, — cette odeur *sui generis* des Africains.

S'animant à la lutte, la Parisienne se montrait radieuse de fierté, superbe de dédain et d'insolence, en passant en voiture devant son ancien magasin de la rue *do Ouvidor*.

Peu à peu, cependant, ses apparitions devinrent plus rares. Enfin on ne la vit plus du tout.

On apprit que la brutalité africaine, muselée pendant quelque temps, venait décidément de briser les liens.

Le millionnaire avait prétendu, en épousant la modiste, que celle-ci devait conserver pour lui seul ses doux regards et ses charmants sourires. Jaloux du cabotin, et s'imaginant, à tort ou à raison, que celui-ci ne se bornait pas à remplir sur les planches son emploi de *premier amoureux*, il le fit assassiner.

Amanda avait le cœur tendre de la Parisienne; elle pleura son confident, mais elle choisit un consolateur.

Cette fois, en vrai nègre qu'il était, l'époux cassa un bras à sa trop sensible moitié, et, comme Amanda tenta de se placer sous la sauvegarde de la loi, il l'arracha de force de Rio, et la conduisit, malgré ses pleurs et ses menaces, dans une *fazenda* (grande ferme) de l'intérieur. Là, le tigre amoureux ne redouta plus que sa proie lui fût enlevée. Il tenait la Parisienne à sa merci.

Transportée nuitamment au milieu d'un désert, loin

d'une protection suffisante, Amanda eut tout le temps de maudire ses velléités d'ambition et les triomphes compromettants d'une folle vanité.

Lorsque le millionnaire revint à Rio, il déclara que sa femme avait été piquée par un *cascavel* (serpent à sonnettes). Arrachée à la mort, toutefois, mais non radicalement guérie, elle subit, depuis lors, les fatales conséquences de l'absorption du venin. Elle traîne une misérable existence et refuse absolument de retourner à la *Cidàde.*

Cette version n'a pas été généralement acceptée.

D'aucuns, se croyant bien informés, donnent une autre explication à l'absence prolongée de l'ex-modiste. Ils assurent que l'indomptable Amanda, loin de s'avouer vaincue et de renoncer à la lutte, avait réussi à mettre dans ses intérêts le *feitor* (commandeur) de l'habitation. Une tentative de meurtre ayant échoué contre le maître, celui-ci, afin de prévenir désormais les effets d'une habile séduction, avait complétement défiguré sa vindicative compagne.

Il lui avait tout simplement coupé le nez.

Quoi qu'il en soit, jamais plus on n'a revu la fringante Parisienne.

Telle est l'histoire des grandeurs et de la décadence d'une modiste française à Rio-de-Janeiro.

Mais toutes les chiffonneuses de rubans et de fleurs ne prennent pas la voie légale pour placer leur cœur et amasser des rentes. Plus d'une d'entre elles, — grâce aux promesses de ses beaux yeux, grâce aussi à l'excessive coquetterie des senhoras, — se retire en Europe, après un exil de quelques années, avec une jolie fortune.

Au Brésil, on suit les modes françaises, en les exagérant, cela va sans dire. Les robes garnies de volants jusqu'à la ceinture, les chapeaux à pompons et à panaches, les jupons à ressorts d'acier, ont fait une révolution parmi les élégantes de l'Empire. Il est telle senhora qui vendrait sans hésiter sa *mucama* favorite, pour se procurer une toilette pareille à celle que représente la gravure du *Journal des Couturières*, apporté par le dernier packet.

Mais, ni les dames, ni les maris, qu'écrase une charge de bijoux massifs, ne sont suffisamment riches pour payer les leçons d'un professeur distingué qui se respecte assez pour ne pas battre la grosse caisse de la réclame.

L'État lui-même, faiblement préoccupé de la moralisation des âmes par une culture plus forte de l'esprit, et médiocrement pressé aussi d'ensemencer les champs de l'avenir, en vue de moissons prochaines; l'État, nous avons dû le constater, ne trouve pas d'argent pour fonder une maison d'enseignement professionnel à l'usage des jeunes filles!

Le besoin de former des femmes aimables et instruites ne se fait pas sentir encore dans l'empire Sud-Américain; par contre, on y nourrit l'ambition de posséder des artistes indigènes.

Créer des Rubini, des Rachel, des Talma, des Duprez, des Malibran; puis des Meyer-Beer, des Rossini, des Auber, des Hérold; puis encore des Titien, des

Velasquez, des Rembrandt, des Cellini, des Michel-Ange peut-être, tel est le rêve de quelques hommes dont le patriotisme, un peu entaché d'envie, n'est pas à la hauteur de leur intelligence.

Ce sont ces hommes qui se sont imaginé de reconstituer l'œuvre avortée de João VI.

Aujourd'hui, L'ACADÉMIE DES BEAUX-ARTS existe sans doute, puisqu'elle entretient *neuf* professeurs et qu'elle coûte à l'État (exercice 1861-1862) 102,970 francs.

Peut-on, toutefois, affirmer qu'elle vit? Cette opinion me paraît au moins imprudente, lorsqu'on sait qu'en 1858, elle ne comptait pas plus de *trois* élèves.

Certes, l'Académie était bien malade à cette époque; on est même fondé à soutenir que sa succession était ouverte, car ses amis les plus chauds, comme ses dévots les plus fervents, suppliaient alors M. Biard de présider à l'installation d'un établissement destiné à la remplacer : je désigne ici LA SOCIÉTÉ PROPAGATRICE DES BEAUX-ARTS.

Les sinapismes et les moxas de la concurrence ont-ils réussi à sauver le moribond? Nul n'oserait le déclarer. L'agonie dure toujours, et si L'ACADÉMIE DES BEAUX-ARTS donne une fois par an des signes de vie, ces signes ne sont visibles qu'à la colonne des dépenses du ministère de l'Empire (intérieur).

Par exemple, les neuf professeurs ne se lassent pas de boire le lait que leur verse généreusement la mamelle intarissable du budget; mais, abandonnée par le génie des arts, et ce, malgré tous ses appels désespérés, la pauvre malade continue à n'avoir qu'une existence officielle, je veux dire factice. Le bruit qui se fait autour d'elle ne trompe guère que les esprits superficiels. Quant aux apparences de santé dont l'Académie s'entoure par moments, elles font penser à ces convulsions nerveuses que produit l'action du galvanisme animal. La pile de Volta s'appelle ici subvention gouvernementale.

Après cette malheureuse Académie, qui ne vit réellement que dans le *relatorio* du ministre de l'Empire, nous citerons le CONSERVATOIRE DE MUSIQUE, — réorganisé par un décret en 1855, — dont la dépense ordinaire se monte annuellement à la somme modeste de 13.500 fr., et aussi un autre établissement-fantôme, décoré du titre pompeux de CONSERVATOIRE DRAMATIQUE.

Toutes ces institutions, il faut bien en convenir, ne sont pas, tant s'en faut, des pépinières d'artistes.

Je serais fort embarrassé d'enregistrer ici quelques noms illustres, choisis parmi les chanteurs, les cantatrices, les compositeurs de musique, les sculpteurs, les peintres de l'Empire.

La noble famille artistique est représentée, au Brésil, par un acteur d'une certaine valeur, dont le jeu rappelle, en l'exagérant aussi, celui de Frédérick Lemaître. C'est João Caetano dos Santos.

Le senhor Caetano est un capitão dramatique de belle venue; il excelle dans les rôles à effets violents, tels que ceux de don César de Bazan, Ruy-Blas et Lagardère. Les Brésiliens sont fiers de leur Caetano, et M. Legouvé apprendra probablement avec plaisir que le préjugé qui empêche Samson d'être nommé chevalier de la Légion d'honneur n'a point cours au Brésil. L'acteur Caetano, si désopilant dans la *Gárgalháda* (*Éclat de rire*, de J. Arago) est *commendádor* de l'Ordre du Christ; de plus, il figure sur le budget du ministère de l'Empire (année 1861-1862) pour une prestation s'élevant à la somme respectable de 106,600 francs.

Comment se fait-il donc que, dans un pays où le mérite indigène est si magnifiquement récompensé, les artistes manquent à peu près absolument?

Le Brésilien est doué d'une imagination vive et aussi d'une vanité impondérable. Il voudrait tout savoir; il saurait tout, en effet, si l'on pouvait apprendre sans étudier.

NEUF professeurs pour instruire TROIS élèves!

Ce fait énorme nous dispense de commentaire; il explique suffisamment pourquoi lorsque, il y a quelques années, le Brésil éprouva le besoin de dresser sur une de ses places, — *le largo do Paço*, — la statue équestre de dom Pedro Ier, cette statue fut coulée en bronze par un Français, M. Louis Rochet.

Après la statue du père, le Brésil voulut posséder le portrait en pied du fils. Nous avons vu figurer ce portrait de l'Empereur Pedro II à la dernière Exposition. Qui avait signé cette toile? M. Biard; encore un Français!

En commandant des œuvres de cette importance à des étrangers, le gouvernement impérial a proclamé officiellement l'incapacité des artistes indigènes.

Voilà une conclusion fort triste, sans doute; elle est pourtant logique, et, de plus, elle confirme l'opinion émise ci-dessus relativement à la rareté des vocations artistiques au Brésil.

En attendant qu'ils aient acquis l'intelligence du beau, c'est-à-dire du vrai, les senhores et les senhoras se passionnent facilement pour des premiers sujets de nos cafés-concerts qui débitent, la bouche en cœur, les sentimentales romances de M. Arnaud.

De leur côté, les *dilettanti* du crû prodiguent des contos de reis et des parures de diamants à des cantatrices hors d'âge, que la scène française a chassées à coups de sifflets[1].

1. Nous avons principalement en vue ici madame Rosine Stolz, chez laquelle les sifflets vengeurs de Lyon et ceux plus énergiques encore de Paris n'avaient pas modifié l'opinion qu'elle était une éminente cantatrice.

Après la scène de violence, de rage, de mouchoir déchiré à belles dents, de défi jeté à l'orchestre, qui signala la représentation de *Robert Bruce*, madame Stolz, repoussée par le public de l'Opéra, contracta un engagement pour Lisbonne, et puis un autre pour Rio-de-Janeiro, où elle arriva en avril 1852.

Là, j'en suis doublement fâché pour les Brésiliens, elle obtint un éclatant succès, au même titre qu'une pauvre chanteuse de romances nommée mademoiselle Favrichon.

Il est vrai, — et cela est on ne peut plus logique, — qu'à ce même théâtre Provisorio, la cabale ne laissa pas chanter madame Steffanone, engagée depuis aux Italiens de Paris comme *prima donna*.

Madame Stolz joua dans *Sémiramis, Roméo et Juliette, le Barbier de Séville* et *la Favorite*.

Dans cette dernière pièce, le rôle de Léonor, interprété à rebours, lui valut une de ces ovations enthousiastes comme n'en obtinrent jamais, sur les scènes européennes, la Pasta, la Malibran, la Falcon, la Garcia, la Cruvelli, etc., etc., etc.

Ceci mérite d'être raconté :

Tout le monde a retenu, dans le quatrième acte de *la Favorite*, la magnifique phrase musicale qui accompagne ces paroles :

C'est mon rêve perdu
Qui rayonne et m'enivre.

Cette phrase divine qui exprime si bien, au moment de la récon-

Bref, la société brésilienne, amoureuse du bruit et de l'éclat, dédaigne le mérite sérieux et digne ; elle lui préfère les charlatans effrontés des deux sexes, — an-

ciliation suprême, l'état d'une âme épurée par l'amour, et qui se sent ravie, — comme le fut saint Paul, — jusqu'au troisième ciel, madame Stolz en dénatura le sens à plaisir. Loin de la rendre avec cette douceur émue qu'y avait mise Donizetti et que traduisait admirablement madame Borghi-Mamo, elle y introduisit le cri rauque de la bête fauve, l'élan furieux de la passion sensuelle.

La tendre Léonor, que le bonheur oppresse, fut transformée par elle en une Violetta (*la Traviata*) haletante sous la morsure de désirs inassouvis.

Eh bien! — on aura de la peine à le croire de ce côté de l'Atlantique, — ces accents brutaux, cette pantomime d'épileptique, électrisèrent un public plus accessible aux impressions violentes que sensible aux délicatesses de l'art.

Le triomphe de madame Stolz fut complet.

Les fleurs et les couronnes se croisaient dans l'air avant de tomber à ses pieds. Les femmes, la joue en feu, le sein agité, jetaient à la cantatrice leurs bouquets et leurs mouchoirs. (Pourquoi leurs mouchoirs?) Les hommes criaient à l'envi et trépignaient dans leur *camarote* en battant des mains avec frénésie.

L'Italienne Seria ou Cœlina, qui avait remplacé la pauvre Sara dans les affections de madame Stolz, s'évanouit d'émotion à la fin de la soirée.

Nous le constatons, avec regret sans doute, mais résolûment, parce que nous tenons à apprécier ici le niveau musical de la haute société de Rio-de-Janeiro, les défauts qui avaient fait tomber en Europe madame Stolz lui valurent, en cette circonstance, les applaudissements, sincères, hélas! des Brésiliens.

Ce soir-là madame Stolz a pu se croire une grande artiste. Je doute toutefois que cette ovation extraordinaire l'ait consolée des sifflets recueillis à Paris et à Lyon.

L'Empereur dom Pedro lui envoya, le lendemain de cette représentation, un collier en perles fines, orné d'une croix de diamants, du prix de 4,500,000 reïs (13,500 fr.).

Ce fait établit manifestement qu'on peut être un savant remarquable et un profond politique, et n'avoir cependant qu'une perception incomplète des lois de l'harmonie.

Il est, de par le monde, de vastes, de sublimes génies, — Victor ciens frotteurs en disponibilité, chevaliers d'industrie usés en Europe, filles de portières déclassées, femmes de chambre ambitieuses, qui viennent l'initier aux principes du beau langage et de la polka de salons.

Le commerce, on le voit, même celui des sourires et des voix éraillées, occupe la première place parmi

Hugo, par exemple, — qui restent insensibles au charme de la musique.

Madame Stolz reçut de plus de S. M. l'Impératrice un bracelet en brillants estimé 2 contos de reïs, soit 6,000 francs.

Cet acte de royale munificence, se produisant dans les conditions indiquées, démontre encore qu'on peut être tout à la fois une gracieuse souveraine, une femme aimable et distinguée, et nourrir sur les questions d'art une opinion fort controversable.

Et, afin que rien ne manquât à cette opulente moisson de gloire et de cadeaux, les dames de la ville lui offrirent une couronne de feuilles de laurier d'or avec une étoile en brillants au sommet, et fermée derrière par un nœud de diamants qui se retirait à volonté et qui alors servait de broche. Le tout valant 4 contos 600,000 reïs (14,000 fr.).

Ce qui prouve enfin que le goût et le sentiment ne se développent guère par la confection des confitures, le commerce des esclaves et le maniement de la chicote.

Il n'est pas indifférent de savoir comment la cantatrice surfaite répondit à tant de générosité.

Malgré une promesse formelle *insérée dans les journaux*, madame Stolz est partie de Rio sans donner une représentation au bénéfice des Orphelins de Sainte-Thérèse (*praia vermelha*), ni une autre représentation, *également promise*, au profit de la *Société de bienfaisance française*.

Ainsi qu'à mademoiselle Rachel, l'enivrement du triomphe vous a fait oublier, madame, combien on puise de consolation, aux heures sombres de la vie, dans le souvenir d'une bonne action! Un souvenir de ce genre réchauffe l'âme et la ranime. Il produit sur elle le même effet que sur le corps un rayon de soleil.

Je n'ose vous demander si les contos et les diamants que vous avez rapportés du Portugal et du Brésil ont suffi pour vous rendre plus heureuse, en vous faisant plus riche?

C'est parce que madame Stolz a refusé de payer sa dette de reconnaissance, en venant en aide à l'Enfance et au Malheur, que j'ai cru devoir écrire ces lignes.

les industries diverses que peuvent exercer les émigrants.

Aux yeux des Brésiliens, tous les négociants se valent, sans en excepter les prêteurs sur gages et les vendeurs d'esclaves. Les spéculations sur les demi-lunes conjuratrices, les sonnets adulateurs et le soldat de Mindello, leur paraissent aussi honorables que le trafic de la soie, des bananes et des aiguilles.

Hâtons-nous de le dire : une pareille appréciation est rationnelle chez un peuple de consommateurs, *um povo de comedores*, comme il s'appelle lui-même, et qui doit tout au commerce ; chez un peuple qui, faute de fabriques et de littérature nationales, reçoit de l'Europe et des États-Unis, en échange de ses cafés, de ses pierres précieuses et de ses cotons, les vêtements dont il se couvre, le vin qu'il boit, le blé dont il se nourrit, les meubles luxueux qui ornent ses demeures, les livres qui lui communiquent les conquêtes de l'industrie, les progrès des arts, les idées généreuses de nos philosophes, et jusqu'aux romans, jusqu'aux vaudevilles qui lui révèlent, en l'amusant, les mœurs élégantes d'une civilisation plus avancée[1].

Pourquoi les Brésiliens établiraient-ils des distinctions à propos du plus ou moins de valeur des objets qu'on leur vend, puisque chacun de ces objets, quel qu'il soit, répresente pour eux une somme de bien-être qui leur avait manqué jusqu'alors?

1. « Estamos habituados, pela impericia, pelo vicio dos nossos governantes, a comer, beber, e vestir pela mão do estrangeiro. »

A Ordem, *de Pernambuco*, 11 favereiro 1863.

J'ai dû exposer les considérations qui précèdent pour ceux qui ne se font aucune idée du commerce, tel qu'il se pratique dans les colonies et surtout dans les pays neufs qui, destinés à un avenir magnifique, comme le Brésil, ne peuvent utilement travailler à leur développement progressif qu'avec le concours des forces actives de la vieille Europe.

Au Brésil, on n'a de chance de faire fortune que par le commerce, je ne saurais trop le répéter, et bien certainement, c'est un moraliste de l'Empire qui a prétendu le premier *qu'il n'y avait pas de sots métiers, mais seulement de sottes gens.*

Le lecteur sera moins étonné maintenant de me savoir directeur d'une fabrique de *phosphoros.*

Un ancien avocat de Toulouse avait établi, avant notre arrivée, une fabrique des mêmes produits; c'était *la première* qu'on avait vue à Rio-de-Janeiro. Afin de couper court à une concurrence ruineuse pour les deux parties, Nausier traita avec le vieil avocat qui ne demandait pas mieux et qui, des allumettes, passa à l'exploitation des *charutos*, ou cigares.

Dès ce jour, nous n'eûmes aucune rivalité sérieuse à redouter, et notre marque : *phosphoros inalteraveïs*, fut seule demandée sur la place. Suivant la prétentieuse expression de mon associé, nous possédions le privilége exclusif de *distribuer la lumière aux habitants de Rio;* je n'ose ajouter avec lui : *qui en avaient bien besoin.*

Le dédain de ma femme pour notre humble industrie s'était complétement évanoui devant les résultats déjà obtenus. La superbe philosophie de Nausier avait fait une adepte de ma nerveuse compagne.

— Qu'importe, en effet, disait-elle, qu'on arrive à la fortune par les allumettes ou par la soie ! nos affaires vont bon train, et cela suffit.

Cette opinion était aussi la mienne.

Toutefois, l'ambition de mon cousin était loin d'être satisfaite. Nausier s'était créé des relations dans le sud, depuis Santos jusqu'à la frontière de la *Banda oriental.* Les clients pour nos articles *Paris* devinrent, après une double expédition, les tributaires de la fabrique. Nos *phosphoros* avaient donc conquis le haut du pavé ; par leur qualité, par le bas prix auquel on les livrait, ils rendaient désormais impossible toute concurrence étrangère.

Le succès obtenu était grand ; mais Nausier appartenait à cette race infatigable qui pense n'avoir rien fait tant qu'il reste quelque chose à faire. Ne voilà-t-il pas qu'il se met dans la tête d'asservir le nord, comme il s'est imposé aux provinces méridionales ! Cet Alexandre du phosphore voulut régner également sur le marché de São-Pedro-do-Sul, et sur celui de Bahia.

Dès que son plan fut bien arrêté, il entra chez moi, un soir, et sans préambule, il me demanda si je ferais volontiers un voyage du côté de l'Équateur.

Ma femme, atteinte alors de cette maladie cruelle qu'engendre l'affreuse combinaison de l'humidité et de la chaleur, et qui sévit, à Rio, sur à peu près toutes les Européennes ; ma femme jeta les hauts cris, en pensant à l'isolement où j'allais la laisser.

— Où l'envoyez-vous donc? dit-elle.

— A quelques centaines de lieues, à Bahia, répondit Nausier. Ce voyage qui l'éloigne momentanément de Rio, décimée à cette heure par la fièvre jaune, doit nous ouvrir de nouveaux débouchés, et nous créer des relations importantes. Il est nécessaire que votre mari l'accomplisse. Du reste, si les choses marchent comme j'espère qu'elles iront, son absence ne durera pas plus d'un mois, et il aura rendu un service signalé à notre maison.

Le projet de Nausier me plaisait assez. A part une courte visite à Pernambuco, je ne connaissais du Brésil que Rio-de-Janeiro et ses environs ; ce cadre était trop restreint pour un homme qui se proposait de publier ses impressions. Bahia, l'ancienne résidence des vice-rois, me promettait des révélations piquantes. São-Jorge-dos-Ilheos, la première ville un peu importante fondée au Brésil, et qui fut si souvent ravagée par les hordes indomptables des *Aymorés* ou *Gherins*, me tenait forcément en réserve d'émouvantes traditions.

Comme on le voit, l'appât du gain, — un gain intellectuel, — me tentait, moi aussi, et je bénis les allumettes qui me permettaient d'enrichir mes notes de documents nouveaux. Le commerçant dominait la situation, il est vrai; mais il ouvrait la voie à l'écrivain. Aucun gouvernement ne me subventionnait; je n'étais pas assez riche pour voyager à mes frais, et pour mon seul plaisir. Grâce à notre humble négoce, je pouvais visiter d'intéressantes localités; voir, m'instruire et amasser ainsi, tout en servant la maison, une abondante moisson de souvenirs.

— Vivent les phosphoros! Je suis ton homme, dis-je à Nausier.

Et chacun se mit à l'œuvre.

Le telheiro se remplit de mouvement et de bruit. La roue circulaire pousse son sifflement aigu chaque matin; les fourneaux s'allument; le soufre, la colle, le vermillon, se mêlent dans la chaudière. Nos ouvriers, stimulés par une augmentation de paye, se remettent à fendre les planches de sapin; le contre-maître, toujours mélancolique, trempe les palitos dans la *masse;* les senhores moços les trient et les empaquettent, et les *ciganas* (bohémiennes), ne cessent pas de remplir la *chacara*, apportant dans des châles et des coupons d'étoffes des milliers de boîtes qu'elles viennent de confectionner.

L'ardeur de tous ne se ralentit pas, pendant un mois que dure ce surcroît de besogne. La provision supplémentaire augmente chaque jour. Les rayons de la salle à manger regorgent de paquets oblongs. De hautes et épaisses piles s'élèvent dans la chambre des ouvriers; le telheiro est encombré. Nausier remplit enfin les caisses : après les avoir clouées avec soin, il les fait transporter sur la sumaca *Os-Dous-Anjos*, qui doit mettre à la voile sous trois jours pour l'antique cité de São-Salvador, en touchant à Victoria et à São-Jorge-dos-Ilheos.

Quant à moi, je reste chargé d'aller au *Consulado*[1], et de me tenir en règle avec cette administration.

1. *Consulado*. C'est le nom de l'administration qui perçoit les droits que le Brésil impose à ses produits. Un décret du 23 mars 1858 a

Je revenais un matin, avec ma patente d'exportation, du trou humide qui servait de bureau. Au milieu de la rue São-Pedro, un enterrement me barra tout à coup le passage.

Les raies d'*or* qui traversaient le fond *rouge* du cercueil m'apprirent, ainsi que la livrée des croque-mort à cheval, que c'était là un convoi d'enfant.

Une physiologie doit envisager sous tous ses aspects moraux la question qu'elle s'est proposée de traiter. Or, les funérailles représentent un côté de la vie des nations; elles appartiennent donc à mon sujet.

Peut-être l'étude des mœurs brésiliennes en face de la mort offrira-t-elle quelque intérêt au lecteur.

Ainsi que je viens de le déclarer, les raies d'or du cercueil indiquaient un convoi d'enfant.

C'est qu'ici, les dimensions du cercueil, sa couleur, la distance entre les raies, ont un sens convenu, précis; elles disent l'âge, l'état et le sexe de ceux qui y sont renfermés.

Les planches funèbres sont peintes avec une couleur tendre, la couleur lilas (*roxo*) pour une demoiselle de vingt à vingt-cinq ans.

Pour un homme ou pour une femme, comme pour un veuf, le fond est *jaune*, coupé par des raies *noires*.

Mais, dans ce cas encore, il existe une différence notable qui porte sur la distance des raies noires entre

réduit ces droits de deux pour cent : bonne, excellente mesure prise par un gouvernement intelligent qui comprend que l'accroissement des recettes doit se demander, non pas à l'élévation des tarifs, mais à la création de nouveaux débouchés.

elles. Cette distance est de *un pan* pour les femmes, et de *deux doigts* pour les hommes.

On place enfin l'enfant en bas âge dans un cercueil *rouge* rayé de lignes *d'or*.

Tout cela est emblématique, on le comprend.

La nuance *lilas*, moins accusée que la couleur blanche de la couronne de fleurs d'oranger, doit rappeler la pensée indécise, voilée, naïve encore, de la *moça* (jeune fille libre).

Ceci, je ne puis m'empêcher de le dire, me paraît une flatterie aventurée, et, à bon droit, suspecte.

A vingt ans, et même à vingt-cinq ans, les jeunes personnes, chez nous, ont évidemment des rêves couleur lilas; mais cependant, à travers les vapeurs de ces rêves, apparaissent des horizons lumineux où s'encadrent des figures nettement dessinées. L'amour, qui pourrait l'ignorer? joue toujours un rôle dans les rêveries, comme dans les songes des jeunes filles européennes.

Est-ce à croire que de vingt à vingt-cinq ans, le cœur de la Brésilienne ne possède pas encore sa formule de bonheur ?

Est-ce à croire que sous le brûlant soleil des tropiques, avec les enseignements pernicieux de l'esclavage et la profonde ignorance où croupit tout son être moral, la moça de l'Empire n'ait que des désirs vagues, et que son imagination, flottant dans l'azur, loin des réalités de la vie, ne poursuive que les formes vaporeuses des nuages ?

Allons donc ! Il faut ignorer les ardeurs impérieuses

qui circulent, avec le sang, dans les veines des créoles, pour admettre que ces natures impatientes et précoces, — elles sont nubiles à dix ans, — se bercent, pendant les heures désœuvrées de la journée, et pendant les nuits splendides et étoilées, de rêves couleur lilas.

Ces moças, que M. Adet nous a montrées jouant de la prunelle dans les églises, et se complaisant, — lorsqu'elles savent écrire, — à des correspondances amoureuses, aiment trop les roses éclatantes et orgueilleuses pour s'en tenir à la nuance pâle et timide du sentiment.

N'oublions pas que la patronne par excellence de ce pays si peu peuplé est NOSSA SENHORA DA CONCEIÇÃO; que la loi brésilienne, fortement préoccupée du précepte divin : *Crescite et multiplicamini*, accorde les mêmes droits aux bâtards reconnus qu'aux fils légi times; et enfin, qu'on n'offense pas une jeune personne, vivant dans sa famille, en lui demandant si elle a des enfants.

Du reste nous nous expliquerons, — dans le chapitre consacré à la FAMILLE, — sur la pureté de mœurs que produit fatalement l'esclavage.

Les raies *d'or* symbolisent mieux l'innocence précieuse de la petite créature que la mort vient de frapper.

Le fond *jaune*, pour l'homme et pour la femme, tend à éveiller des idées peu conformes à la gravité des circonstances. Sans faire intervenir ici la religion, nous pouvons soutenir qu'il est toujours de fort mauvais goût de plaisanter en face d'une tombe.

Maintenant, pourquoi cette différence dans la pose des raies noires?

La couleur *noire* est, au Brésil comme en France, l'emblème du deuil, de la misère, de la douleur. La distance des raies, qui est d'*un pan* pour les femmes et de *deux doigts* seulement pour les hommes, sert-elle à caractériser la destinée faite par le mariage à chacun des conjoints?

Dans ce cas, les raies noires, plus nombreuses sur le cercueil de l'époux, indiqueraient que sa part de peines dans le ménage a été aussi plus grande.

On m'a donné une autre explication qui présenterait sous un aspect différent la disposition des raies noires.

Plus rapprochées sur le cercueil du mari, elles constatent qu'une plus forte somme de malheur devient désormais le partage de la femme, par l'absence de son puissant protecteur. La mort de sa moitié ne produit pas, pour l'époux, des conséquences aussi désastreuses. Elle ne laisse au survivant qu'un poids douloureux, proportionné à ses forces. Il lui sera possible de surmonter son chagrin, et cette séparation, cruelle pour lui, ne le condamnera pas, toutefois, à des larmes éternelles.

La présence de l'homme est plus nécessaire à la communauté que celle de la femme : tel est l'enseignement qui résulterait, dans ce cas, de l'intervalle laissé emblématiquement entre les raies *noires* sur le fond *jaune* du cercueil.

Au Brésil, comme chez nous, les enterrements fournissent aux familles l'occasion de satisfaire une vanité pitoyable.

Six croque-mort suivaient à cheval le cercueil du pauvre petit. Leur livrée rouge et les pans noirs de leur habit apprenaient à la foule des badauds, — dont je faisais partie en ce moment, — que c'était là un convoi de première classe, partant, que la fortune des parents était au niveau de leur désespoir.

Pour les convois d'enfant de deuxième classe, les croque-mort sont habillés de bleu.

Je ne m'explique pas, je l'avoue, l'habit écarlate des cavaliers des pompes funèbres; pas plus que je n'ai compris la singulière livrée dont était affublé le laquais du *bispo* (évêque) de Rio-de-Janeiro, un jour que ce prélat officiait à l'église du largo São-Francisco. Cette livrée est sans doute celle des grandes occasions; elle consiste en une veste de hussard, une veste véritable de hussard, avec brandebourgs et laine de mouton au col et aux poignets.

Un hussard noir, la tête et les pieds nus, se carrant derrière la voiture d'un évêque, voilà ce qu'on ne peut voir qu'au Brésil.

J'en dirai autant des croque-mort vêtus de rouge.

Suivait une file de voitures encombrées d'hommes en gants blancs qui tenaient à la main un mouchoir de batiste.

Il n'y a pas longtemps encore, les funérailles des personnes ayant occupé un rang élevé dans la société, se faisaient, la nuit, à la lueur des torches. Le mort, revêtu de l'habit de l'*Irmandade* (confrérie) à laquelle il appartenait, restait exposé à visage découvert. S'il avait été membre de l'Ordre du Christ, le corps disparaissait sous un simulacre d'armure, et le catafalque était orné des insignes de cet Ordre, célèbre autrefois, et qui succéda à celui des Templiers. Au lieu du monotone serpent, réservé pour les enterrements vulgaires, l'orgue accompagnait, dans ces occasions, le service funèbre; et même, si le rang du défunt autorisait cette distinction, un orchestre complet chantait une messe en musique.

Les obsèques les plus remarquables, et dont les contemporains ont gardé le souvenir, sont celles de l'Impératrice Léopoldina.

C'était pendant la folle entreprise de dom Pedro Ier contre la province Cis-platine (Montevideo).

La jeune Impératrice était enceinte, mais sa santé, profondément altérée par des chagrins domestiques, faisait pressentir une fin prochaine. Elle s'éteignit lentement, en effet, au milieu des regrets et de l'indignation de tout un peuple; poursuivie encore, à sa dernière heure, par la voix impérieuse de la marquise de Santos, et pardonnant à son époux aveuglé et absent.

Cette mort, qui a provoqué bien des accusations terribles à la suite desquelles le nouveau baron d'Inhoumerim (Vicente Navarro, de race juive, premier médecin du palais) devint à peu près fou; cette mort prématurée, dont la cause déterminante, — pour beaucoup de Brésiliens, — est restée enveloppée d'un sombre mystère, pèsera éternellement, devant l'histoire, sur la mémoire de dom Pedro Ier.

Le jour des funérailles était arrivé. La procession

se mit en marche, pendant la nuit, à la clarté des torches. Sept autels avaient été dressés sous la *varanda* du palais, et autant de prêtres y célébrèrent la messe. Toutes les rues marquées sur l'itinéraire présentaient une double rangée de moines et d'ecclésiastiques. A onze heures, le cortége atteignit le couvent d'Ajuda. Là, le corps fut reçu par les religieuses qui le déposèrent, non dans une tombe, mais sur un canapé.

A cette occasion eut lieu une cérémonie lugubre, exhumée des coutumes du moyen âge, et qui était jadis pratiquée à la mort de chaque souverain du Portugal. Le corps de Léopoldina, revêtu des habits royaux, fut exposé dans une chapelle ardente. La main de l'Impératrice resta découverte, et tous les officiers de sa maison, tous les dignitaires de l'Empire s'approchèrent pour la baiser.

C'est sans doute pour la dernière fois que ce cérémonial, héritage des siècles féodaux, a été suivi à la cour de Rio-de-Janeiro, puisque l'usage du baise-main a été aboli à l'avénement de dom Pedro II.

A cette époque, les funérailles des enfants s'accomplissaient, au Brésil, avec une pompe inconnue chez les autres nations. Tout caractère funèbre, tout appareil de douleur, s'étaient effacés devant l'idée consolante d'une félicité éternelle qui commençait. Le cher ange, entouré de guirlandes de fleurs, était couché au fond d'un cercueil tapissé de soie et qu'enveloppaient des étoffes brodées. On le portait dans un cloître qui s'ouvrait sur un jardin soigneusement entretenu et parsemé de riantes plates-bandes. Le corps reposait ainsi dans le voisinage des œillets et des roses, pendant que l'âme habitait les célestes demeures.

Les églises servaient alors de lieux de sépulture.

Chaque famille riche possédait, non pas un caveau, mais des tiroirs superposés qui recevaient les corps.

On m'a raconté, à ce sujet, une aventure étrange.

Une jeune femme, mariée depuis six ans et veuve depuis cinq, n'avait qu'une petite fille en qui se concentraient ses affections. Cette enfant, dont toutes les volontés étaient aussitôt obéies qu'exprimées, avait nécessairement un caractère détestable.

Son aïeul, — c'était le membre de la famille qui la gâtait le plus, — refusa un jour de satisfaire un caprice extravagant. Le petit despote voulait une noix de coco, mais il exigeait que le vieillard allât la cueillir lui-même à la cime de l'arbre.

L'enfant s'était butée à cette idée. N'obtenant pas ce qu'elle demandait, elle entra dans une colère affreuse qui produisit de violentes convulsions. Les convulsions aboutirent à une prostration complète. Le corps demeura insensible ; le cœur cessa de battre.

Cet état durait depuis vingt-quatre heures.

Le pouls continuant à ne donner aucune pulsation, le médecin prononça son arrêt. L'enfant avait cessé de vivre.

Vous devinez le désespoir de la mère.

Celle-ci ne voulait pas admettre que la petite fille fût morte. Elle consentit bien à ce qu'on la plaçât dans un cercueil tout tapissé de roses; mais lorsqu'on s'apprêtait à l'enlever, elle se cramponna aux planches funèbres en poussant des cris de bête féroce.

Cette lutte ne se prolongea pas longtemps; la pauvre femme venait de perdre connaissance. On profita de son évanouissement pour emporter le cher petit être.

Dès qu'elle revint à elle, la senhora se souvint. N'apercevant pas son enfant, elle la réclama avec des instances passionnées.

— On a transporté *nhanhà*[1] à l'église, répondit l'aïeul dont les yeux, à force d'avoir pleuré, n'avaient plus de larmes.

La mère se leva d'un bond.

— On va enterrer mon enfant, et mon enfant n'est pas morte! Je vous dis que mon enfant n'est pas morte! répéta-t-elle en s'élançant vers la porte.

Là, elle fut retenue par deux nègres.

Ceux-ci, obéissant aux instructions du vieillard, la ramenèrent vers la *marqueza* qu'elle venait de quitter.

La mère, un moment affolée, comprit cependant que toute résistance était vaine; elle s'étendit de nouveau sur la *marqueza* et parut s'endormir.

La nuit arriva.

La senhora n'avait pas fait un mouvement.

Comme elle était elle-même d'une faible santé, et que depuis plus de vingt-quatre heures elle avait veillé au chevet de la petite fille, on crut que la nature réclamait enfin ses droits.

1. *Nhonho*, *nhanha*, c'est le *baby* des Anglais. Nous ne possédons pas de synonyme en français.

L'aïeul alla se coucher.

Il ne resta auprès de la mère que sa *mucama*, qui avait nourri l'enfant.

Ceci n'était qu'une comédie lugubre.

Dès que le silence régna dans la maison, la senhora se mit sur son séant. Elle aperçut la *mucama* accroupie à ses pieds.

Les yeux des deux femmes se rencontrèrent; leurs âmes se comprirent.

— Allons sauver nhanha, murmura la mère.

— Allons ! répéta l'esclave.

Lorsque le bonhomme, qui venait de reposer quelque peu, voulut s'assurer si sa fille dormait toujours, il trouva la chambre déserte. Il courut à l'endroit où l'on avait déposé la clef de la sépulture : la clef avait disparu.

— La malheureuse ! elle est à l'église, dit-il.

Et s'étant fait accompagner par un noir, il se rendit, lui aussi, à l'église.

Ce ne fut pas sans peine, toutefois, qu'il parvint à pénétrer dans le lieu saint. Mais au Brésil, comme ailleurs, du reste, l'argent ouvre les portes les mieux gardées.

Le vieillard trouva sa fille accroupie, à son tour, près d'un cercueil vide. L'enfant avait été retirée de sa couche funèbre, et la mère la berçait sur son sein, en lui adressant les plus tendres paroles.

Des dahlias et des roses jonchaient les dalles.

C'était là un spectacle navrant.

Le bonhomme, bien qu'il eût de la peine à s

tenir sur ses jambes, tant son émotion était forte, essaya pourtant de tous les moyens pour décider sa fille à le suivre. Il redoutait, avec juste raison, pour elle, les perturbations profondes que produit ordinairement l'idée fixe.

Toutes ses tentatives furent vaines.

— Les médecins sont des ânes, sinon des assassins. Nhanha n'est qu'endormie! Nhanha n'est pas morte! Nhanha va se réveiller sous la chaleur des baisers de sa mère.

Telles sont les paroles que répétait invariablement la senhora.

L'aïeul, craignant plus que jamais que cette contemplation, en se prolongeant, n'amenât la folie, voulut alors entraîner la pauvre femme, pendant que le noir, d'après ses ordres, s'efforçait d'arracher des bras qui l'étreignaient, le corps de la petite fille.

— Maria, à moi! à moi, Maria! s'écria la mère, en proie, à cette heure, à une exaltation extrême.

— Chien! proféra la nourrice.

Et elle planta ses ongles dans la figure de l'esclave.

La scène, déjà très-émouvante, allait le devenir encore davantage.

Le noir n'avait pas lâché prise. Quoique des sillons de sang ruisselassent sur ses joues, il continuait à exécuter les ordres de son maître.

Tout à coup, il se recule avec effroi, et tombe à genoux.

— Nhanha! Nhanha! murmure-t-il d'une voix étranglée, et en tendant les mains en avant.

L'enfant venait, en effet, d'ouvrir les yeux. Elle souriait à sa mère et entourait son cou de ses petits bras.

La senhora paraissait transfigurée. Elle avait un air radieux, triomphant, que je n'essayerai pas de décrire, lorsqu'elle s'écria :

— Je savais bien, moi, que nhanha n'était pas morte ! Et, fût-elle morte, la sainte Vierge me l'aurait rendue.

Le cas de la petite fille était cataleptique.

La science s'y était trompée ; mais l'amour maternel ne s'y était pas laissé prendre.

C'est l'amour maternel qui avait sauvé l'enfant.

Cependant, le lendemain, tout le monde cria au miracle.

On est encore convaincu aujourd'hui, que la petite fille a tressailli dans son linceul, au contact brûlant des lèvres de sa mère, et que l'âme de celle-ci a rappelé sur la terre, avec la permission de Dieu, l'âme envolée de l'enfant.

Comme Lazare, nhanha venait de ressusciter.

Cet événement, qui produisit alors une vive impression sur les esprits, n'empêcha pas d'apprécier les inconvénients redoutables du mode d'inhumation dans les églises.

Aujourd'hui Rio-de-Janeiro possède deux cimetières situés en dehors de la ville : l'un, sur le chemin de *Catumby ;* l'autre, à l'extrémité de la baie, à l'endroit nommé *Bacu-Pariou* ou *Broco.*

Le cimetière des Anglais reste encore *intra-muros.*

Au Brésil, plus que chez nous, je le répète, l'amour-propre joue un grand rôle à propos d'enterrement.

Chacun ambitionne de transformer les funérailles en obsèques, et les vivants se ruinent quelquefois pour inhumer splendidement les morts.

Je ferai ici une remarque qui ne manque pas d'une certaine importance :

Cet usage extravagant a nécessairement été transmis aux Brésiliens par les Portugais; mais ceux-ci l'avaient évidemment reçu de leurs esclaves de la Côte occidentale.

Le docteur Livingstone nous apprend, en effet, que : « *la grande ambition des Angolais est de faire à ceux qu'ils aiment des funérailles fastueuses. Les dépenses occasionnées à cette occasion sont tellement lourdes, qu'il s'écoule souvent plusieurs années avant que la famille soit parvenue à les solder.* »

J'ai cité textuellement les paroles du voyageur anglais.

Le noir se vengeant du blanc qui l'opprime, en lui inoculant ses vices, ses ridicules et ses superstitions, quoi de plus naturel, quoi de plus logique aussi?

Le maître et l'esclave s'entre-corrompant, telle est la loi que nous avons déjà signalée.

A Rio, il y a des défilés de voitures qui durent une demi-heure. J'ai vu passer bien des cortéges de ma fenêtre, lorsque j'habitais *Bota-Fogo* qui se trouve sur la route du Broco. Un matin, j'ai pu compter jusqu'à 125 véhicules, tant voitures de maître, que *sejes* de place et *remises*, au convoi d'un homme qui avait rempli des fonctions élevées sous le règne de João VI. La famille avait demandé au culte toutes ses pompes;

aussi s'était-elle endettée pour faire à son chef des obsèques dignes de son ancien rang. Ce jour-là, elle a pu évoquer les souvenirs d'une opulence passée — bien passée, hélas! — tout en s'enivrant, pendant quelques heures, des fumées de l'encens qu'on brûlait en l'honneur du défunt.

O vanité des vanités !

Six mois après l'inhumation, la famille dut vendre deux vieux esclaves dévoués pour payer tout le bruit qui s'était fait autour du cercueil de l'ancien officier de João VI.

Les Angolais — c'est encore le docteur Livingstone qui nous l'apprend — font argent de tout ce qu'ils possèdent dans ces occasions. Ceux qui n'ont ni esclaves, ni dent d'éléphant à vendre, se défont de leurs cochons et de leurs poules, afin d'honorer du mieux qu'ils peuvent le parent ou l'ami qu'ils ont perdu. Les uns se ruinent tout à fait, les autres s'endettent seulement pour quelques années.

Les Brésiliens copient en cela les nègres d'Angola.

L'esclavage a transporté les mœurs d'Afrique dans l'Empire Sud-Américain.

A faire tant que de s'inspirer des coutumes et des usages des noirs, les Portugais et les Brésiliens auraient dû adopter la législation si équitable qui règle l'état civil des enfants nés d'une esclave et d'un homme libre, chez les tribus du cap Lopez. Un pareil emprunt, du moins, leur eût fait honneur, en adoucissant les effets d'une abominable oppression. Nous parlerons en temps et lieu de cette législation, qui, parmi des peuplades idolâtres et ignorantes, consacre le droit et la justice, dans un cas où des nations catholiques et se prétendant civilisées violent systématiquement l'un et l'autre de ces principes.

Il nous reste à constater que la nombreuse assemblée, conviée aux fêtes de la mort, manque tout à fait de cette gravité recueillie que commande la circonstance.

Les uns agitent leur mouchoir brodé, à la façon des petites-maîtresses ; les autres causent tout haut de leurs affaires, comme les juifs à la synagogue. Maintes fois, même, j'ai vu des cigares allumés dans les voitures du convoi !

Pendant le trajet de l'église au cimetière, on échange galamment des saluts et des sourires avec les senhoras accoudées à leurs fenêtres; on gesticule, on se penche, on tient enfin à se faire remarquer — comme certaines créatures, chez nous, le soir des premières représentations — si le défunt était un personnage. Bref, ces hommes n'ont de sévère que le costume; ils ont l'air d'aller à une promenade plutôt qu'à un enterrement.

Le défilé des voitures durait encore, lorsqu'une main s'appuya familièrement sur mon épaule.

Je me retournai aussitôt.

Un monsieur à cheveux rouges, et marqué de la petite vérole, se tenait debout devant moi.

Avant toute explication, il me sauta au cou, en m'appelant par mon nom.

— Eh! oui, dit-il enfin, c'est moi, Justin Fruchot, l'*Écureuil des Ardennes*, ton camarade de chez Coutant.

Pendant que tu admirais la belle livrée écarlate des croque-mort, je te considérais avec attention. Voilà un hasard singulier, n'est-il pas vrai? Tu ne t'attendais pas à me rencontrer à trois mille lieues de notre belle patrie; eh bien! franchement, ni moi non plus.

Cette recónnaissance, après une séparation de vingt ans, était assez étrange, en effet.

Fruchot, que nous avions surnommé *l'Écureuil des Ardennes*, à cause du lieu de sa naissance (il était de Mézières) et de la couleur de son épaisse crinière, était autrefois un garçon jovial, franc et paresseux; ce qu'on appelle, en style de collége, un *cancre* et un bon camarade. Par exemple, il avait pour la musique une aptitude particulière, et il jouait déjà passablement du violon. La conformité de goûts nous avait unis alors d'une étroite amitié. La version grecque et le discours latin n'avaient pas plus de charmes pour lui que pour moi; mais nous dévorions les romans de Victor Hugo, et même ceux de Paul de Kock, que nous introduisions en fraude dans la classe; mais nous apprenions par cœur, et nous déclamions avec enthousiasme, les vers de *Farruck-le-Maure*, et enfin, *la Tour de Nesle* nous avait inspiré un mélodrame en huit actes et seize tableaux, qui devait nous ouvrir le chemin de la gloire et de la fortune.

Heureux temps des premières illusions, qu'êtes-vous devenus?

Allais-je retrouver mon ancien collaborateur tel que je l'avais laissé, le jour où le censeur de Charlemagne nous condamna à copier douze cents vers de Virgile;

pour avoir participé à une insurrection contre le professeur de latin?

Il n'y a que des pédants, disons-le en passant, capables d'inventer de pareilles punitions. Impuissantes pour adoucir ou redresser des caractères rebelles ou aigris, ces punitions ne sauraient produire qu'un effet désastreux sur les jeunes imaginations auxquelles elles sont appliquées.

Nous terminions alors notre année de rhétorique.

L'année suivante, Fruchot et moi nous nous quittâmes sans être parvenus à faire recevoir notre fameux mélodrame; depuis cette époque, nous ne nous étions pas revus.

Maintenant, voilà que le hasard nous met tout à coup en présence, sur la terre d'exil que nous avons choisie tous deux!

Cette rencontre tenait vraiment du prodige; aussi ne pouvais-je revenir de mon étonnement, en serrant la main d'un de mes camarades les plus chers.

Les confidences commencèrent aussitôt.

CHAPITRE II

Les Martyrs de la civilisation. — L'Hôtel des Postes. — Trombones et saxophones. — Comment un artiste de talent devient courtier en marchandises.

La destinée de Fruchot me rappelle une idée conçue, caressée en Amérique, et qui est venue m'assaillir maintes fois depuis mon retour en Europe.

On réaliserait cette idée par la publication d'un livre, curieux autant qu'instructif — une étude de mœurs, comme il n'en existe pas encore — qui serait la critique sanglante de notre état social, de cette civilisation hautaine, vantarde, matérialiste, impitoyable, dont nous sommes si fiers, nous autres Européens.

Il ne s'agirait que de raconter l'histoire de toutes les déceptions, de toutes les misères, de toutes les lâchetés, de toutes les hontes, de tous les crimes que certaines organisations doivent fatalement traverser, avant que le désespoir les pousse au suicide, ou sur les lointaines plages de l'exil.

On intitulerait ce livre : les *Martyrs de la civilisation.*

Oh ! si les cités et les solitudes intertropicales voulaient nous révéler les lugubres confidences que leur font chaque jour les proscrits volontaires du vieux monde!

Oh! si les plaines calcinées du désert consentaient à trahir, pour notre édification, les secrets terribles de ces victimes de l'amour, de l'intérêt, de la politique, de l'ambition, qui viennent leur demander l'oubli du passé!

Pour ma part, j'ai coudoyé bien des douleurs mornes, bien des souffrances profondes, bien des existences désolées, de l'autre côté de l'Océan. J'ai deviné bien des blessures incurables; j'ai entendu aussi de lamentables récits, dans les heures d'accablement qui succèdent aux agitations, souvent stériles, de la vie d'aventures.

Certes, je me crois autorisé à le dire :

On ne soupçonne guère en Europe le nombre des malheureux que le choc des passions et l'antagonisme des intérêts a rejetés, au milieu d'un concert de malédictions et de sanglots, sur les rivages baignés par l'océan Indien et l'océan Atlantique.

Je ne veux point parler ici de cette classe, si intéressante pourtant, des déshérités de la fortune, des parias de notre organisation sociale qui, après des efforts acharnés mais infructueux, s'expatrient pour ne pas mourir de faim. Travailleurs aux abois qu'effraye le spectre de la misère, ils vont chercher sous des latitudes inclémentes, mais moins peuplées, la place que la vieille Europe leur refuse, la part de soleil à laquelle a droit toute créature du bon Dieu.

A plus forte raison, je ne pense pas, en consignant mes observations, à ces rapaces chevaliers d'industrie, à ces banqueroutiers éhontés, à ces grands prêtres du trafic immoral, à tous ces êtres venimeux, en un mot, que la loi a flétris ou qu'elle s'apprête à flétrir, et qui, désespérant de faire de nouvelles dupes dans leur pays, transportent sous d'autres cieux leur industrie suspecte.

Ils sont nombreux, sans doute, les hommes tarés qui s'abattent sur les terres intertropicales dans l'intention d'y exploiter toutes les hontes, toutes les convoitises, tous les besoins, tous les instincts, tous les préjugés, toutes les vertus, tous les vices.

Toutefois, ces flibustiers, — que j'ai marqués au front dans un autre livre, — ne méritent pas de figurer dans la nouvelle étude que j'ai entreprise.

Entre les fripons et les malheureux, vulgaires, mais honorables, dont il vient d'être question, se place une catégorie d'individus plus nobles, plus sympathiques aussi. Il s'agit d'un groupe spécial de lutteurs terrassés qui, forcés également par les circonstances de déserter l'arène où a coulé le plus pur de leur sang, vont demander aux régions transatlantiques un peu d'air et de lumière :

Viveurs ruinés, que sollicite l'esprit indiscipliné des aventures ;

Intelligences inquiètes, timides, tourmentées, qu'épuise un travail stérile au sein de l'ombre et du silence, et qui répugnent à s'affirmer effrontément, comme le charlatanisme, à la face du soleil ;

Natures indépendantes, orgueilleuses, mystiques, déçues dans leurs espérances et révoltées par le constant triomphe de l'injustice ;

Cœurs dévastés par quelque horrible trahison, déchirés par le plus lâche, le plus implacable égoïsme, — l'égoïsme fraternel! — mais trop fiers cependant pour accepter une insultante pitié;

Tous, fuyant une terre marâtre, viennent poursuivre au delà des mers l'X mystérieux qui contient le secret de leur destinée.

Eh bien! parmi ces âmes meurtries, mais non découragées, il n'est pas rare de rencontrer des individualités remarquables. Ce sont celles dont les erreurs, — les fautes, si l'on veut, — procèdent d'un besoin irrésistible d'interroger la vie, et qui, avides d'apprendre, ont épuisé d'un seul coup la coupe de tous les enivrements terrestres.

Les gens d'ordre et de mœurs régulières ont montré du doigt ces jeunes hommes affamés d'émotions toujours nouvelles, et qu'une ardente curiosité entraînait à leur perte.

Nous pensons, nous, qu'il ne faut pas juger trop sévèrement des organisations exceptionnelles, que leurs qualités et leurs défauts emportent également, à travers des voies étranges, jusqu'au but fatal : l'expiation!

C'est dans ce cas surtout que l'expiation sera féconde, ainsi que les événements le démontrent chaque jour.

Il arrive fréquemment à Paris qu'un fils de famille, menant la vie à grandes guides et jetant, la veille encore, l'or par les fenêtres, disparaît tout à coup emporté par un ouragan invisible.

On ne le rencontre plus aux premières représentations, sur le turf, dans les boudoirs à la mode.

Il est bien évident qu'il ne se trouve plus à Paris.

Où donc est-il allé?

Sa dernière maîtresse l'ignore absolument. Passe encore!

Ses amis, ou plutôt ses compagnons de plaisirs, ne sont pas mieux informés; ceci commence à devenir plus grave.

Son tailleur lui-même ne sait pas ce qu'il est devenu.

C'est là ce qui donne à la brusque disparition du viveur un caractère inquiétant.

Les uns prétendent qu'il cache au fond d'une petite principauté d'Allemagne, ou dans quelque coin parfumé de l'Italie, un bonheur qui veut rester inconnu.

A la bonne heure!

Mais, dans ce cas, pourquoi se défier de son tailleur au point de ne pas lui laisser son adresse?

S'habille-t-on moins élégamment parce qu'on est amoureux?

Ce serait là une bien grande maladresse!

Une redingote de Carlsruhe et un gilet de Como ne remplaceront jamais, pour un dandy intelligent, le gilet et la redingote taillés par des ciseaux parisiens.

Les autres prononcent des syllabes sinistres.

Le viveur est ruiné; il s'est envolé, le diable seul sait où.

Comme, d'après les idées courantes, on n'est pas éternellement amoureux, la seconde explication ne tarde pas à prévaloir. L'absence prolongée du viveur est pleinement justifiée par une déconfiture sans issue.

Peut-être alors s'est-il suicidé?

Peut-être, ce qui serait cent fois pire, s'est-il fait clerc de notaire ou professeur de grec?

Un mois après son départ, l'oubli a accompli son œuvre.

Le viveur est bien mort pour la bohème galante, dont il était l'oracle et le modèle.

On a vidé quelques fioles à son souvenir.

Épicharis et Mamilia ont chacune effeuillé un bouquet de roses sur la table, et Trimalcion a chanté deux couplets où il était question d'Anacréon et d'Épicure.

Vous le voyez, l'oraison funèbre ne laissait rien à désirer.

Mais les roses sont un linceul si léger!

Deux ans, dix ans, vingt ans après, le viveur si gaiement enterré ressuscite tout à coup, comme il a disparu.

La renommée apprend à l'Europe qu'un intrépide aventurier, — bien connu autrefois dans les coulisses des petits théâtres et au jockey-club, — travaille à reconstituer l'empire des Aztecs; ou bien, qu'après avoir épousé la fille du Grand-Chef, il est devenu roi, à son tour, dans un archipel de l'océan Indien.

Le plus souvent, il est vrai, les gazettes ne s'occupent pas de lui, et l'ex-viveur reste enseveli au fond du tombeau que l'oubli lui a creusé.

Mais les voyageurs qui parcourent le monde le rencontrent parfois au sommet des Andes, ou dans une gorge de l'Himalaya; près de la chute du Zambèse, ou bien au sein des solitudes inexplorées de l'Amérique;

ici, trafiquant, chassant, défrichant; là, général d'un despote asiatique ou premier ministre d'un tyranneau africain; partout frayant avec la hache du pionnier, comme avec l'épée du soldat, un chemin à la civilisation.

Les nobles, les généreuses fatigues du présent, ont racheté le passé et fécondé l'avenir.

C'est que l'homme d'une valeur réelle ne s'abandonne pas lorsque tout, — hommes et choses, — l'abandonne, et que sous les dehors frivoles du viveur battait un cœur fort et vaillant qui souvent s'ignorait lui-même.

Quoi qu'il en soit, l'aspect hideux de la misère qui terrifie les faibles et les couards, a réveillé dans son âme une indomptable énergie. Aux sons de la cloche qui annonçait sa ruine, il s'est raffermi sur ses jambes et il a bouclé sa ceinture.

Loin de perdre son temps en des regrets et des larmes inutiles, le viveur a accepté courageusement la lutte, et il s'est retrempé à l'école de l'adversité.

L'Océan a coupé sa vie par le milieu, établissant ainsi comme une barrière infranchissable entre le passé et l'avenir.

Le vieil homme n'existe plus, en effet.

C'est alors, c'est sur la terre d'exil, que ces puissantes individualités ont reçu entièrement la révélation du rôle qui leur était réservé.

Dès ce moment, leurs désirs, comme leurs pensées, comme leurs sentiments, ont subi une autre direction.

La séve exubérante qu'elles répandaient insoucieusement jusqu'ici dans les sentiers arides du plaisir, a jeté des germes inconnus.

Cette énergique audace, cette activité dévorante, qui ne trouvaient qu'un aliment trompeur au sein de notre vieille société, se sont librement développées dans les nouvelles conditions d'existence qui leur étaient faites.

Dans la généreuse expansion de leur amour, ces esprits régénérés ne rêvent à rien moins qu'à fonder des empires, émanciper des nations en les éclairant, civiliser le désert, le tout pour le bonheur et la plus grande gloire de l'humanité!

Voilà comment l'ancien viveur est devenu le chef d'une royale dynastie, grand prêtre d'une religion nouvelle, conquérant, législateur.

Ici, il assouplit le caractère jusqu'alors indompté des Araucans, et il reçoit, des tribus réunies, une autorité qu'elles ont constamment refusée aux vice-rois espagnols et aux présidents de la république chilienne.

Là, à la tête d'une troupe de hardis aventuriers comme lui, il combat et vainc les soldats réguliers du Mexique.

A la veille de conquérir la Sonora et de se tailler ainsi un royaume dans cette ancienne colonie espagnole, il est passé par les armes comme un traître et un forban.

Ailleurs, il poursuit la réalisation d'une utopie bizarre, mais essentiellement humanitaire, en façonnant des nègres esclaves aux mœurs et aux usages provençaux.

Sur les bords du rio-dos-Ilheos enfin, l'ex-viveur s'inspire de Bentham l'*utilitaire*, de Owen le *rationaliste*, de Jacques Harrington, qui eut pour père le chancelier Thomas Morus, et pour aïeul le divin Platon. Il compose un code ingénieux, en vue de l'émancipation des esclaves et de la régénération de la race nègre.

Mais je dois m'arrêter ici, afin de ne pas déflorer d'avance le sujet de publications prochaines.

Les MARTYRS DE LA CIVILISATION sont annoncés.

Ils paraîtront certainement, et alors, tout en respectant scrupuleusement la vérité, j'aurai pu retracer, dans des récits dramatiques, la navrante histoire de l'émigration.

Ce livre, curieux entre tous, contiendra, — si j'en ai bien compris la portée philosophique, — de la première à la dernière page, un enseignement austère.

Revenons à mon ancien camarade de Charlemagne.

Au moment où le funèbre convoi lui avait, à lui aussi, barré le chemin, Fruchot se rendait à la Poste, où se trouvait, lui avait-on dit, une lettre à son adresse. La fièvre jaune lui causait une grande peur, et il se proposait de quitter momentanément Rio ; c'est pour atteindre plutôt ce but qu'il se hâtait d'aller réclamer la lettre dont le contenu devait lui permettre de fixer l'époque de son départ.

Cela se rencontrait bien. Je lui demandai s'il voulait s'embarquer pour Bahia avec moi.

— Je compte précisément me diriger vers le nord, répondit-il, car j'ai quelques affaires à São-Jorge-dos-Ilheos ; mais allons d'abord à la poste.

La perspective d'avoir Fruchot pour compagnon de voyage me souriait beaucoup. Tout entier au plaisir de cette rencontre inespérée, je ne cessais de questionner mon ancien condisciple sur sa position. A ma demande s'il était heureux :

— Mais oui, répondit-il, je suis heureux autant qu'il est donné à l'homme de l'être ici-bas.

— Tu es riche alors?

Fruchot haussa dédaigneusement les épaules.

— Très-bien; je comprends, repris-je. Tes yeux ont incendié le cœur de quelque indolente senhora. Fortuné mortel! tu es aimé!

— Mais, j'ai tout lieu de le croire, dit Fruchot en souriant.

Il me parut que mon ami n'était pas exempt de fatuité.

Sa figure trouée comme un crible et entourée d'une rude et abondante toison du rouge le plus effronté, venait de s'épanouir tout à coup, à ces paroles, que je ne pouvais m'empêcher de trouver impertinentes. Son œil, surmonté de cils et de scurcils presque blancs, se ferma à demi, sous la double pression d'une pensée heureuse, et il me regarda ainsi, la tête penchée sur l'épaule gauche, les lèvres entr'ouvertes, la main mollement enfoncée dans la poche de son gilet, comme un héros hissé sur son piédestal et qui prend en pitié le populaire qui passe devant lui.

Je l'avoue, cette pose me révolta et je ne pus pardonner à l'*Écureuil des Ardennes* une pareille outrecuidance.

— Mais, lui dis-je d'un ton railleur, tu n'es pas tellement absorbé par ton bonheur, que tu ne t'occupes quelque peu des misérables conditions imposées à l'humanité. L'amour ne t'empêche point de penser à la fièvre jaune et...

Il m'arrêta par un geste magnifique.

— J'ai peur de la fièvre jaune, répliqua-t-il, mais ce n'est pas pour moi : je tremble pour des jours qui me sont chers; voilà pourquoi je veux m'éloigner de Rio.

Sa voix était émue en proférant ces mots. Décidément Justin ne posait point; il restait vrai dans sa joie orgueilleuse, comme dans ses craintes.

J'ignore s'il devina la nature de ma première impression, mais il reprit d'un ton plus modeste, comme s'il voulait se faire pardonner cette supériorité que donne le bonheur :

— Tu sais maintenant si j'ai assez souffert en Europe! Dieu me devait une compensation; il me l'a enfin donnée. Oh! c'est une singulière histoire que la mienne! Tu la verras ma duchesse bronzée, la vaillante, la belle, la courageuse Manoëla, fille de l'ardent soleil, A propos, combien y a-t-il de temps que tu habites le Brésil? me demanda-t-il brusquement.

— Il y a deux ans.

— Très-bien : Les sots préjugés qui ont cours ici n'ont pas pu encore égarer ta raison et fausser ton jugement. Tu verras donc Manoëla et tu sauras me dire si jamais beauté plus sévère et plus grandiose s'est manifestée à toi.

Et il se mit à déclamer ces vers portugais :

« Ses cheveux noirs font perdre au vulgaire l'idée

que de beaux cheveux puissent être blonds. Elle a la brune couleur de l'amour; ses traits sont si doux que la neige voudrait changer de couleur avec elle. »

Mon oreille avait déjà entendu cette harmonie, car l'élégie citée par Fruchot est une des plus touchantes et des plus poétiquement rimées qu'ait laissées le Camões [1].

Il reprit :

— *Endechas* de l'Homère portugais. J'ajoute que ses chants n'ont jamais été aussi doux, même lorsqu'il célébrait Catarina de Atayde, cause innocente de tous ses maux.

1. Rien n'est indifférent de ce qui touche les hommes de génie. La grande figure du Camões traversera bientôt cette étude de mœurs portugaises. Je me contenterai, à cette heure, de rapporter ici une légende qui a trait à l'origine de sa famille et que je crois n'être pas généralement connue.

Les Camões tirent leur nom d'un oiseau, le *Camão* (c'est une variété du martin-pêcheur) qui, à l'exemple du *porphyrion* des anciens, mourait aussitôt qu'une atteinte avait été portée au pacte conjugal. Alciat (*Embl.*, 47) parle ainsi de cet oiseau :

> Porphyrio domini si incestet in ædibus uxor
> Despondetque animum præque dolore perit.
> Abdita in arcanis naturæ est causa : sit index
> Sinceræ hæc volucris casta pudicitiæ.

Pendant plusieurs siècles, chaque maison de la péninsule ibérique posséda son Camão. Une dame portugaise, atteinte dans son honneur par des propos méchants, eut recours au singulier moyen qui devait le mieux faire éclater son innocence. Elle se procura un Camão et, l'installa dans son logis. Au lieu de dépérir, la santé de l'oiseau se maintint dans l'état le plus florissant. Le procès était jugé; la vertu de la dame brilla dès lors d'un éclat plus vif. Quant au mari, afin de consacrer le souvenir de cette mémorable épreuve, il changea son nom en celui de Camão ; d'où Camões.

Le poëte — dans la pièce intitulée : *Carta a huma dama* et qui fait

Je cherchais, mais en vain, à me rappeler le nom de la femme qui avait si heureusement inspiré le poëte.

— Tu la verras, te dis-je, et en l'apercevant, les stances du Camões se présenteront aussitôt à ta mémoire; car toutes peuvent être appliquées à celle que j'aime. On dirait que le poëte-soldat l'a entrevue à trois cents ans de distance, tant le portrait est ressemblant.

Nous arrivions alors devant la Poste. Nous entrâmes.

Je profiterai de l'occasion pour consacrer quelques lignes à cet établissement.

Je voudrais bien dire que le local affecté à l'adminis-

partie du volume des *Redondilhas* — parle de cet oiseau merveilleux, sans se permettre, toutefois, aucune allusion à sa famille :

Exprimentou-se algum' hora
D'ave, que chamão Camão
Que se da casa, onde mora,
Vê adultera senhora,
Morre de pura paixão.
A dor he tão sem medida
Que remedio lhe não val.
Mas, oh! ditoso animal
Que póde perder a vida,
Quando vê tamanho mal!

Tous les lettrés, même ceux qui n'ont pas lu les *Luziadas*, savent par cœur la touchante histoire d'Inez de Castro et l'épisode dramatique du Génie des Tempêtes. Les poésies légères du Camões sont moins connues. Si je ne craignais de passer pour un blasphémateur, j'avouerai qu'il est telle de ces pièces que je préfère, pour la grâce délicate, l'émotion vraie, et la pureté de la forme, aux vers pompeux, redondants, emphatiques, qui déparent maints passages des *Luziadas*.

Dans le chapitre suivant, je citerai en entier une de ces pièces, et ainsi, le lecteur sera mis à même de se prononcer en connaissance de cause.

tration des postes est un monument remarquable, et que le service s'y fait avec cette régularité, cette activité intelligente, auxquelles nous sommes habitués en Europe. La vérité me force à tenir un tout autre langage.

L'hôtel des Postes, à Rio, est loin d'offrir cet aspect imposant que présente l'établissement de la rue Jean-Jacques-Rousseau. Il se compose tout simplement d'une salle basse, coupée dans sa longueur par une table sur laquelle sont entassées pêle-mêle les correspondances apportées par les navires de tous les points du globe. Contre le mur sont également adossées des planches grossières, encombrées de paquets et de lettres. A gauche, on lit sur un écriteau : *Courrier du sud*, et à droite, sur un autre écriteau : *Courrier du nord*. Puis au fond, une petite table, où se tiennent le senhor directeur et deux employés.

Une barrière de bois, dont une partie s'ouvre à volonté, s'interpose entre les tables et les visiteurs. Voilà, en quatre lignes, une description complète de l'hôtel des Postes de Rio-de-Janeiro.

Parlons maintenant du mode de service usité pour la distribution des lettres.

Les dépêches apportées par les packets anglais sont placées à part sur les tables latérales, tandis que les papiers expédiés par une autre voie sont jetés négligemment sur la longue table du milieu, où ils ne tardent pas à se confondre avec les autres. Aussi les gros bonnets du négoce reçoivent assez régulièrement leur courrier, surtout ceux qui l'envoient réclamer par un de leurs commis, et ceux qui, mieux avisés encore, ont pris la précaution de se le faire adresser chez le consul de leur nation. Il n'en est pas de même pour les pauvres diables, — et ils sont nombreux, — dont les correspondants européens, par économie, confient leurs lettres à des navires de commerce. Le packet anglais exige 1 fr. 50 c. au départ et autant à l'arrivée, pour chaque pli d'un poids déterminé, dont il consent à se charger[1]. Or, trois francs, c'est une somme, et le plus grand nombre va au meilleur marché, c'est-à-dire emploie la voie des bâtiments marchands.

Pour les exilés de cette dernière catégorie, le facteur est à peu près un mythe; ils ne doivent pas s'étonner s'il s'est écoulé des semaines, des mois, depuis le jour où la lettre qu'ils attendent avec tant d'impatience aurait dû leur être remise. Qu'ils s'estiment heureux encore d'être si bien servis, car souvent le papier, dont l'envoi leur est annoncé, a échappé à l'œil de l'employé; c'est alors un ami qui se charge d'avertir le destinataire qu'un pli, entrevu par hasard, sollicite sa visite à la poste nationale.

En cas de réclamation, voici ce qui arrive : le fonctionnaire subalterne bouleverse gravement les monceaux de papiers étalés devant lui, et d'ordinaire, après un rapide examen, il vous déclare mal fondé dans votre demande. Et cela est tout simple! Allez donc découvrir une lettre au milieu d'un fouillis de lettres de toutes les formes, de toutes les grosseurs, qui ne sont ni clas-

1. La concurrence sarde a eu pour effet immédiat de faire baisser ce prix. Une lettre coûte aujourd'hui 80 c. au départ et autant à sa destination.

sées, ni rangées par ordre et avec des indications suffisantes de provenance; autant vaudrait chercher une épingle dans un million d'épingles, qu'un nom parmi tous ces noms russes, français, anglais, belges, espagnols, turcs, portugais, qui se donnent, au sein de la poussière de cet étrange capharnaüm, des accolades fraternelles.

On comprend dès lors combien est pénible le travail de l'employé, et, partant, combien les déceptions sont nombreuses.

Malgré le vif désir d'avoir des nouvelles des personnes aimées dont le souvenir vous suit sur la terre d'exil, on n'ose pas accuser cet homme, s'il ne vous remet pas la lettre dont on connaît l'existence et qui est restée invisible pour lui.

Heureux êtes-vous si votre tenue correcte l'a prévenu en votre faveur, et s'il daigne ouvrir devant vous la barrière qui défend l'entrée du *sanctum sanctorum*. Cette bonne fortune nous échut à Fruchot et à moi.

— Voici les dépêches du nord; voilà celles du midi; cherchez, nous dit le digne fonctionnaire.

Ici se présente un abus des plus graves, que je ne puis me dispenser de signaler.

Chacun des privilégiés acquiert alors le droit de fouiller dans ce tas de papiers et d'en sonder les mystérieuses profondeurs. Point de contrôle, point de surveillance qui vous suive dans cet aride travail. Toutes les lettres passent sous vos yeux et rien ne vous empêcherait de fourrer dans votre poche celles dont vous voudriez vous emparer, si vous aviez, avec une conscience complaisante, quelque intérêt à commettre une soustraction. Aucune garantie n'est donc accordée, on le voit, par l'administration des postes, et le désordre dans le service ne saurait aller plus loin.

Disons-le hautement : c'est ici surtout qu'une réforme radicale est nécessaire, et qu'il faudrait se hâter de remplacer par une organisation sérieuse l'inintelligent service portugais.

Et les Brésiliens se figurent qu'ils marchent avec le siècle !

Aujourd'hui Rio est éclairé au gaz, il est vrai. Il est vrai aussi qu'on s'occupe d'une double ligne de chemin de fer; mais les rues continuent à être des casse-cou; le campo d'Acclamação ne cesse pas d'être un foyer d'infection, et les lettres sont livrées à l'abandon dans un local très-convenable, sans doute, pour une *venda*, mais qui est indigne de servir de siége à une administration publique de cette importance [1].

Après une heure vingt minutes de recherches obstinées, *montre en main*, nous eûmes la chance de déterrer l'objet de nos investigations. Cette lettre, venue de São-Jorge par un navire à voiles, attendait depuis *deux mois* que son destinataire vînt la réclamer !

Son contenu était tel que l'espérait Fruchot.

— Maintenant, dit-il, rien ne s'oppose plus à ce que je quitte Rio avec toi. Je t'accompagnerai à São-Jorge.

Puisqu'il est bien décidé maintenant que Fruchot

1. On nous affirme, et nous sommes heureux de le constater, que le service des postes a reçu depuis quelque temps d'importantes améliorations. Cette administration figure au budget de 1861-1862 pour la somme de 1,560,000 francs.

fera la traversée avec nous, il est de mon devoir de le présenter officiellement aux personnes qui ont entrepris la lecture de ce livre.

L'histoire de mon ami se divise nécessairement en deux parties. La première, renfermant les faits qui ont déterminé son départ pour l'Amérique, n'a pas le droit de figurer à cette place; seule, la seconde est de la compétence de ce récit.

Pourtant, je le déclare tout d'abord, afin que l'imagination du lecteur, — justement excitée par les observations que m'ont inspirées les MARTYRS DE LA CIVILISATION, — ne s'égare point à son endroit; l'*Écureuil des Ardennes* n'appartient ni à la catégorie des RÉFORMATEURS, ni au groupe des CONQUÉRANTS. Il n'est pas taillé davantage pour brandir la hache du PIONNIER.

C'est une nature ardente, mais douce et prête à tous les dévouements, partant, excessivement impressionnable et facile à blesser. Fruchot doit être rangé parmi ces cœurs vaillants et tendres dont j'ai parlé plus haut, que la trahison d'un ami d'enfance a meurtris et qu'a déchirés l'égoïsme fraternel.

Fruchot était une victime de la famille!

Il était aussi un martyr de l'art!

Après des tribulations sans nombre et des épreuves courageusement supportées, mon ancien camarade de Charlemagne avait adressé un dernier adieu à une civilisation impitoyable, au sein de laquelle il ne trouvait pas l'emploi de rares facultés musicales, et qui le laissait mourir de faim.

Déclassé en Europe, Fruchot avait obéi, lui aussi, au

courant qui entraîne les esprits inquiets et aventureux vers les plages lointaines. Depuis cinq ans déjà, l'exilé cherchait au Brésil le secret de ses destinées.

Cette seconde partie de son existence mérite d'être racontée. Elle présente un contraste curieux, en montrant la civilisation, — dans sa manifestation la plus élevée, — l'art ! — égarée au milieu d'une société esclavagiste.

L'enseignement découle naturellement de ce contraste.

En quittant l'Europe, — cette mère marâtre pour lui, — Fruchot y avait laissé ses radieuses espérances d'artiste.

Bien lui en prit d'avoir renoncé à la gloire, car, au Brésil, nous le savons, la musique, tout comme la peinture et les lettres, ne distribue à ceux qui la servent sincèrement ni la fortune, ni la renommée.

Il fallait vivre pourtant.

Fruchot entreprit de donner des leçons de piano.

Une *annonce* qu'il fit insérer dans les deux feuilles les plus répandues de Rio, — le *Jornal do Commercio* et le *Mercantil*, — lui procura deux élèves à 2,000 reis.

Deux mille reis vaudraient 6 francs en France; ils ne représentent que le tiers de ce chiffre, dans un pays où le commerce attribue la même valeur au billet de mille reis qu'à un de nos francs.

Fruchot savait déjà qu'à Rio le prix ordinaire du cachet était de 5,000 reis. Certains professeurs, d'un mérite fort contestable, se faisaient même payer 10, 15 et 20,000 reis.

Aussi son orgueil se révolta devant l'offre inférieure qui lui était faite.

— Je ne suis pas un maître au rabais, observa-t-il sèchement.

Et il envoya promener les deux élèves.

Une seconde annonce amena chez lui un monsieur d'un certain âge, lequel, après force salutations, entra ainsi en matière :

— Le senhor, qui est professeur de musique et Français de nation, doit connaître un instrument d'invention récente que l'on appelle le saxophone?

— Je le connais, répondit Fruchot.

— Ah! très-bien! Est-il vrai que le saxophone, moins lourd et moins incommode que le trombone, donne des sons plus énergiques et d'une meilleure sonorité?

— Cela est vrai.

— .....Et que pour cette raison les musiques militaires, en France, l'aient adopté?

— Cela est vrai encore.

Le Brésilien, évidemment satisfait de ces renseignements, reprit avec un sourire rempli de confiance :

— Un illustre maître, comme l'est le senhor, ne serait pas embarrassé, sans doute, ponr donner des leçons de saxophone?

L'honnête Fruchot hésita un peu avant de répondre, car, un instant, il crut flairer une mystification. Cette prédilection pour le saxophone lui paraissait au moins singulière, lorsqu'on pouvait apprendre le violon ou le piano. Cependant, il finit par se dire que l'esclavage autorisait les goûts les plus bizarres, et il répondit affirmativement à la demande qui venait de lui être adressée, avec cette réserve, toutefois, que ses peines seraient convenablement rétribuées.

— Oh ! qu'à cela ne tienne! observa, en se regorgeant, le senhor.

Celui-ci daigna alors faire connaître ses conditions.

Son gendre, maître d'école à Paraty (municipe de la *comarca* (canton) d'Angra-dos-Reis, dans la province de Rio-de-Janeiro), ayant besoin d'être aidé pour l'exploitation de son industrie, il venait lui proposer, de sa part, de devenir son associé. Sa Seigneurie donnerait des leçons de musique et de saxophone, tandis que le pédagogue continuerait à professer les mathématiques, la grammaire, la géographie et l'histoire.

— La population de cette comarca, déclara le Brésilien, est bonne, affable aux étrangers, et surtout aux Français ; mais elle possède peu de numéraire. Les parents des disciples payent le maître en denrées alimentaires, telles que : haricots, farine de manioc, lentilles, bananes, etc., etc., etc. Mon gendre est loin de consommer tout ce qu'il reçoit; il me cède l'excédant, que je vends avec mes propres récoltes, moyennant une minime commission de six pour cent, et il réalise ainsi, à la fin de l'année, un joli petit revenu. Vos efforts unis aux siens feront prospérer l'établissement, et, comme lui, votre Seigneurie peut compter sur moi pour l'échange en argent des marchandises apportées par les familles.

Cette perspective de joindre à l'enseignement du saxophone le commerce des feijões et des bananes ne réussit pas à séduire mon ancien camarade. Il remercia le senhor, mais il refusa péremptoirement les brillants avantages qui lui étaient offerts.

Le Brésilien se montra fort étonné.

Dans son opinion, comme, du reste, dans l'opinion de ses compatriotes, les Français qui abordent sur les terres de l'Empire sont généralement des meurt-de-faim, disposés à tout faire et prêts à accepter, pour vivre, toute espèce de conditions. Partant de cette idée, le beau-père du pédagogue ne pouvait que très-difficilement admettre qu'un Français, nouvellement débarqué, repoussât des propositions aussi magnifiques. Néanmoins, il dut se rendre à l'évidence, mais sans toutefois se tenir encore pour battu. Il attaqua aussitôt une autre corde.

— Votre Seigneurie n'est pas mariée, je présume?

Sur un signe de Fruchot, il reprit avec un malicieux sourire.

— Dans ce cas, je me permettrai de lui soumettre une humble représentation. Paraty est un municipe renommé pour la douceur de son climat et la beauté de ses senhoras. Un Français, professeur de saxophone, y sera accueilli avec enthousiasme, quand bien même sa barbe et ses cheveux ne seraient pas de la même couleur que ceux du Christ. Votre Seigneurie n'aura qu'à choisir parmi les moças les plus avenantes, et bientôt un riche mariage sera la récompense de son installation parmi nous.

Voyez jusqu'à quelles profondeurs peut descendre l'art maudit de la flatterie.

Ce rapprochement entre la couleur de la barbe du

Christ et celle de Fruchot ne vous paraît-il pas le sublime du genre?

Évidemment l'obséquiosité basse et vile ne saurait aller plus loin.

Dans son désir immodéré d'amener l'eau, ou plutôt la farine au moulin de son gendre, le propriétaire de Paraty ne remarquait même pas qu'il venait de se contredire sur un point essentiel. Puisque la population de la comarca était peu fortunée, — c'est lui qui l'avait spontanément déclaré, — les riches héritières devaient nécessairement y être fort rares.

Fruchot, à qui cette contradiction n'avait point échappé, se demandau ne seconde fois si le Brésilien ne se moquait pas de lui. Ce goût grotesque pour le saxophone l'intriguait. Il finit pourtant par rire au nez de l'impudent flagorneur.

Celui-ci perdit alors quelque peu de son assurance, mais il n'abandonna pas la partie.

Changeant tout à coup de ton, et prenant un air bonhomme, quoique légèrement mystérieux :

— Je veux tout confesser à votre Seigneurie, dit-il.

« Le municipe qui touche Paraty s'appelle Mangaratiba. Il possède un joueur de trombone, — c'est un Allemand hérétique, — dont il est par trop fier, puisqu'il lui sert de prétexte pour humilier les populations voisines. Imaginez-vous qu'afin de mieux nous narguer, les habitants de Mangaratiba font apprendre le trombone à leurs enfants. Il n'y a pas dix jours de cela, senhor, une sérénade de trombones a été donnée à une moça de Mangaratiba mariée avec un rapaz de

Paraty. Cette sérénade a duré une partie de la nuit. Pendant plusieurs heures, la jeunesse du premier municipe a pu insulter impunément à la nôtre avec le bruit éclatant de ses cuivres. L'outrage nous a été au cœur, mais nous avons dû le dévorer en silence, puisque nous ne possédons aucun professeur de musique à Paraty, et seulement quelques modestes guitares.

Dès que votre annonce eut paru, notre conseil municipal se rassembla pour délibérer. Le subdelegado, le juge de paix, le maître d'école, furent mandés afin qu'ils donnassent leur avis.

Une résolution fut prise à l'unanimité.

Un Français, maître de violon et de piano, ne saurait ignorer le saxophone.

En conséquence, on m'a envoyé à Rio avec pleins pouvoirs pour vous décider à venir à Paraty.

Comprenez donc! Il y va de l'honneur de notre municipe, de notre honneur à tous, de ne plus rester exposés, sans en tirer vengeance aussitôt, aux excursions nocturnes des cuivres de Mangaratiba.

L'Allemand baissera pavillon devant le Français; il aura le nez aussi long que son instrument, si vous professez dans notre ville.

Tous les élèves de l'établissement de mon gendre apprendront le saxophone. La jeunesse du municipe suivra cet exemple patriotique.

Nous comptons plusieurs moças de Paraty qui ont épousé des garçons de Mangaratiba.

Le jour où vos disciples seront en état de jouer une fanfare, ils iront, à leur tour, donner une sérénade à une de nos compatriotes. Alors, si les trombones osent entrer en ligne, leur voix sera facilement étouffée sous les sons majestueux, formidables, des saxophones.

Oh! ce jour-là, la population de Paraty aura pris une complète revanche; celle de Mangaratiba est capable d'en crever de dépit.

Voilà donc le projet que nous avons conçu, afin de répondre victorieusement aux incessantes provocations de nos voisins.

Venez avec nous, et notre municipe conquerra, grâce à votre concours, sur le chapitre de la musique, la supériorité qui lui appartient déjà en toutes choses.

J'ajoute, et cela afin de détruire vos derniers scrupules, qu'on m'a promis une commission de cent mille reis, si je vous déterminais à vous établir à Paraty. Eh bien! nous partagerons cette somme.

Nous nous entendrons encore pour commander à Paris vingt-cinq ou trente saxophones, et nous serions bien maladroits si la vente de ces instruments ne nous laissait pas un joli bénéfice.

Allons! vous êtes des nôtres, n'est-ce pas?

Venez nous aider à faire justice et de la morgue du trombone hérétique, et de l'insultante pitié des habitants de Mangaratiba.»

Tel est pourtant le degré de ridicule auquel une sotte vanité peut atteindre!

Paraty voulait acquérir à tout prix un professeur de saxophone, par la raison que Mangaratiba s'enorgueillissait de son joueur de trombone. Le saxophone possédant un plus fort volume de son, le municipe qui cultiverait cet instrument, vouerait au silence, c'est-à-dire à l'humiliation, le municipe voisin réduit à des cuivres relativement inférieurs quant à la sonorité.

Et si les citoyens de Mangaratiba, ne pouvant se résoudre à leur défaite, ripostaient au saxophone avec la grosse caisse? puis avec des pistolets? puis enfin avec le canon?

Ce cas n'avait pas été prévu; il restait encore dans les futures éventualités.

Faire crever de dépit les habitants de Mangaratiba!

Voilà pourquoi s'étaient réunis les conseillers municipaux, et, avec eux, toutes les notabilités de Paraty!

Que pensez-vous de ces deux populations aveuglées par une rivalité haineuse, dont l'une rive chacun de ses enfants à un trombone, tandis que l'autre condamne impitoyablement sa jeunesse au culte supérieur du saxophone?

Nous reprochera-t-on d'avoir introduit ce curieux épisode dans notre cadre?

En proposant le partage de la prime, et aussi celui du bénéfice résultant de la commande des saxophones, le propriétaire de Paraty s'imaginait avoir enlevé la position. Il se vit, toutefois, déçu dans son espoir.

Malgré de nouvelles et plus pressantes sollicitations, appuyées sur les motifs respectables que nous connaissons, Fruchot s'obstina à rester neutre entre Paraty et Mangaratiba.

Nous abusons-nous en croyant que ce trait de mœurs a bien son prix?

En voici un autre qui, à notre avis, achèvera de fixer

dans l'esprit du lecteur la véritable physionomie de la population hétérogène qui habite le sol brésilien. Ce trait contient un enseignement surtout pour les artistes sérieux qui pourraient être tentés d'aller s'établir dans la capitale de l'Empire Sud-Américain.

Mon ami avait été recommandé, par un musicien de Paris, à un accordeur-entrepositaire de pianos français. M. Cavaillon le mit en rapport avec un Italien fort à la mode, en ce moment, parmi les ignorantes et vaniteuses senhoras.

Cet Italien était un intrigant de premier ordre, criblé de vices et de dettes.

— Monsieur, je serai franc avec vous, lui dit le signor Panini, après l'avoir entendu sur le violon et sur le piano. Vous êtes réellement un grand artiste, et, modestie à part, nul ici, après moi, ne manie mieux l'archet. La vérité, monsieur, me force à vous rendre cet hommage. Eh bien! malgré ce mérite incontestable, si je deviens votre ennemi, ou si seulement je vous refuse mon appui, vous êtes condamné à végéter misérablement.

Après cet exorde impudent, et qui contenait presque une menace, l'Italien reprit :

— Mon illustre ami, le signor Cavaillon, a dû vous apprendre que je fais à Rio la pluie et le beau temps. Je n'ai qu'à nier vos connaissances musicales, ou seulement à proclamer votre mauvaise méthode, et aussitôt vous êtes un homme coulé, mais coulé à tout jamais. Rassurez-vous, mon cher monsieur, rassurez-vous; je ne dirai pas cela, reprit-il avec un sourire protecteur;

Bien plus, par considération pour mon excellent ami, le signor Cavaillon, qui s'intéresse à vous, je consens à vous introduire dans la haute société où je recrute tous mes disciples; mais c'est à une condition.

La condition posée par le signor Panini était celle-ci :

L'Italien, qui se faisait payer 15,000 reis le cachet, procurerait immédiatement à Fruchot des leçons de 5 et 6,000 reis, et Fruchot partagerait avec lui.

Le premier mouvement de mon ancien camarade fut pour traiter le faquin comme il le méritait.

Ce marché, bâti sur l'exploitation de son talent, le révoltait à juste titre. Cependant, son indignation ne tarda pas à se calmer. Il se dit, *in petto*, qu'une fois connu, il se passerait fort bien d'un pareil patronage, et que les élèves lui arriveraient sans l'intermédiaire de l'Italien. Dès lors, celui-ci n'aurait rien à prélever sur le fruit de ses sueurs.

Fruchot, en raisonnant ainsi, comptait sans l'avidité du signor Panini.

— La condition que vous venez d'accepter mérite encore quelques explications, observa le cynique personnage.

Ma recommandation vous assure un prochain succès. C'est donc la fortune et la gloire que je vous donne. La gloire, vous la garderez pour vous seul ; mais il est juste que je participe, dans une certaine mesure et pour un temps convenu, à la moisson dorée que vous allez recueillir dans les salons du grand monde.

En conséquence, vous vous engagerez, *par écrit*, à me céder, et cela pendant *deux ans*, la moitié de votre gain. Cette clause est obligatoire : soit que les élèves vous soient adressés par moi, soit que vous les obteniez par un autre canal.

Tant d'impudence mit Fruchot hors de lui.

— Ainsi donc, dit-il sourdement, pendant vingt-quatre mois, et sans rien faire, vous prélèveriez une dîme énorme sur mon travail de chaque jour ! Et vous ne rougiriez pas de toucher à cet argent, monsieur ! Et, en le prenant, vous ne croiriez pas commettre une action honteuse et vile, monsieur !

Le signor Panini fronça les sourcils, et son œil lança un éclair de colère.

M. Cavaillon intervint aussitôt, mais ce fut pour rejeter tous les torts sur mon ami.

Il était permis de spéculer sur les leçons de musique, aussi bien que sur les denrées coloniales. C'était là un acte licite de commerce. La proposition du professeur italien pouvait paraître dure ; elle n'était pas déshonnête, et l'usage local l'autorisait. Du reste, Fruchot était parfaitement libre de ne pas l'accepter, sans que pour cela il fût fondé à injurier le signor Panini, auquel, en sa qualité de maître de la maison, il adressait ses excuses.

Satisfait de la réparation qui venait de lui être accordée, l'Italien se confondit en protestations de dévouement auprès de M. Cavaillon. Néanmoins, en se retirant et tout en saluant jusqu'à terre, il décocha à Fruchot un regard chargé de haine et de venin.

— Mais, vous-même, dit mon ami, quand il se trouva seul avec l'accordeur-entrepositaire, ne pouvez-vous pas me lancer parmi votre clientèle? Nécessairement, vous n'êtes en rapport qu'avec des familles aisées, et la considération méritée dont vous jouissez donnera un grand poids à votre recommandation.

M. Cavaillon se prit à sourire.

— On voit bien que vous arrivez d'Europe et que vous ignorez complétement les mœurs de ce pays, observa-t-il. Si j'adhérais à ce que vous me demandez, je serais un homme déloyal, et je commettrais tout simplement l'action déshonnête dont vous parliez tout à l'heure.

L'accordeur lui apprit alors qu'il avait formé une association avec ce même signor Panini.

D'après les termes de cette association, ils se sont réciproquement engagés, le musicien, à faire acheter tous les pianos de ses élèves chez M. Cavaillon, et celui-ci, à désigner à ses clients, comme le meilleur professeur, le signor Panini.

Tous les deux se sont formellement interdit de s'intéresser à une autre maison et à un autre maître de musique, sous peine, pour le délinquant, de payer à son associé une indemnité de un conto de reis (3,000 francs).

Les explications fournies par l'accordeur, en éclairant d'un jour nouveau la conduite du propriétaire de Paraty et celle du professeur, firent mieux apprécier à mon ami les conditions d'existence qui lui étaient imposées, sur ce sol absolument voué au commerce.

Lui aussi comprit à temps que le Brésil, — pays neuf et qui cherchait sa voie, — n'avait encore qu'une seule patronne, Notre-Dame-da-Conceição, et un seul et véritable patron, Mercure, auxquels il adressait son encens le plus pur.

Le paganisme et le catholicisme vivant dans une étroite fraternité, en vue de l'accroissement de la population et de l'acquisition du confortable, voilà ce qui ressort des institutions, des mœurs, des besoins de l'Empire.

Fruchot était intelligent, mais complétement dénué de ressources; le travail seul devait le faire vivre. La musique s'effaça donc devant le négoce; l'orgueil s'humilia devant la nécessité.

Ne pouvant, faute d'argent, entreprendre un commerce quelconque, Fruchot s'adonna au courtage.

Un musicien devenir courtier, cela n'est pas plus étrange ici qu'un homme de lettres transformé en fabricant de phosphoros.

Maintenant que le lecteur connaît et le caractère, et les antécédents, et la position du personnage avec lequel nous allons vivre, je poursuis mon récit.

En retournant à la fabrique, après notre entretien, je ne cessai de penser au commencement de la confidence amoureuse de Fruchot.

Quelle est donc cette créature magnifique qui s'est emparée de son cœur? Que veut-il dire avec ces préjugés qui faussent le jugement? Fruchot est sans contredit un garçon spirituel, puisque je l'ai choisi autrefois pour collaborer au fameux mélodrame que vous savez. Mais ces cheveux et cette barbe d'un *brun exaspéré* (je restitue à Nadar cette expression pittoresque qui lui appartient);

cette figure qui ressemble à une écumoire, offrent-ils des attraits assez puissants pour inspirer une violente passion? A moins que sous les tropiques on ne considère une barbe rouge comme un précieux don de beauté, je ne vois pas de prétexte à un engouement de cette nature!

Mais qui expliquera jamais les caprices des femmes? Puisqu'en Russie et en Angleterre, où on ne trouve que des têtes blondes, les moustaches noires sont si conquérantes; pourquoi au Brésil, où on ne rencontre que des bruns, et quels bruns, mon Dieu! les senhoras ne se laisseraient-elles point charmer par des moustaches d'un pourpre éclatant? Cette couleur les attire par son étrangeté, sans doute.

— Eh! eh! me dis-je, les Vénitiennes du Titien ont une chevelure enflammée, et celles qui sont ainsi douées passent à bon droit pour être les plus séduisantes parmi les Italiennes.

Malgré moi, j'accordais beaucoup à l'imagination de mon ami et je composais un portrait de femme qui ne ressemblait guère à celui qu'il avait tracé.

— Bah! murmurai-je enfin, ce n'est pas avec les yeux, mais bien avec le cœur qu'on voit la femme aimée, et la femme aimée est toujours belle.

Cependant je faisais mes préparatifs. Lison, convaincue de la nécessité du voyage vers le nord, me laissait partir sans trop de douloureuses manifestations. Un matin Nausier et elle m'accompagnèrent à bord de la sumaca *Os-dous-Anjos*. Une heure après, on levait l'ancre et nous tournions le dos au *Pain de sucre*.

Dès que j'eus perdu de vue ma femme et mon cousin, je m'acheminai vers ma cabine.

J'étais étonné de ne pas encore avoir aperçu Fruchot. Il se montra tout à coup et me serra la main.

— Me voici, dit-il. Je t'ai laissé tout entier aux derniers adieux ; maintenant je suis à toi.

Mais, moi, je n'étais pas à lui.

CHAPITRE III

Le mal de mer. — Les senhores brancos et la négresse. — Stances du Camões. — Amour d'une esclave. — Histoire d'une duchesse bronzée. — La femme de couleur. — Son rôle sous les tropiques.

Connaissez-vous cette horrible maladie qui vous étreint l'estomac, vous décroche le cœur, vous fouaille les entrailles sans relâche, vous ôte l'appétit, la mémoire, le désir de vivre, et vous cloue, dégoûté de tout, entre les planches d'une cabine? Cet affreux supplice, auquel certaines organisations ne peuvent se soustraire et pour lequel il n'est point de remèdes, s'appelle le *mal de mer*. Il est des individus qui restent à l'abri de ses atteintes; Fruchot appartenait à ces favoris du hasard. Quant à moi, je n'ai jamais pu mettre le pied sur un bâtiment, sans être terrassé aussitôt par d'intolérables souffrances. Le tangage, le roulis, le calme, la tempête, tout m'est indifférent, ou plutôt, rien ne parvient à faire diversion aux tortures qui me sont infligées.

On prétend que le corps s'habitue à ce balancement du navire, et que quelques jours de mer suffisent pour que les facultés, passagèrement troublées, retrouvent leur équilibre. J'ai entendu soutenir maintes fois que chacun doit payer son tribut, mais qu'après une traversée, l'épreuve est finie et qu'on peut impunément affronter les flots de l'Océan.

Cette assertion est aussi fondée que celle qui affirme qu'après avoir été affligé de la petite vérole, on est pour toujours à l'abri de ses atteintes.

Je me suis embarqué dix fois; eh bien! le dixième voyage a ressemblé au premier. Depuis le moment où j'ai mis le pied à bord, jusqu'à celui où j'ai touché la terre, je suis demeuré soumis à ce mal indéfini, mais atroce. Il y a des alternatives de mieux et de pire, sans doute; l'estomac reste toujours embarrassé, et la fièvre ne me quitte jamais.

Fruchot me fut d'un utile secours. Nos cabines se touchaient et à chaque plainte qui partait de la mienne, mon ancien camarade accourait à mes côtés. Le premier jour je ressentis d'horribles tranchées; j'étais étendu dans mon cadre, faisant de vains efforts pour trouver une bonne position, lorsque des éclats de voix parvinrent jusqu'à moi;

— Une négresse! une esclave! allons donc! c'est de la dernière indécence! on n'a jamais rien vu de pareil, disaient les uns, avec un accent irrité.

— La senhora n'est pas une esclave; elle est libre comme nous, et, puisqu'elle paye son passage, elle se trouve ici aux mêmes conditions que vous et moi; elle a droit aux mêmes priviléges que les autres passagers, répliquait une voix que je reconnus pour être celle de Fruchot.

Le vacarme allait croissant. Toujours les mots de

négresse, *d'esclave*, de *prétentions honteuses*, se croisaient avec des apostrophes méprisantes, fières, hautaines, lancées par mon ami,

— La senhora restera ici, reprit-il, et si son voisinage vous déplaît, allez manger plus loin.

Le mot *cachorra* (chienne) retentit alors.

Un timbre grave et doux, le timbre d'une femme, et une accentuation molle, pâteuse, comme celle d'un *Incroyable* du Directoire, qui trahissait une Africaine et non pas une négresse créole, frappèrent mes oreilles pleines de bourdonnements étranges.

Voici les paroles que le mal de mer ne m'empêcha pas d'entendre :

— Ah! ah! le senhor *Pé de chumbo*[1] n'a pas craint de m'appeler *cachorra*. Je vais lui apprendre le respect qu'on doit aux personnes de mon sexe.

Le pont du navire fut un instant ébranlé par des piétinements pressés qui indiquaient une lutte.

Puis, des ricanements joyeux s'élevèrent, dominés par les sons aigus d'une clarinette; le virtuose jouait, sur un mouvement de marche, l'air du *Royal-Tambour*.

Cette gaieté, en augmentant ma souffrance, achevait de rendre mon état intolérable. Je cognai avec force contre la cloison pour protester contre le bruit.

1. *Pé de chumbo*, pied de plomb. Les Brésiliens appellent ainsi les Portugais qui, à leur tour, leur donnent le nom de *Pé de cabra*, pied de chèvre. *Cabra* sert aussi à désigner le produit d'un mulâtre et d'une négresse. Ce mot contient dès lors une allusion perfide à la couleur terreuse des Brésiliens. Dit dans ce sens, il équivaut à l'appellation de mulâtre.

Fruchot s'empressa de se rendre à mon appel.

— Quel malheur que tu sois couché sur le flanc, dit-il, en montrant son visage épanoui; cette scène t'aurait guéri; bien sûr, elle t'aurait guéri.

— Le repos seul peut me guérir; fais taire tous ces braillards, je t'en supplie, et cette clarinette, surtout!

— Ah! ah! ah! c'est d'un comique parfait! Veux-tu que je les fasse défiler devant toi? Veux-tu que je te porte sur le pont pour les voir?

— Je veux du repos et surtout du silence, dis-je, exaspéré.

— Si tu savais.

— Je ne veux rien savoir; qu'on me donne la paix. Fruchot, mon bon Fruchot, obtiens qu'on se taise; ce vacarme achèvera de me tuer.

— Calme-toi, calme-toi, mon ami; on va se taire, on se taira. Ah! l'excellente farce! si tu avais pu voir, si...

— La paix! oh! cette clarinette maudite!

Un moment après, tout bruit avait cessé : les couics de la clarinette et les éclats de rire.

J'ai su plus tard ce qui venait de se passer.

Parmi les passagers se trouvaient un *cabelleireiro* ou coiffeur, et un Portugais négociant en *carne secca*. Loin de ma pensée, à moi, modeste fabricant d'allumettes, de jeter le mépris sur l'industriel et le trafiquant. Je dirai seulement que le savoir-vivre et l'éducation de ces messieurs laissaient beaucoup à désirer.

Ces deux individus, Fruchot, une négresse libre et moi, formions le personnel payant du bord.

A peine étions-nous sortis de la rade qu'on sonna le dîner. Excepté moi, chacun se rendit à cet appel. A peine la négresse se fut-elle assise à table, que le marchand de carne secca et le cabelleireiro échangèrent un regard de stupéfaction. Une *négresse* prendre place à côté des *blancs!* C'était là un fait sans exemple dans les traditions coloniales. Ils protestèrent contre cette monstruosité, et le marchand apostropha vivement le capitaine à ce sujet.

Fruchot, intéressé au débat, prit parti pour la passagère bronzée.

Le marchand, indigné de l'affront fait aux *senhores brancos*, ne garda aucune mesure, et appliqua à la négresse l'épithète flétrissante de *cachorra*.

C'était là casser les vitres.

Fruchot se leva, dans l'intention de punir l'insulteur. La négresse, qui, jusqu'alors, n'avait pas desserré les dents, fit un signe à mon ami; puis elle se dirigea vers le marchand, en proférant les paroles que j'ai rapportées.

Le capitaine ne pouvait cacher son embarras. La négresse marcha donc gravement vers le négociant en carne secca, qui l'attendit de pied ferme.

C'était un homme de petite taille, maigre, flétri, mais, comme tous les colons, infatué de la supériorité que lui donnait, sur les gens de couleur, la blancheur contestable de sa peau.

La négresse s'avança vers lui avec des intentions non équivoques. Le Portugais jeta sur elle un regard dédaigneux qui ne produisit aucun effet.

— Allez apprendre à vivre avec les marsouins, proféra la négresse.

Et saisissant le marchand, elle le souleva malgré ses cris, et le balança, en l'approchant des bastingages.

C'est alors que le tumulte était devenu étourdissant.

Pâle de peur, le Portugais avait senti son audace faiblir devant le danger qui le menaçait. Sa résistance désespérée n'avait pu prévaloir contre la vigueur de la négresse. Celle-ci, grande, fortement constituée, semblait tenir un enfant dans ses bras. Le marchand, penché sur la rampe du bâtiment, demanda grâce et s'humilia.

La négresse l'approcha de sa figure, comme elle l'eût fait d'un bonhomme de Nuremberg, et parcourut toute sa chétive personne d'un regard calme qui lui donna le frisson. Puis, elle le déposa sur le pont.

— Votre bras ! dit-elle lentement.

Il n'y avait pas à hésiter.

Le marchand réparait le désordre de sa toilette, tout en essuyant les grosses gouttes de sueur qui perlaient sur son front. Il s'efforça de sourire, et, arrondissant son bras, il l'offrit à sa redoutable ennemie.

La négresse daigna le prendre. Elle se dirigea vers la table avec Sa Seigneurie le marchand de carne secca.

Pendant la conclusion de la paix, le cabelleireiro, musicien comme tous ses confrères, avait couru chercher sa clarinette pour célébrer le vainqueur. La force musculaire de la négresse venait d'imposer silence chez lui à la voix grognonne du préjugé. Devenu aussi souple qu'il était arrogant naguère, il emboucha son instrument; suivant alors le couple réconcilié, il entonna la contredanse du *Royal-Tambour*.

Rien ne manquait au triomphe de la négresse. Le Portugais se mit à table, et, à partir de ce moment, il n'eut plus que des attentions, à défaut d'un respect véritable, pour la valeureuse senhora negra.

Fruchot me donna tous ces détails, le premier jour où mon état de santé me permit d'aller respirer l'air sur le pont.

Sur un signe de lui, Manoëla s'approcha.

— Je te présente, dit-il, ma duchesse bronzée, la senhora Manoëla Do-Bom-Jesus.

Il me suffit de contempler un instant la négresse pour me rappeler, ainsi que l'avait prédit le courtier, les *endechas* du Camões.

— C'est la belle Barbara, l'esclave chérie du poëte, lui dis-je.

Et malgré moi, en présence de la tête superbe de Manoëla, je me mis à réciter les premières stances de cette touchante élégie :

« Cette captive qui me tient dans les fers, puisque je vis en elle, ne veut plus que je vive. Je n'ai jamais aperçu, dans un bouquet, de rose qui me charmât davantage; je n'ai jamais aperçu de fleurs dans la campagne, ni d'étoiles dans les cieux, qui puissent rivaliser d'éclat avec l'objet de mes amours. Elle possède, avec un visage charmant, des yeux doux, noirs, languissants, et cependant assassins.

» Je trouve en elle la fin de tous mes maux, acheva

le courtier. Elle est la captive qui me tient captif, et puisque je vis en elle, il faut bien que je vive[1]. »

1. Cette pièce qui se trouve dans le volume des *Redondilhas*, m'a paru être, tant par le sentiment exquis qu'elle exhale, que par l'harmonie de la forme, la fleur la plus belle et la plus parfumée de ce recueil.

C'est pourquoi je cède volontiers au désir de placer sous les yeux des lecteurs le texte portugais, si facile à comprendre, du reste. Ceux d'entre eux qui ne possèdent des œuvres du Camões, que les *Luziadas*, apprécieront mieux ainsi l'opinion que j'émets timidement dans la note de la page 60.

ENDECHAS A BARBARA ESCRAVA.

Aquella captiva
Que me tèe captivo,
Porque nella vivo.
Ja não quer que viva.
Eu nunca vi rosa
Em suaves mólhos,
Que para meus olhos
Fosse mais formosa.

Nem no campo flores,
Nem no ceo estrellas,
Me parecem bellas
Como os meus amores.
Rosto singular
Olhos socegados
Pretos e cansados
Mas não de matar.

Huma graça viva,
Que nelles lhe mora,
Para ser senhora
De quem he captiva.
Pretos os cabellos,
Onde o povo vão
Perde opinião
Que os louros são bellos.

Pretidão de amor,
Tão doce a figura
Que a neve lhe jura
Que trocara a cor.
Leda mansidão
Que o siso accompanha,

— Mon excuse est dans ces vers, reprit-il, si toutefois mon attachement a besoin d'excuse. Aussi je ne saurais comprendre qu'un écrivain, après avoir lu le portrait de Barbara tracé par l'amoureux poëte, — je parle du senhor Manoël de Faria e Souza, — ait prétendu que le Camões a fini par rougir de son *indigne* passion pour une esclave, même noire, qui était ainsi douée.

Manoëla était dans tout l'épanouissement de la jeunesse. Je lui donnai vingt-cinq ans. C'était une créature haute de taille, majestueuse, dont les formes splendides et correctes paraissaient avoir été coulées dans le bronze. Elle aurait pu faire le pendant harmonieux du magnifique noir que Girodet a placé dans son tableau de la *Révolte du Caire.* Sa figure était sillonnée de hachures perpendiculaires, comme tous ceux de sa nation, car elle était *Mina.* Son œil clair et profond reflétait en même temps l'intelligence et l'énergie. Son col, ses poignets, ornés de colliers et de bracelets en or et en corail, sa chemise brodée, sa robe à quadruple rangée de volants, ses cheveux, coquettement retroussés sur le sommet de la tête et voûtés près des tempes,

Rem parece estranha
Mas barbara não.

Presença serena,
Que a tormenta amansa :
Nella emfim descança
Toda minha pena.
Esta he a captiva
Que me têe captivo;
E pois nella vivo,
He força que viva.

un châle de couleur éclatante jeté négligemment sur son cou et dont les extrémités flottaient derrière ses épaules, composaient, dans un ensemble pittoresque, une physionomie tout à la fois grave et remplie de piquantes séductions. Je la trouvai belle, d'une beauté non convenue, mais réelle. Mes compliments la firent sourire.

— Je savais bien que Manoëla te plairait, dit Fruchot. La beauté n'est pas une chose de convention; elle est là où elle est, et en dépit de la couleur. Les Portugais sont assez stupides pour ne point être sensibles à cette vérité éternelle; tant pis pour eux. Quant à moi, je déclare n'avoir pas vu à Rio une femme digne d'être comparée à Manoëla; elle est aussi bonne, aussi dévouée que belle, et je l'aime de toutes mes forces.

— Le senhor n'est que juste! observa la négresse Mina, avec un accent plein de franchise et de dignité tempérée, qui me donna d'elle la meilleure opinion.

A dater de ce jour, je fus soigné par Fruchot et par Manoëla, comme je l'aurais été par un frère et une sœur dévoués.

Voici, du même coup, l'histoire de la négresse et celle de mon ancien camarade de Charlemagne :

Introduite à l'âge de quatorze ans dans l'Empire, Manoëla fut vendue à un riche propriétaire de Mataporco qui la donna à sa femme. Celle-ci voulut en faire sa *mucama*.

J'ai signalé ailleurs l'esprit rebelle et le caractère indépendant des noirs de la nation Mina. J'ai dit que leur nature superbe ne saurait s'assouplir assez pour les exigences du service intérieur. Il fallut donc renoncer à employer la jeune esclave dans la maison.

La *quinta* du senhor Madrinhão possédait un verger où bananes, oranges, cajas, pitangas, ananas, figues, etc., croissaient en abondance. On confia un *taboleiro* à Manoëla, et, chaque matin, elle se rendit à la ville avec ce taboleiro chargé des fruits de la quinta. Le *feitor* fixait un prix à la marchandise parfumée. Pourvu que la somme indiquée fût versée régulièrement tous les soirs en rentrant, Manoëla était libre de l'emploi de ses journées, et de plus, elle gardait pour elle l'excédant des recettes.

Bientôt, la bonne mine et la gentillesse de la nouvelle *quitandeira* furent remarquées par les habitués de la rue Direita. Le contenu du taboleiro disparaissait comme par enchantement et de nombreux *freguezes* (habitués, pratiques) murmuraient de douces paroles à l'oreille de la négresse.

C'est à partir de ce moment que son cou, ses oreilles, ses doigts se couvrirent de colliers, de pendants et de bagues. C'était à qui chercherait à plaire à la belle esclave.

Le senhor Madrinhão, vieux Portugais avare et quinteux, ne fut pas le dernier à être touché des grâces de la jeune fille. Il lui adressa quelques compliments et essaya de la disposer en sa faveur.

— Donnez-moi la liberté et vous pourrez compter sur ma reconnaissance, répondait invariablement Manoëla, à chaque tentative de son senhor.

Celui-ci trouvait son esclave bien séduisante, sans

doute; mais elle lui rapportait gros, et sa générosité n'était pas à la hauteur de son amour.

Depuis quelque temps, Manoëla paraissait préoccupée. Le frais sourire qui naguère s'étalait si volontiers sur ses lèvres avait disparu. A ces manières engageantes, à ces regards caressants et hardis tout à la fois, dont elle accueillait les freguezes, avait succédé un air de mélancolie, je pourrais dire, de tristesse. Accroupie sur les dalles de la rue, en face de son taboleiro, elle ne daignait plus converser bruyamment avec ses compagnes, ni coqueter sous les yeux des senhores charmés. Sa marchandise s'écoulait, il est vrai, mais sans qu'elle se mît en frais d'amabilité et de provocations.

Parfois, cependant, le nuage qui assombrissait son front s'évanouissait tout à coup. Son œil s'illuminait vivement et sa bouche s'épanouissait comme la rose matinale. Un homme venait de s'approcher d'elle pour acheter quelques-uns de ses fruits. Cet homme, dont la figure était trouée comme un crible, opérait subitement, par l'effet de sa présence, une transformation complète dans les traits de la quitandeira. La prunelle de la *rapariga* ne cessait de se promener sur l'abondante chevelure dorée de l'étranger. Sa voix avait repris, en lui parlant, son timbre caressant et doux. Elle lui présentait les pitangas les plus vermeilles, les frute do conde les plus appétissants. Un charme tout particulier se dégageait de cet homme, et ses boucles frisées, d'un blond ardent, rouge, — pourquoi reculer devant le mot? — renfermaient pour la négresse un attrait puissant, irrésistible. Était-ce l'effet du contraste? était-ce la nouveauté, l'étrangeté de cette couleur, inconnue en Afrique et même à Rio?

Qui pourra jamais expliquer raisonnablement les capricieuses évolutions de la passion?

Un jour, le rougeaud s'approcha du taboleiro de Manoëla; celle-ci lui présenta deux figues précieusement empaquetées dans une demi-feuille de bananier, et les lui laissa pour six *vintems*[1]. Elle se garda bien de lui avouer qu'elle venait d'en refuser une *pataca*[1].

Un autre jour, une jolie pêche, elles sont si rares, les pêches, à Rio! attirait le regard, au milieu des produits colorés de la quinta. Bien des promeneurs, alléchés par les agaceries du fruit européen, firent des offres pour se l'approprier. Manoëla repoussa toutes les propositions avantageuses qui lui furent adressées.

— Elle est vendue, répondait-elle aux gourmets de la Bourse et de l'Alfandega.

Le rougeaud passa devant elle sans s'arrêter. L'air distrait, affairé de cet homme, sa démarche précipitée, frappèrent la quitandeira. Elle l'appela de son timbre le plus harmonieux; mais il poursuivit son chemin, sans répondre à cet appel.

Obéissant à un sentiment invincible, Manoëla prit la pêche dans sa main et se précipita sur les traces du dédaigneux personnage. Elle le rejoignit au moment où il s'engageait dans la petite rue qui conduit à la Douane.

1. *Vintem*, un sou.
2. La *pataca* vaut seize sous.

— Senhor, senhor, dit-elle avec un embarras qui n'était pas feint, vous plairait-il de manger ce fruit de votre pays?

— Un pecego! observa l'étranger. Oh! oh! c'est un fruit rare au Brésil. Merci, reprit-il; aujourd'hui je ne saurais l'acheter. J'ai... j'ai oublié ma bourse, acheva-t-il avec une certaine hésitation.

— Il n'importe! le senhor me payera un autre jour, et même, s'il voulait faire un grand plaisir à son esclave... dit-elle sans oser achever.

— Eh bien?

— Eh bien! il me permettrait de lui offrir en *mimo*[1] ce pecego, balbutia Manoëla en baissant les yeux.

La sotte fierté du rougeaud s'indigna. Ne comprenant point tout ce que cette action de la négresse contenait de délicatesse et d'amour inavoué, il se révolta contre son outrecuidante prétention.

— Un cadeau! tu veux me faire un cadeau, la belle! dit-il; non pas, senhora negra : je prends ta pêche savoureuse, mais, à défaut d'argent, reçois en échange ce bijou.

Et tirant une bague de son doigt, il la présenta à l'esclave, qui la reçut avec un empressement dont le sens ne pouvait être pénétré.

Une semaine s'écoula, pendant laquelle l'étranger passa plusieurs fois dans la rue Direita, portant toujours sur sa physionomie cette expression préoccupée qu'elle reflétait le jour du troc de la pêche contre la

1. *Mimo*, présent.

bague. Il ne daigna pas s'arrêter devant la quitandeira pour lui acheter des fruits.

La tristesse de Manoëla redoublait, et ses compagnes, qui avaient deviné son secret, la plaisantaient impitoyablement.

— Eh! eh! le senhor *Corado*[1] dédaigne les fruits parfumés et les œillades agaçantes de la belle Manoëla, disaient-elles avec une joie méchante.

Un matin, avant de quitter la quinta, la jeune esclave fit une toilette plus recherchée que de coutume. Couverte de dorures, de colliers, de bracelets et de bagues, elle ressemblait à une châsse massive.

Un châle rouge fut jeté négligemment sur l'épaule gauche; de fines tamancas couvrirent l'extrémité de ses doigts de pieds, et un splendide turban de soie encadra sa tête. Dans ses idées de coquetterie africaine, et afin que ses grâces brillassent de tout leur éclat, elle prit une petite boîte chinoise, de forme particulière, que l'on vend à Rio, et la cacha dans son sein. Cette boîte, dont les femmes de couleur font une consommation prodigieuse dans l'Amérique du Sud, contenait du musc.

Ainsi atifée et parfumée, Manoëla descendit à la ville, recevant, mais sans en être émue, de nombreux hommages sur son chemin.

En pénétrant dans la rue Direita, elle marcha tout droit vers l'angle de l'église *dos Militares*.

1. De *côr*, *couleur*. Dans la bouche des négresses, *corado* ne signifie point *rougeaud*, qui est toujours pris en mauvaise part, mais bien *vermillonné*, *haut en couleurs*.

Ce lieu offre quelque analogie avec un quartier de l'ancienne Rome, affecté aux libraires, mais plus particulièrement aux marchands de *sagilla*, et que pour cette raison on appelait *sagillaria*. Les *sagilla*, on le sait, étaient de petites figures, des cachets, des *périaptes*, comme disaient les Grecs, qu'on s'envoyait en présent à la fête des Sagillaires.

Des nègres et des négresses, établis en plein vent contre l'église, débitent, avec la permission de l'autorité, leur étrange marchandise qui se compose uniquement de figurines en cire, de croissants en cornaline et de pouces en bois grossièrement sculptés. D'aucuns joignent à ce commerce celui des médailles bénites et des images représentant la scène du *Desagravo* [1].

Tous ces objets, si divers pourtant, sont destinés à conjurer le *mal'occhio* ou mauvais œil, en portugais *encanto*.

Ce lieu pourrait justement être appelé le *marché aux amulettes*.

Il est curieux de voir, dès le matin, l'affluence des clients autour de ces étalages.

Les nourrices s'y montrent les plus nombreuses; elles y achètent tout un arsenal magique qu'elles pas-

1. *Desagravo*, littéralement *réparation*.

Ce mot consacré par la tradition rappelle une légende recueillie dans l'église même *dos Militares*.

D'après cette légende, un artiste portugais réparait les peintures d'un énorme christ suspendu à la muraille d'une chapelle. Dans un accès de fureur stupide, l'artiste s'oublia au point de souffleter l'Homme-Dieu. Son impiété fut punie sur-le-champ, car le christ, se détachant de la muraille, tomba sur lui et l'écrasa.

sent à leur cou et au cou de la *criança* à laquelle elles donnent le sein.

Les moças superstitieuses et les orgueilleuses senhoras elles-mêmes ne craignent pas de venir s'y approvisionner d'armes surnaturelles contre les *feiticeiros* (sorciers) qu'elles peuvent rencontrer sur leur chemin.

Manoëla, cela va sans dire, était déjà amplement pourvue de ces appareils redoutables. Néanmoins, dans la crainte que les talismans qu'elle portait sur elle eussent perdu, avec le temps, de leur vertu, elle avait résolu de les remplacer par d'autres qui n'eussent pas encore servi.

Il est impossible de rencontrer une ignorance plus candide, n'est-il pas vrai?

Manoëla s'imaginait qu'étant cuirassée de neuf, elle repousserait plus efficacement les influences maléfiques qui voudraient s'interposer entre elle et le but qu'elle poursuivait.

Dédaignant donc les périaptes qu'elle avait respectés jusqu'alors, elle les jeta dans un ruisseau où un négrillon alla les ramasser. Elle fit emplette de deux pouces conjurateurs, de trois croissants de différentes dimensions, du même nombre de médailles bénites et d'une peinture grossière qui était censée représenter NOSSA-SENHORA-DA-CONCEIÇAO, la patronne la plus fêtée de l'Empire.

Une fois ces objets passés au même cordon et suspendus pêle-mêle à son cou, la Mina fit une courte mais fervente prière sur les marches de l'église.

Elle se rendit ensuite à sa place habituelle où elle fut

accueillie par les chuchottements et les regards envieux de ses compagnes.

Déposant son taboleiro sur les dalles, Manoëla s'accroupit et fuma silencieusement un cigare.

En peu d'instants, les freguezes l'eurent débarrassée de ses figues et de ses oranges, tout en l'accablant de compliments flatteurs auxquels la négresse, visiblement préoccupée, ne répondait que par un sourire distrait.

Celui pour lequel, sans qu'il s'en doutât, elle s'était ainsi mise en frais extraordinaires d'élégance, déboucha vers les trois heures par la rue du Rosario et traversa la chaussée.

Manoëla tenait alors dans la main gauche le faisceau des amulettes. En apercevant le senhor, elle agita devant elle cet arsenal formidable, mais en ayant soin, toutefois, d'incliner vers la terre l'extrémité des pouces en bois et les pointes des cornalines. D'après ses idées superstitieuses, la Mina établissait ainsi entre eux un courant sympathique qui forcerait le senhor de s'approcher.

Une des quitandeiras comprit le but de ce manége, en suivant la direction des regards de Manoëla.

— Vois! vois! dit-elle à sa plus proche voisine, Manoëla est en train de *creuser un sillon magique*[1].

1. C'est là l'expression véritable : *Cavar hum sulco magico.*

Les gens du peuple et les esclaves, qui ne se piquent pas d'atticisme, remplacent *sulco* par *surco*. Le premier signifie le *sillon* creusé par la charrue; le second se dit pour le *sillage* du navire.

La phrase de la quitandeira fut donc celle-ci :

« *Manoela esta cavando hum surco magico.* »

Cela n'est pas correct, mais c'est compris de tout le monde.

Hélas! malgré de si ingénieuses précautions; malgré le scrupuleux accomplissement des signes et des manœuvres prescrits par la Cabale, le senhor poursuivit son chemin sans avoir tant seulement tourné la tête du côté de Manoëla.

Celle-ci poussa un soupir de désolation, et laissa tomber ses bras, avec accablement, le long de son corps.

Un bruyant éclat de rire l'arracha à ses tristes pensées. Elle remarqua alors l'expression de triomphe qui s'étalait sur la figure et dans les yeux des quitandeiras. Ses sœurs en servitude se moquaient de son désappointement; bien loin de compatir à ses souffrances, elles en faisaient des gorges chaudes.

Malheureusement, cela est dans l'ordre.

Et les apostrophes railleuses et les ricanements cruels de se croiser dans l'air!

— Ah! mon Dieu! quel malheur! voilà des frais de toilette perdus?

— Le senhor Corado a vraiment bien mauvais goût de rester insensible aux aimables avances de la belle Mina!

— Manoëla aura acheté ses amulettes dans la boutique d'un juif, et nécessairement elles n'ont pu produire aucun effet.

— Les médailles n'ont pas été suffisamment bénites.

— Je parie qu'elle a négligé de faire brûler un cierge en l'honneur de Nossa-Senhora-da-Conceição; voilà pourquoi Nossa Senhora n'a point consenti à favoriser ses amours.

Manoëla tressaillit à ces derniers mots, qui lui rappelaient, en effet, un oubli des plus graves, dans les circonstances où elle se trouvait placée. Elle se leva aussitôt et, après avoir toisé superbement les quitandeiras, elle se dirigea de nouveau vers l'église *dos Militares*.

Ce ne fut plus un cierge modeste, mais trois gros cierges de une cruzada chacun, qu'elle fit allumer devant l'autel de la céleste patronne de l'Empire. De plus, avant de franchir le seuil du lieu saint, elle plongea à différentes reprises médailles et croissants dans le bénitier.

Maintenant Manoëla se croyait en règle; le cœur allégé, la tête haute, elle revint s'accroupir sur les dalles.

Hélas! ce tardif hommage ne réussit pas, sans doute, à concilier à la négresse les bonnes grâces de Nossa-Senhora-da-Conceição, ni à restituer aux talismans leur puissante vertu! Il faut bien le croire ainsi puisque, malgré une seconde tentative pour *creuser le sillon magique*, le senhor Corado, repassant à cinq heures, toujours silencieux et distrait, se dirigea vers la rue do Ouvidor sans avoir jeté un regard sur Manoëla.

La Mina prend alors une résolution suprême. Insensible aux grossiers quolibets de ses compagnes, elle place le taboleiro vide sur son turban de soie et suit l'étranger.

Celui-ci entre chez un marchand de nouveautés; la quitandeira s'assied sur le seuil d'une maison et attend.

Les fenêtres étaient ouvertes; de sa place, Manoëla pouvait distinguer les personnes qui allaient et venaient chez le marchand; elle vit l'étranger s'approcher de la dame de comptoir, puis, après quelques mots échangés avec elle, pénétrer au fond du logis et enfin apparaître à la fenêtre du premier étage avec le maître du magasin.

Dans ce moment, le jour avait baissé considérablement; on allumait les réverbères.

Manoëla attendit patiemment pendant près d'une heure. En vain son attitude mélancolique et sa riche toilette lui attiraient les compliments hasardés des senhores moços qui circulaient dans la rue; Manoëla n'entendait pas les propos amoureux qu'ils lui jetaient en passant. Le sein agité, — que ne couvrait aucun voile jaloux, — les deux mains croisées sur son genou, la tête mollement penchée sur l'épaule, l'œil obstinément braqué sur la fenêtre qui lui faisait face, elle restait sourde et aveugle pour tous les bruits et les mouvements de la rue; une pensée la dominait, pensée fixe, absorbante, souveraine.

L'étranger sortit enfin de chez le marchand.

Manoëla courut après lui et le rejoignit sous le réverbère de la rue *dos Latoeiros*.

Se campant alors hardiment devant cet homme, l'œil ardent, la poitrine soulevée, une main sur la hanche, de manière à ce que la lumière du réverbère éclairât en plein son torse et sa figure :

— Senhor, dit-elle d'une voix vibrante, je vous aime; voulez-vous m'aimer?

Certes, cette manière audacieuse d'offrir son cœur ne ressemble en rien aux pratiques éhontées, je dirais révoltantes, si elles n'inspiraient le dégoût, des pauvres créatures qui, chaque soir, traînent leurs robes soyeuses sur l'asphalte de nos boulevards. Cette manifestation hardie, mais involontaire, d'un amour longtemps contenu, n'a rien de bas et d'abject; rien qui rappelle les provocations effrontées de nos courtisanes d'Europe. On n'a pas appris à ces belles filles d'Afrique à vaincre leurs passions et à réprimer leurs penchants. La pudeur, ce sentiment divin que le christianisme a révélé à la femme, leur est inconnue. Pour elles, il n'existe point de vérités de convention, d'usages établis. Elles ignorent les âpres jouissances de l'immolation, les harmonies supérieures du devoir. A leurs yeux, l'amour est la lumière véritable, le seul principe vivifiant qui n'a besoin ni de formes arrêtées d'avance, ni de cérémonies convenues, pour s'affirmer. Il est parce qu'il est, et c'est rendre un hommage pieux à celui de qui il émane, que de lui obéir.

Il y avait donc une franchise superbe, une naïveté touchante, dans la démarche de Manoëla.

La loi qui consacre les amours des amants et les légitime n'a pas été faite pour les esclaves. Les institutions et le préjugé interdisent à ceux-ci une affection honorable et loyalement partagée, pour d'autres que pour leurs égaux. Hors de leur sphère, les liens qu'ils forment n'ont rien de sérieux. Aussi, pour eux, toutes les notions — et les plus vulgaires — du bien et du mal restent confondues. La conduite des senhores à leur égard, les exemples abominables qui se produisent journellement sous leurs yeux, sont des causes infaillibles d'abrutissement et de démoralisation.

Or, une captive que possède un sentiment profond, et qui, entraînée par une force irrésistible, n'hésite pas à mettre son âme à nu, se dégage, par ce fait seul, de l'atmosphère corrompue qui l'environne; elle plane triomphalement dans les régions pures, lumineuses, éthérées, de la passion.

La beauté de Manoëla, pendant qu'elle posait ainsi devant cet homme, sans honte comme sans embarras, revêtit un caractère majestueux, dominateur, qui produisit instantanément son effet. L'étranger fut subjugué aussitôt par l'expression noble, fière, et simple, tout à la fois, de sa physionomie. Il enveloppa la négresse d'un regard reconnaissant et répondit avec émotion :

— Tu mérites d'être aimée; merci. J'accepte l'offre de ton cœur.

La sincérité et la spontanéité de cet amour africain venaient d'effacer à ses yeux ce que son explosion pouvait avoir de trop brutal, pour ne lui laisser qu'un parfum enivrant d'innocence primitive. La grossièreté apparente de l'acte disparaissait devant la grandeur du sentiment qui l'avait inspiré.

Et cela devait être.

Le beau, c'est-à-dire la vérité absolue, ne saurait être impur. Quelle que soit la forme qui lui serve à se manifester, il renferme une séduction souveraine, qui s'impose logiquement aux cœurs droits.

Est-ce que, pour l'artiste, la statue cesse d'être chaste parce qu'elle est nue? La feuille de vigne n'a été inventée que pour les jeunes pensionnaires et les vieillards libertins; ou bien, si vous le préférez, pour les intelligences incomplètes et les imaginations dépravées.

Tout insolite que paraisse au lecteur l'action de Manoëla, la négresse ne sera pour lui ni vile, ni méprisable.

Du reste, nous sommes au Brésil, il ne faut pas l'oublier. Ceux qui connaissent le milieu dans lequel se meuvent mes personnages feront la part de l'influence que l'esclavage exerce sur eux.

Cet ordre d'idées une fois rappelé, je poursuis mon récit :

A partir de ce jour, Fruchot, car c'est de lui qu'il s'agit, n'eut plus qu'une pensée, celle d'arracher Manoëla à sa triste position.

Fruchot, nous le savons, ne possédait pas la tête d'Antinoüs.

Pourtant, il avait inspiré en Europe une passion sérieuse qui, après avoir résisté à la misère, s'était éteinte dans la mort.

Il apportait donc en Amérique des regrets de plus d'une sorte.

Avec le temps, sa tristesse fit place à une douce mélancolie, laquelle, se modifia, à son tour, sous l'influence d'un ardent soleil, devant les sollicitations nouvelles d'une âme généreuse et expansive.

Un jour, Justin ressentit encore le besoin d'aimer, d'aimer purement, sincèrement. Mais ses tentatives ne furent pas heureuses. Sa barbe enflammée et sa figure criblée lui valurent des dédains qui le blessèrent cruellement.

Malgré l'élégance de sa taille et l'élévation de son intelligence ; malgré la charmante vivacité de son regard et l'expression tendre de son sourire, la folle vanité des femmes le rejeta sur le dernier plan.

Méprisé à cause de sa pauvreté; bafoué à cause de la couleur de ses cheveux, Fruchot, l'excellent Fruchot tournait au misanthrope et au sceptique.

Il lui arriva plus d'une fois de s'écrier avec Lucius, changé en âne :

« Il n'est que trop vrai : rien ne réussit à l'homme né sous une mauvaise étoile[1] ! »

Vous devinez dès lors la révolution qui s'opéra en lui lorsqu'il se sut aimé, aimé hardiment, franchement, pour lui-même,

On a prétendu, et avec raison, qu'il n'y avait pas d'encens qui fût impur. Manoëla était noire ; de plus elle était esclave; mais Manoëla, par un seul mot, venait de le faire l'égal des autres hommes ; que dis-je? en lui demandant son amour, elle l'avait appelé le plus beau, le plus spirituel, le plus vaillant. Elle lui avait rendu la conscience de son mérite et la confiance en soi-même, sans laquelle il n'est point de succès possible en ce monde.

Aussi sa reconnaissance s'exalta, et il versa dans le cœur de l'ardente quitandeira les trésors de tendresse enfouis dans le sien depuis des années.

1. « Nimirum, nihil fortuna renuente licet homini nato dexterum provenire. » APULEII *Metamorphoseon*, liber IX.

Cependant, son bonheur était loin d'être complet. Si le cœur de Manoëla lui appartenait, sa personne était la propriété d'un autre. Il fallait donc briser les fers de l'esclave dévouée, et la maintenir à cette hauteur où l'avait élevée son amour.

Nous l'avons constaté, l'artiste s'était fait courtier.

Fruchot gagnait honorablement sa vie, mais il ne songeait guère à amasser. L'état modeste de sa fortune ne lui permettait donc pas de racheter Manoëla.

Quant à la négresse, heureuse de l'accueil qu'elle recevait de son amant, elle s'abandonnait aux joies du présent, sans penser à l'avenir. Elle aimait; elle était aimée; que pouvait-elle désirer de plus?

Un matin, Fruchot se dirigea vers le théâtre et demanda à parler au directeur. Pendant la nuit, une idée avait traversé son cerveau. Il resta pendant une heure avec le directeur. Lorsqu'il sortit du théâtre, Fruchot montrait une figure rayonnante.

Huit jours après cette visite, les journaux de la localité adressaient un appel aux sentiments généreux du public. « Une esclave, *jeune et belle* (cela excite toujours la sympathie), se recommandait aux Illustrissimes Senhores *da corte*. Une représentation venait d'être organisée, dont le produit devait servir à la racheter. C'était une bonne œuvre, avec tout l'attrait d'une soirée de plaisir. Nul ne voudra se dispenser de concourir à cette fête, dont le but était si éminemment chrétien. L'intéressante créature et les nobles parrains qui la protégent comptent donc sur l'appui de la haute société de Rio, pour obtenir sa liberté. »

L'affiche du théâtre portait en grosses lettres rouges :

REPRÉSENTATION EXTRAORDINAIRE

AU BÉNÉFICE D'UNE RAPARIGA, JEUNE, BELLE ET MALHEUREUSE.

Le produit de la soirée est destiné à payer le prix de sa libération.

« Fidalgos, Moças, Senhoras, répondez à notre appel; comme saint Vincent de Paul, venez briser les fers de l'esclave. »

L'idée réussit complétement.

Tout ce que la capitale de l'Empire comptait de gens éminents prit des billets. La population étrangère accourut en foule apporter son offrande. Il ne resta pas une camarote, pas une cadeira libres. La salle fut comble, et la recette dépassa les espérances des intéressés.

Le lendemain, une scène étrange se passa à la quinta de Mata-Porco.

Le senhor Madrinhão présidait, un cigare à la bouche, au chargement du taboleiro de Manoëla, lorsque trois individus parurent à l'entrée de sa propriété.

En apercevant celui qu'elle aimait, Manoëla s'élança à sa rencontre.

— Demande à ton senhor d'être vendue, dit Fruchot à voix basse.

Sans attendre d'autre explication, la négresse alla vers son senhor et lui adressa sa requête.

— Mais je ne veux pas te vendre, répliqua le senhor Madrinhão. Tu fais bien ton service; je suis content de toi; pourquoi veux-tu me quitter?

Dans ce moment, les trois individus arrivèrent devant le maître de l'habitation.

— Senhor, dit Fruchot, votre négresse Manoëla désire être vendue. Veuillez fixer le prix de sa libération; nous sommes ici pour vous le donner.

Je traiterai ailleurs des trois modes d'affranchissement des noirs. Il me suffit de dire aujourd'hui qu'un maître ne peut, sous aucun prétexte, repousser la demande de son esclave qui veut être vendu, ou qui désire se racheter.

Le senhor Madrinhão opposa encore quelques objections; mais le tabellião qui accompagnait Fruchot, et le directeur du théâtre, lui rappelèrent fort à propos le texte de la loi. Il fallut s'exécuter. Le prix fixé à un conto trois cent mille reis (près de 4,000 francs) fut payé aussitôt, et l'acte de rachat immédiatement dressé.

En apprenant qu'il venait d'encaisser la recette de la représentation donnée, la veille, au bénéfice de la rapariga, le senhor Madrinhão ne put dissimuler ni sa surprise, ni son mécontentement.

— Eh quoi? cette rapariga, c'était Manoëla! s'écria-t-il.

— C'était Manoëla!

— Et moi qui ai pris un billet de camarote pour ma femme et ma fille, dit le senhor avec un geste de dépit; niais que je suis! j'ai contribué sans le savoir à sa libération.

— Vous avez retrouvé le prix de la camarote dans la somme que vous venez de toucher, senhor, repartit Fruchot. Hier, vous avez fait une bonne œuvre; maintenant vous venez de conclure une bonne affaire; ne vous désolez donc pas.

Je ne chercherai pas à dépeindre la joie de la quitandeira. Il est des choses qui perdent à être racontées.

Manoëla se rendit auprès de la *Senhora da casa* et obtint sa *bençāo*. Elle prit également congé de son maître et sortit de la quinta, emportant les félicitations de ses compagnons de servitude.

Le senhor Madrinhão la suivit des yeux jusqu'au bout de l'allée, sans pouvoir retenir un soupir de regret.

— Elle est bien belle, en effet! murmura-t-il.

Manoëla entra libre dans la demeure de Fruchot.

Le lendemain, le journal exprimait, en termes dignes et bien sentis, les sentiments de reconnaissance de l'esclave rachetée pour toutes les personnes qui avaient assisté à la représentation.

Cette histoire défraya les conversations de la ville pendant quelques jours; on cessa d'en parler, mais l'intérêt général resta acquis à la jeune quitandeira. Son dévouement inaltérable pour Fruchot lui gagna les sympathies, non pas seulement de la population française, mais encore de ceux qui sacrifiaient le plus obstinément au préjugé. Cette affection, partagée, du blanc et de la noire se recommandait par une telle sincérité, par tant de loyauté et de force, qu'on finit par absoudre Fruchot de son choix.

— Elle le rend heureux! il a bien fait, disait-on.

Il entra dès lors dans les conditions ordinaires de la vie des colonies, où les liaisons de ce genre sont si ordinaires parmi les blancs. Il fut accepté, vivant avec sa négresse, tout comme le sont ceux qui cohabitent avec des filles du Cap-Vert ou des Açores.

Le courtier venait naguère de donner à la quitandeira une preuve d'amour à laquelle Manoëla ne pouvait manquer de se montrer sensible.

Déjà, je ne l'ignore point, cette assertion, qu'un blanc peut sérieusement s'attacher à une négresse, ne sera accueillie qu'avec une réserve extrême en Europe, tant elle y paraîtra paradoxale. Comment donc le lecteur admettra-t-il que Fruchot, pauvre et intelligent comme il l'était et pouvant contracter un riche mariage, ait refusé d'épouser une blanche, afin de rester fidèle à la fille d'Afrique?

Rien n'est plus vrai pourtant; j'ajoute : rien n'est plus facile à expliquer.

Ce fait soulève une question complexe.

En dehors de la préférence exclusive accordée à la personne aimée, il y a là, avec une question physiologique, une question de race, de peau, s'il m'est permis d'exprimer brutalement, mais nettement, ma pensée, qui mérite d'être traitée avec quelque développement.

C'est ce que je ferai bientôt.

Depuis son affranchissement, Manoëla ne porta plus le taboleiro sur la tête. Elle renonça aux toilettes provoquantes qui laissaient à nu les généreuses proportions de sa taille. Son œil, toujours fier, perdit de sa hardiesse agaçante; l'amour lui avait révélé la pudeur. Satisfaite du sort qui lui était échu, elle s'occupait de l'intérieur de la maison et employait tout son génie à rendre la vie douce et facile à Fruchot.

Le courtier, de son côté, redoublait d'ardeur pour le travail. Manoëla, en digne Mina qu'elle était, aimait les bijoux et les parures. Fruchot, qui connaissait ce goût, dépensait une activité prodigieuse, nouait chaque jour une affaire nouvelle, et se réjouissait un mois d'avance à la pensée de procurer quelque charmante surprise à sa maîtresse.

L'abondance, et la joie qui en est le complément ordinaire, entouraient le jeune ménage, lorsque la fièvre jaune s'abattit sur la capitale de l'Empire.

Manoëla trembla pour les jours de Fruchot; celui-ci eut peur pour Manoëla.

Le courtier pensa alors à un ami qu'il avait dans la province de Bahia; c'était un riche fazendeiro pour lequel il avait fait des achats importants à Rio, et qui l'avait engagé plusieurs fois à venir chasser avec lui.

Un autre motif le déterminait à se diriger de ce côté.

Le père de Manoëla, vendu à Pernambuco en même temps que sa fille, avait appartenu successivement à différents maîtres. Sur les instances de Fruchot, le fazendeiro entreprit de retrouver les traces du vieux nègre. Il réussit dans ses recherches, et la lettre qu'était allé réclamer le courtier à la poste, le jour de notre rencontre, lui apprenait qu'Antonio faisait présentement partie du bétail humain d'un senhor Miguel Pedragulho, dont l'habitation était située à une demi-journée de São-Jorge. Un honnête négociant de cette ville, nommé Macedo, devait lui faciliter les moyens de se transporter chez le maître du nègre; au retour de cette expédition, il lui fournirait une barque pour se rendre chez l'autre Brésilien, son ami, le senhor Pedro Clemente da Serra.

Dès qu'il posséda ces renseignements, Fruchot n'hésita plus à répondre à l'invitation du fazendeiro. La vie de Manoëla exposée, mon départ pour São-Jorge, sa passion pour la chasse, le désir de réunir le père et la fille, et la stagnation des affaires, tout le décida à s'embarquer avec moi sur la sumaca *Os-dous-Anjos.*

Tels sont les détails que me donna Fruchot, un soir qu'étendu sur le pont, la tête appuyée sur les genoux de la négresse, il provoquait mes confidences par les siennes. Le courtier rit beaucoup en apprenant que son collaborateur pour les *Amours de la reine Jeanne* avait à bord une cargaison d'allumettes. Ce moment de folle gaieté fut court, toutefois. Connaissant à fond le commerce des colonies, Fruchot envisagea la chose comme elle devait l'être, c'est-à-dire sérieusement.

— Connais-tu Nausier? lui dis-je.

— Non, je ne le connais pas; mais j'ai de lui une haute idée, à cause de la fabrique de phosphoros. Si vous pouviez étouffer toute concurrence à Rio et à l'étranger, votre fortune serait en bon chemin.

— C'est déjà fait.

— Parfait! Il ne vous reste plus qu'à monopoliser cette industrie, et à rendre l'Empire tout entier tributaire de votre marque.

— C'est fait en partie, répondis-je. Le sud nous appartient, et je vais établir des dépôts à Victoria, à São-Jorge et à Bahia. L'année prochaine, je passerai l'Équateur s'il le faut, et je porterai nos produits jusqu'à Pernambuco, afin que décidément nous restions les seuls maîtres du marché brésilien, depuis l'Amazone jusqu'au Rio-da-Plata.

— Ton cousin me paraît être un homme bien remarquable, observa-t-il. Il a compris qu'il n'y a pas de petite industrie, en l'absence de toute concurrence. Donner les onze cents lieues de côtes de l'Empire comme développement à son commerce de phosphoros n'est rien moins qu'un trait de génie. Quelques années de ce régime et votre fortune est faite.

Le moment est venu d'examiner avec soin, puis de préciser le rôle dévolu à la femme de couleur sous les latitudes intertropicales.

J'ai dit ailleurs, — je crois l'avoir péremptoirement établi, — que les blanches, aux colonies, sont physiquement inférieures aux femmes de couleur, aux négresses *Minas* principalement.

Aujourd'hui encore je n'ai en vue que la beauté des formes ; ainsi, que cela soit bien entendu : chaque fois que je parlerai de la négresse, il s'agira de la fille des Minas.

Pour peu qu'il ait le sentiment du vrai, l'homme qui habite la zone équatoriale ne peut refuser son admiration à ces superbes créatures, dont toute la personne est empreinte de cette majesté radieuse que la flatterie attribue aux reines et la poésie aux déesses.

Incessu patuit Dea, a dit Virgile.

Au milieu du cadre splendide qu'un ardent soleil et une végétation luxuriante composent aux campagnes tropicales, la blanche perd tous les avantages qu'elle possède en Europe. Sa beauté délicate est noyée dans des flots de lumière. Sa taille s'amoindrit devant la magnificence de la création; elle paraît, enfin, chétive, grêle, souffreteuse.

Les rayons éclatants qui tombent du ciel, et qui ruissèlent sur sa face bronzée, font mieux ressortir, au contraire, la riche organisation de la négresse.

Ses formes, ainsi placées dans le jour qui leur convient, étalent orgueilleusement leurs lignes opulentes et correctes. Le soleil, qui brûle la blanche, donne à ses chairs des reflets qui éblouissent et communique à sa prunelle une flamme qui pénètre jusqu'aux profondeurs les plus intimes de l'être.

Je ne parle pas ici de la mulâtresse, qui doit tous ses succès à une coquetterie effrontée, mais dont la figure terreuse absorbe, sans en être éclairée, la lumière céleste. Quelque raffinée qu'elle soit dans sa toilette, quelque ingénieux que soient les soins dont elle entoure sa mignonne petite personne, la mulâtresse affectera toujours le regard par l'apparence d'une propreté douteuse. Si grandes que soient les séductions de son sourire, on pense malgré soi à la boue délayée, même en lui payant son tribut d'hommages.

Il n'en est pas ainsi de la fille d'Afrique.

La couleur franche de sa peau, lorsqu'elle est d'un noir absolu, comme chez les sujets de la nation mina, rappelle la couleur profonde du marbre de *Portor*, ce marbre noir veiné de feu; de plus, chez elle, la solidité des attaches, l'ampleur généreuse du torse, le riche développement de la poitrine, attestent, dans un moule parfait, une force vitale en harmonie avec la puissante végétation de l'équateur, et qui fait songer à l'amour insatiable des immortels.

Si les régions intertropicales étaient occupées par un peuple artiste, la beauté y conférerait naturellement l'autorité souveraine, et, alors, les rôles seraient intervertis : l'esclave, ce serait la blanche; la négresse deviendrait reine nominativement, comme elle l'est de fait, en attendant qu'on lui rendît ses anciens temples de Sidon et de Tyr.

Astarté était bronzée, sinon aussi noire que la reine de Saba.

En cela, le paganisme partageait l'opinion des Hébreux, dont les livres sacrés proclament la triomphante beauté de la Sulamite, c'est-à-dire de la négresse.

L'empereur Héliogabale, en mariant la statue de la Vénus syrienne avec la pierre noire conique représentant le dieu Élagabal, qu'il avait envoyé chercher, la première, à Carthage, et la seconde, à Émèse, imitait le grand roi Salomon qui sacrifiait à l'amour africain.

A son tour, le christianisme a suivi la double tradition juive et païenne. Il a consacré la splendeur et la correction incomparables des formes, en dressant des autels à la Vierge noire.

Donc, dès la plus haute antiquité, le symbole de la beauté plastique et de la passion sensuelle s'est incarné dans la femme de couleur.

C'est à ce point de vue que, malgré le plus stupide des préjugés, celle-ci est encore appréciée aujourd'hui dans les colonies, et même aux lieux où règne l'esclavage.

Dans cette société, essentiellement éprise de l'éclat et de la forme, la négresse, et, avec elle, la mulâtresse, remplissent le rôle que revendiquent chez nous la comédienne et la lorette.

Leur action est moins malfaisante, toutefois, parce qu'elle absorbe seulement le corps, sans s'exercer aux dépens de l'être moral.

En l'état des mœurs coloniales, l'âme échappe à la femme de couleur; c'est l'âme qu'atteint, — dans ses calculs honteux, — la courtisane blanche.

Néanmoins dans certains cas, il y a de la reconnaissance au fond de l'amour que prodigue la première. Son orgueil est flatté, en même temps que son cœur est touché, de la préférence dont elle devient l'objet.

Les transports de la seconde ne sont qu'un mensonge étudié. Elle exploite sans pudeur les mauvais penchants, aussi bien que les instincts généreux de la nature humaine, par l'appât d'un bonheur qu'elle ne saurait donner.

Rien n'est naturel, par conséquent rien n'est vrai, dans l'existence de l'hétaïre européenne.

Loin de s'épanouir au grand air et de puiser, comme la femme de couleur, une fraîcheur nouvelle dans les baisers du soleil, elle redoute pour ses pâles attraits la lumière du jour, et vit constamment dans une atmosphère factice, saturée de tous les parfums capiteux que l'or peut acheter.

Sans cesse en représentation, elle se drape avec une grâce conquérante, et connaît tous les avantages qu'une coquetterie peu scrupuleuse peut tirer d'une mode, en l'exagérant.

Froide, dédaigneuse, avide de triomphes, cependant, elle se venge du mépris des femmes vertueuses, en les écrasant sous le luxe tapageur de ses toilettes. Son orgueil, elle le place à faire naître des désirs, à provoquer l'admiration de la foule, à défaut de son respect. Son but constant, unique, est de plaire, sans se laisser charmer.

Aussi, malheur aux natures ardentes, curieuses, naïves, qui s'aventurent dans l'antre doré où la comédienne a établi son empire ! malheur à elles surtout, si une séduction savante les y retient !

Toutes les nuits il y a fête au logis, car le plaisir est le seul dieu qu'on y adore, et ce dieu sournois redoute la pure clarté du ciel.

L'éclat des diamants et des lustres, l'odeur pénétrante qui s'exhale des bouquets et des cassolettes, les reflets éblouissants de la moire et du velours ; et puis, la folle joie des convives, les propos étincelants qui accompagnent le pétillement des coupes, les fumées de vins fins qui montent au cerveau ; et puis encore, le bruit de l'or sur le tapis vert, les accords des violons, les chevelures parfumées, ondoyant sur les épaules nues des belles pécheresses, leurs regards langoureux ou hardis, leurs sourires provocateurs, leurs audacieuses confidences ; toute cette mise en scène de la vie matérialiste cause, à la longue, des étourdissements aux caractères les plus droits et les mieux trempés.

Les habitudes de désordre étouffent les nobles instincts, paralysent les élans généreux.

Pendant que le corps s'énerve, l'âme s'amollit dans la fréquentation des courtisanes, et, peu à peu, à force d'assister aux bacchanales du plaisir, elle se laisse envahir par le doute et le désenchantement.

La communauté en amour, — qui oserait le contester? — produit fatalement des fruits empoisonnés.

Ce partage honteux, soit qu'on l'impose, soit qu'il soit accepté ou subi, trouble l'esprit, en attendant qu'il corrode le cœur.

Aux heures inquiètes, la sirène a beau murmurer, entre deux soupirs, à sa victime qu'elle vient de couronner de roses, que, seule, elle est aimée ; la sirène a prononcé bien des fois déjà ces paroles banales ; elle les répétera bien des fois encore ; et cette profanation, érigée en système, qui a irrité d'abord celui qui en devenait le complice, qui a bercé ensuite sa jalousie furieuse au sein des paradoxes railleurs, finit par lui faire perdre absolument le respect de soi-même.

L'œuvre abominable est alors accomplie.

Adieu ! les douces, les naïves croyances de l'enfance !

Adieu ! les ineffables, les radieuses illusions de la jeunesse !

Adieu ! le pieux, le vivifiant souvenir de la mère dévouée et de l'aïeul sévère !

C'est que l'homme qui a séjourné dans les boudoirs impurs arrive à se moquer de tout ce qui est saint et sacré. Il ne croit plus qu'au délire des sens, aux jouissances du luxe et de la vanité, aux harmonies inférieures de l'art matérialiste. Son cœur reste incapable d'une aspiration vaillante et élevée, depuis qu'il pratique les arides théories proclamées au sein de l'orgie.

Les joies austères de la famille lui sont également interdites, et, comme son âme ne saurait s'épanouir désormais à la bienfaisante chaleur d'un amour profond et sincère, elle n'éprouvera jamais plus qu'un besoin immodéré d'émotions violentes, âcres, impétueuses que, seul, pourra satisfaire le commerce des courtisanes.

C'est là sa punition; elle est méritée.

Il n'en est pas des sentiments comme des fleurs qui poussent sur le fumier.

Celui qui vit dans une atmosphère corrompue doit finir par se corrompre; telle est la loi; et, sauf de rares exceptions, tout retour vers la saine morale devient alors impossible pour lui. Il traînera jusqu'à la fin de ses jours le pesant boulet du scepticisme; méprisant, méprisé, ne connaissant de la femme que son fard et ses mensonges, ignorant le dévouement, le sacrifice, le devoir, c'est-à-dire le bonheur.

Un jour peut arriver cependant où cet homme, qui a noyé dans l'ivresse le sentiment de sa dégradation, se réveille brusquement du lourd sommeil qui tenait toutes ses facultés engourdies.

Ce jour est celui où sa jeunesse s'est envolée, ne laissant après elle que des rides et la misère.

Il se passe alors dans le boudoir de la courtisane une scène horrible.

Après lui avoir pipé son cœur, ses illusions et sa fortune, Belcolor prétend encore lui voler son nom.

L'infamie ou l'abandon, tel est le redoutable dilemme qu'elle pose à sa victime.

Celle-ci a livré, avec son patrimoine, son âme tout entière à la perfide créature. La pauvreté dans le travail l'épouvante, et elle manque de l'énergie nécessaire pour briser des liens honteux. Une rupture, accomplie dans ces conditions, c'est la mort pour elle.

Au suicide, elle préfère l'ignominie.

C'est que le vice, — cela est désolant à constater, — possède une force d'entraînement, à laquelle certaines natures ne peuvent se soustraire.

Et ce nom reçu sans tache, qui appartient à une famille honnête, distinguée, illustre, parfois; et la considération personnelle, et la gloire, et l'honneur, tout est sacrifié à la passion insensée qu'inspire la courtisane!

Il est faux que la Dame-aux-Camellias soit morte de la poitrine. Sa maladie était une feinte à laquelle un Arthur s'est laissé prendre. Maintenant retranchée dans le mariage, elle s'imagine que la consécration légale a produit la réhabilitation, en supprimant radicalement le passé.

La Dame-aux-Camellias calomnie la société.

Vivant sans remords au sein d'un luxe mal acquis, elle ne remarque ni les chuchottements mystérieux, et les sourires railleurs qui accueillent partout leur présence, ni la rougeur qui monte alors au front de son époux.

Devant ce mépris, vengeur de la morale publique, le malheureux comprend que sa déchéance est sans remède.

Il n'a pas élevé la courtisane jusqu'à lui, en la faisant comtesse ou baronne; mais elle l'a abaissé lui-même jusqu'à sa honte, et cette honte est indélébile.

Alors le remords accomplit son œuvre que, souvent, les spiritueux lui ont rendu facile !

La femme de couleur est loin d'être aussi dangereuse. Son commerce ne porte aucunement atteinte à l'indépendance de l'esprit, et ne compromet en rien l'honneur, — je ne dis pas le bonheur, — des familles.

Ce n'est pas son cœur qu'on aspire à conquérir, mais seulement ses formes incomparables. Il n'existe pas avec elle un échange d'idées et de sentiments. Si parfois on est jaloux de sa personne, on ne l'est jamais de ses désirs et de ses pensées. L'homme qu'a séduit sa beauté ne poursuit qu'un but : la possession; et, de même qu'il ne recherche auprès d'elle qu'une satisfaction physique, il n'engage dans cette liaison aucune partie de son être moral.

L'orgueil, du reste, est sa meilleure sauvegarde : on n'épouse jamais une sang-mêlée.

Voilà pourquoi la passion fougueuse qui entraîne le colon vers la femme de couleur ne produit jamais les désastreux effets qu'engendre forcément l'absorption par la courtisane blanche.

Citez-moi une œuvre remarquable qui soit éclose sous l'inspiration de la beauté vénale !

Au contraire, il ne me serait pas difficile de nommer ici des personnages éminents, depuis Salomon jusqu'au dernier sultan, qui n'ont rien perdu de leur valeur dans la fréquentation des filles bronzées. Hommes d'État, guerriers illustres, poëtes, ont également mordu à la grappe de l'amour africain. Les plus harmonieuses stances du Camões, — sans en excepter les vers des *Luziadas*, — sont encore celles qu'il a soupirées aux pieds de *Barbara*, et que nous avons rappelées plus haut.

On est forcé de le reconnaître : ces créatures, — qu'il ne faut pas confondre avec les *filles de fleurs et de parfums* [1], sont des enchanteresses bien puissantes pour arriver ainsi à triompher du féroce préjugé de la couleur, et à courber, avec leurs bras chargés de chaînes, — dans les pays à esclaves, — le front hautain de maîtres implacables.

Ce fait, irrécusable, suffirait seul pour affirmer le souverain prestige que recèle la beauté.

En effet, le senhor qui se vante de n'avoir que du sang bleu (*sangue azul*) dans les veines paye sa dette à la société en épousant une blanche ; mais, aussitôt qu'un héritier lui est né, il délaisse la femme de sa race pour une fille de couleur.

Nous signalerons bientôt les conséquences déplorables que ce commerce, autorisé par les mœurs coloniales, produit au sein des familles.

Aujourd'hui, nous nous bornons à constater l'entraînement passionné qu'inspirent les mulâtresses et surtout les négresses minas.

Combien de fières et tendres senhoras, d'abord indifférentes à l'attention de leurs maris pour leurs esclaves ; puis blessées dans leur orgueil et dans leur amour

1. Voir *le Brésil tel qu'il est.*

par la prolongation de cette préférence, ont tenté de ramener à elles celui que de viles raparigas osaient leur disputer! Manége coquet, pleurs, prières, éclats de colère, tous les moyens ont été employés; ils ont été employés en vain.

L'odieuse rivale a été fouettée, déchirée, mutilée[1], empoisonnée, dans certains cas. Le senhor a choisi une autre idole; mais, comme la précédente, cette nouvelle idole avait été taillée dans un bloc de marbre noir. Alors l'épouse légitime, écrasée sous la honte, a dû se résigner à cesser une compétition où tout l'avantage restait à l'esclave.

Nous verrons bientôt combien a été funeste, pour la sécurité du foyer, l'exemple du chef de la famille.

Cet engouement, qui paraîtra certainement étrange aux personnes qui n'ont point vécu aux colonies, ne s'explique pas uniquement par la supériorité corporelle des femmes de couleur.

Il résulte d'une autre cause, plus essentiellement physique encore, et qui se rapporte aux émanations particulières qu'exhalent les pores de ces belles créatures.

D'abord la splendeur des lignes vous attire, et l'on se sent mordu par les flammes ardentes que lance leur prunelle.

L'orgueil a beau se cabrer; malgré les vives protestations du sang bleu, on est définitivement séduit, lors-

1. On m'a montré une mulâtresse à qui une jalouse senhora avait tranché deux phalanges de la main.

qu'elles marchent, par un mouvement onduleux des reins tout rempli de mystérieuses confidences, et qui porte aussitôt le trouble dans les sens.

L'attraction vous enveloppe ; il faut nécessairement se rendre.

C'est alors que l'influence de l'odeur *sui generis* (la *catinga*) agit profondément sur l'adorateur de la forme.

Un contact passager produit ordinairement le dégoût. Si le délire se prolonge, le sort du blanc est à jamais fixé ; il ne lui est plus permis à l'avenir de renoncer à la fréquentation des filles bronzées ; bien plus, il dédaignera de brûler son encens aux pieds des pâles créoles.

Nous venons de le déclarer : il pourra changer de favorite, mais en restant toujours fidèle au culte de la couleur.

Sans donner à cette proposition tout le développement qu'elle comporte, nous croyons devoir rapporter ici un axiome portugais qui contient, — pour le lecteur qui voudra sérieusement l'interroger, — l'explication naturelle du phénomène dont il s'agit.

Voici le texte de ce proverbe :

« *Celui qui a respiré deux fois le parfum âcre, mais enivrant, de la catinga, trouvera fade désormais l'odeur qu'exhale la peau des femmes blanches.* »

Ce qui revient à dire qu'un palais habitué aux épices ne peut plus s'en passer, et que les mets privés de condiments énergiques n'auront désormais aucune saveur pour lui.

Sans vouloir ravaler les femmes de couleur au niveau

des prêtresses plâtrées de l'ancien continent, ne peut-on faire remarquer que celles-ci produisent, — physiquement, — des effets analogues sur leur entourage?

Les pâtes et les essences, dont les comédiennes font un usage journalier, imprégnent leurs chairs et leurs vêtements d'une odeur particulière qui remplit l'atmosphère où elles vivent. Cette odeur, répugnante d'abord, et que la passion peut seule imposer aux natures nerveuses et délicates, finit, après une fréquentation soutenue, par devenir nécessaire, indispensable. Elle complète l'harmonie terrible que contient l'amour tourmenté, despotique, corrosif de la courtisane. Les capiteuses émanations du musc répondent aux émotions violentes qu'on éprouve auprès d'elle : les unes étourdissent le cerveau, tandis que les autres torturent le cœur, en le subjuguant.

Eh bien! il est des hommes qui sont entraînés par les parfums suspects qu'exhale tout ce qui touche à la personne des courtisanes. Seuls, le fard, les essences, les poudres, agissent sur leurs organes blasés, et ils recherchent d'autant plus une femme qu'elle est plus couverte de pâtes et de peintures.

C'est là, qu'on ne s'y trompe point, la preuve d'une double dépravation.

Le mensonge dans l'amour correspond à la fausseté dans le teint; de même que la corruption des sentiments amène, comme conséquence forcée, la décomposition de l'air vital.

Voilà pourquoi l'odeur de la catinga est moins pernicieuse que l'odeur produite par le *maquillage*. (On me pardonnera l'emploi de ce mot qui est consacré pour caractériser le système de badigeonnage pratiqué par ces créatures.)

La première odeur est franche, loyale, parce qu'elle est naturelle; la seconde est factice; elle habitue à l'hypocrisie, et, logiquement, après avoir perverti le goût, elle conduit à la déchéance de l'être moral.

On ne saurait mieux comparer l'amour africain qu'à la tunique du Centaure. L'ivresse où il plonge le corps le consume lentement; mais, nous le répétons à dessein, il reste sans action sur l'âme immortelle.

Cela est vrai, surtout pour le colon qui méprise la fille de couleur à laquelle, pourtant, il sacrifie sa femme légitime, et qui se console aussitôt de la perte de son idole de la veille par l'adoption d'une nouvelle idole coulée également en bronze.

Les Européens qui habitent sous les tropiques vivent dans d'autres conditions, à l'égard de ces magnifiques créatures.

Ils professent, eux aussi, une admiration sincère pour leurs formes sculpturales.

Parfois, il est vrai, ils se laissent séduire par la nonchalance gracieuse et l'agaçante coquetterie de la mulâtresse; mais, ordinairement, ils gardent tout leur enthousiasme pour la négresse, chez laquelle les proportions généreuses de la taille, les tons chauds de la peau, la passion grave concentrée dans le regard, donnent à toute sa personne un caractère de grandeur, de force et de beauté souveraine qui manque absolument à la mulâtresse et à la blanche.

Comme ils ne sont point accessibles au préjugé de la couleur, ils ne craignent pas d'affirmer publiquement la préférence qu'ils accordent, sur les créoles, aux filles bronzées.

A Bahia, où les sujets de cette nation mahométane sont en grande majorité parmi leurs frères en servitude, les négresses minas accaparent presque exclusivement les trafiquants étrangers.

Les superbes et irascibles senhoras ont beau crier anathème sur les Européens, à cause de leurs goûts *dépravés;* — c'est leur dépit qui parle ainsi; — les colons font, tacitement, cause commune avec les Européens, et, en somme, ces liaisons, hautement avouées, ne déconsidèrent pas plus ceux qui les forment, qu'à Paris, la protection audacieuse qu'on accorde à une comédienne ou à une fille de portière passée lorette.

On peut même confesser que ce commerce avec les femmes de couleur est d'un usage général parmi les résidents étrangers.

Ceux-ci, en s'établissant sur la terre américaine, ont tous conservé, à quelques exceptions près, l'esprit de retour dans la patrie d'origine.

C'est donc systématiquement, après mûre réflexion, qu'ils ne veulent contracter aux colonies que des liens faciles à briser.

Toutefois, au milieu des hommages qu'ils rendent à la splendeur corporelle, les étrangers n'imitent pas les façons outrageantes et les dédains brutaux que les créoles affichent à l'endroit des objets d'un entraînement passionné.

Constatons-le une dernière fois :

L'homme des zones équatoriales, sensible à la beauté physique, mais cependant dominé par le préjugé de la peau, ne voit chez les femmes de couleur que de magnifiques instruments de plaisir qui excitent tout à la fois ses désirs et ses mépris.

L'Européen, au contraire, dont l'appréciation est restée saine, relève par de généreux procédés la pauvre paria qu'il associe momentanément à ses destinées. Il ne croit pas s'acquitter envers elle en la couvrant de bijoux; il paye encore en égards le bonheur qu'il lui doit.

Celle-ci, de son côté, habituée jusqu'alors aux humiliations et aux insultes, est touchée d'une pareille conduite. Elle témoigne à son protecteur un attachement profond où la reconnaissance entre pour une bonne part. Son moral se ressent ainsi des conditions nouvelles de son existence. L'abrutissement où elle croupissait a disparu sous l'influence d'un sentiment sympathique. La femme s'est révélée chez la négresse. L'amour a donné une âme à l'esclave.

Sa fortune faite, et par respect pour lui-même, le négociant récompense généreusement la créature qu'il a gardée près de lui pendant des années. Il ne lui achète pas des rentes, sans doute; mais il dépose entre ses mains une somme suffisante pour entreprendre un petit négoce, si elle veut travailler.

Vaine prévoyance d'un ami qui a interrogé avec effroi l'avenir !

D'habitude, la mulâtresse, quand elle n'a pas encore

dépassé l'âge de plaire, dissipe follement l'argent des adieux, et elle retourne à la vie indolente que lui fait un nouveau protecteur.

Si c'est une négresse esclave qu'il avait choisie, le trafiquant l'émancipe et, avant de partir, il lui laisse, avec quelques fonds, la liberté de disposer de son cœur.

La fille d'Afrique conserve plus longtemps le souvenir des heures fortunées où l'amour l'a faite l'égale du blanc; néanmoins, elle finit par épouser un homme de sa couleur, un mulâtre, quelquefois, qu'a séduit son modeste pécule.

Plus d'un Européen, cependant, sachons le reconnaître, oublie de racheter le fils né de ce commerce, et qui suit naturellement la condition de la mère, si celle-ci est restée esclave.

D'autres, envahis à leur tour par le stupide préjugé, rougiraient de conduire en Europe leur progéniture de couleur. Ils s'occupent silencieusement de leur départ, en s'efforçant d'endormir des inquiétudes légitimes. Une nuit, ils délaissent sans remords la compagne dévouée de leur exil, et le petit mulâtre qu'ils ont si souvent bercé dans leurs bras.

Mais ces ingrats ne réussissent pas toujours à tromper la tendresse ombrageuse des ces maîtresses, de ces mères.

Parfois la liaison, au lieu de se dénouer banalement par l'abandon ou le dégoût, est violemment brisée par la jalousie et le désespoir. C'est que l'amour, nous l'avons dit, a relevé l'esclave de son abjection; l'amour lui a donné une âme, une âme qui ne sépare plus les droits des devoirs, et qui se révolte furieusement contre la déloyauté et le mensonge.

La vengeance veille donc pendant que la trahison s'ourdit.

Déjà le trafiquant a réalisé son avoir; déjà son portefeuille est bourré de traites sur l'Europe. A l'arrivée du prochain packet, il quittera furtivement la terre étrangère et il retournera dans sa patrie pour y jouir d'une fortune laborieusement acquise.

C'est alors que la mort le surprend au milieu de préparatifs qu'il croyait ignorés. Il expie tout à coup l'odieuse lâcheté qu'il avait conçue longuement et qu'il était à la veille d'accomplir.

A son tour, celui qui pose le pied sur les planches du navire se félicite trop tôt, quelquefois, d'être à l'abri désormais des atteintes de son Ariane bronzée.

Le feu qui dévore ses entrailles ne tarde pas à lui prouver que la fille d'Afrique a pris au sérieux et les serments d'un amour éternel, et les devoirs de la paternité. L'enfant restera esclave, soit! mais le blanc sera, malgré lui, fidèle à la négresse, car le poison qui circule dans ses veines est de ceux qui ne pardonnent jamais.

Tel est le rôle que remplit dans les colonies la femme de couleur.

L'irrésistible attrait qui pousse vers elle le créole et l'Européen a une double cause : des formes incompables et l'*âcre parfum de la catinga.*

L'homme habitué à l'atmosphère qui l'entoure est condamné à y vivre toujours.

Cela est si vrai que la plupart des traficants, — une fois leur fortune faite, — amènent avec eux en Europe une et même plusieurs de ces filles bronzées.

J'ai connu un Français, — il touchait à peine à la quarantaine et il possédait deux millions, — qui était revenu d'Amérique avec une négresse mina qu'il avait affranchie.

Sancha était belle parmi les plus belles de ses sœurs, et, de plus, elle gardait à son protecteur une reconnaissance passionnée. Eh bien! à Paris, Sancha se vit négligée, et elle reconnut que chaque jour lui enlevait une partie de son empire.

Le Français, naguère si vivement épris, ne lui témoignait pas encore de la froideur précisément; mais elle ne suffisait plus à son bonheur, et il restait plongé, à ses côtés, dans une morne tristesse dont elle ne pouvait connaître les motifs.

Un soir, la Mina jalouse ne put se contenir davantage.

— Sancha a donc perdu l'affection de senhor, dit-elle, et l'éclat de sa peau noire est devenu moins séduisant que la pâleur des femmes blanches? Pourquoi cela?

Le Français essaya, mais en vain, de calmer la négresse. Plusieurs scènes se succédèrent.

Un matin, cependant, la joie rentra dans la maison. Les domestiques remplissaient les malles, et la Mina surveillait les préparatifs du départ.

J'étais allé faire mes adieux à l'ancien négociant.

— Une négresse est aussi dépaysée en Europe, me dit-il, qu'une blanche sous les tropiques. Dans notre climat brumeux, ses chairs s'amollissent et perdent l'odeur qui nous enivre; elles remplacent aussi les reflets éblouissants qu'y imprime la lumière équatoriale par des tons obscurs, ternes, qui rappellent la couleur fangeuse de la mulâtresse. L'harmonie est détruite en Europe pour ces magnifiques créatures. Aux filles du soleil, il faut une couronne de rayons. Voilà pourquoi je retourne en Amérique. Le tableau est en ma possession, je vais chercher le cadre qui le fait valoir.

Ce jeune millionnaire était tout simplement un disciple de Raphaël et du Titien. Il adorait la ligne comme M. Ingres, et la couleur comme Delacroix. Son appréciation intelligente des lois de la perspective établit manifestement que le sens artistique était aussi puissamment développé chez lui que le génie des affaires.

Maintenant que cette étude est terminée, on comprend mieux l'attachement exclusif du courtier pour Manoëla.

Fruchot avait mordu à la grappe de l'amour africain, et l'*âcre parfum de la catinga* l'avait enivré.

Il lui aurait été facile, à l'exemple de certains senhores, d'épouser la blanche que sa rouge toison avait séduit; puis, la dot empochée, de délaisser la femme légitime pour retourner avec Manoëla.

Mais Fruchot, quoique devenu courtier, conservait toujours les sentiments élevés de l'artiste. L'idée d'une pareille infamie ne pouvait pas traverser son esprit, encore moins s'y arrêter.

Voilà pourquoi mon ancien camarade, heureux avec

sa *duchesse bronzée*, — ainsi qu'il aimait à l'appeler, — refusa le riche mariage qui lui était proposé.

Et, vraiment, Manoëla n'était pas indigne de ce sacrifice. Plus on la connaissait, plus on appréciait cette excellente nature, que l'esclavage n'avait pas eu le temps d'abrutir.

C'est devant celle-là surtout que l'amour avait ouvert de splendides horizons.

Le dévouement de la Mina était sans bornes, comme sa reconnaissance, et son âme, fécondée par le bonheur, atteignait sans peine les sommets lumineux qu'habitait l'âme du courtier.

Douce, affable, dans sa majesté native, Manoëla entourait constamment Fruchot de prévenances exquises et de soins délicats.

Ainsi, pendant les repas, elle ne se permettait jamais de toucher aux mets avant lui, et, chaque fois qu'elle buvait, elle inclinait la tête de son côté, par un mouvement rempli de grâce, et aussi de déférence.

Mes sympathies lui étaient donc acquises.

Fruchot, à qui je communiquai mes impressions, me déclara qu'au logis elle n'avait jamais consenti à s'asseoir à table avec lui. Elle le servait avec un empressement respectueux; mais elle ne prenait son *jantar* qu'après qu'il avait fini le sien. Manoëla ne pouvait oublier que Fruchot était un *senhor branco*, et qu'elle restait son inférieure par la couleur.

La Mina ignorait encore, elle, si dévouée, si sincère dans son affection, que l'amour rapproche les distances et qu'il constitue l'égalité parfaite. Sans égalité point d'amour, point d'amitié. N'était l'abus détestable qu'elle faisait du musc, comme toutes ses pareilles, du reste, j'aurais trouvé la négresse une créature accomplie.

Je pensai plus d'une fois, en la regardant, à la séduisante Barbara,

« Que sa grâce enchanteresse rendait la souveraine
» de celui dont elle était l'esclave. »

Laissez-moi vous dire deux mots de notre manière de vivre à bord de la sumaca. Cela va me procurer l'occasion de reproduire un double côté des mœurs brésiliennes.

CHAPITRE IV

Politesse brésilienne. — Superstition des senhores. — Le mouchoir du capitaine Vermelho et les foulards de Fruchot. — La secte des Sébastianistas. — São-Jorge-dos-Ilheos. — Un drame conjugal. — Le sertão et la forêt. — Les Capitães-do-mato.

Notre capitaine, o senhor Sebastião Pedro Vermelho, est un homme long, anguleux, sec, dont la figure d'un blanc terreux, en dépit de son nom, offre l'aspect d'une lame de rasoir. Son arrogance ne peut se comparer qu'à sa susceptibilité, qui est extrême, et, de plus, il professe le plus profond mépris pour certaines prescriptions de propreté qui sont élémentaires dans nos campagnes.

Ainsi, le senhor Vermelho n'a jamais pu comprendre le rôle du mouchoir dans les sociétés modernes. Attaché à la tradition adamique, il reste convaincu que la nature a pourvu au service spécial du nez, et que les mouchoirs qui sortent des fabriques de Manchester, de Mulhouse et de Lyon, sont destinés à s'essuyer les doigts seulement.

Mais je me hâte de le reconnaître : cette opinion n'est pas du tout isolée, et la responsabilité ne doit point en incomber exclusivement à notre digne commandant.

Il n'est pas rare, en effet, de rencontrer dans les villes, à Rio-de-Janeiro même, des senhores gantés et en souliers vernis qui interrompent une conversation sérieuse, pour se livrer à l'exercice que je n'ose décrire. Ils reprennent ensuite gravement le fil du discours, comme s'ils venaient d'accomplir un acte ordinaire, et dans la forme généralement acceptée.

On m'a cité ce fait d'un riche négociant qui poursuivait de ses hommages une coquette marchande française :

Un soir ils causaient tous deux sur le seuil du magasin. L'entretien était très-animé. Après une phrase des plus tendres, le négociant tourne la tête et... il néglige de se servir de son mouchoir.

La marchande reste un instant stupéfaite; puis, éclatant de rire, elle se contente d'adresser ces mots à son adorateur :

— Apprenez, senhor, que lorsqu'on fait la cour à une Française, on ne doit jamais oublier son mouchoir.

Et elle lui ferma la porte au nez.

Maintenant qu'on connaît le capitaine Vermelho, je poursuis :

La nourriture est détestable à bord des navires de commerce brésiliens, pour des Français, s'entend. On fait sur ces navires une prodigieuse consommation de morue sèche (*bacalhão*), tout comme sur les bâtiments belges et hollandais. Mais le plat fondamental est représenté par une énorme *feijoada* qui se compose invariablement de *carne secca* et de petits haricots noirs, très-farineux, appelés ici *feijões*. Ce mets national ne serait pas absolument mauvais, si le *toucinho* (lard) qui sert à sa préparation était de bonne qualité.

A Rio-de-Janeiro, j'ai mangé la *feijoada* faite avec du *lombo de porco* (filet de porc), de la province de *Minas-Geraes*; cette feijoada n'était pas à dédaigner.

Malheureusement les capitaines marchands ont fort peu lu la *Physiologie du goût*, et ils n'ont guère pu se pénétrer alors des savantes doctrines de Brillat-Savarin.

Le lard qu'on emploie à leur bord est ordinairement rance, ce qui donne à la feijoada une affreuse saveur. De plus, le pain y est rare, lorsqu'il y a du pain; on le remplace d'habitude, avantageusement suivant eux, par la farine de manioc, que chacun pétrit à sa guise entre ses doigts, ou qu'il délaye dans son assiette. Un compotier rempli de petits piments appelés *malaguetas*, — condiment indispensable sous les tropiques, — caresse agréablement ces gosiers doublés de fer-blanc. Sans *malaguetas*, un Brésilien ne saurait faire un bon repas.

Le *cha do mato* (thé des bois) est servi abondamment sur les navires de commerce; quand au vin, on en ignore généralement l'usage. Heureusement Fruchot, qui connaissait les errements du bord, s'était précautionné contre cette lacune de l'ordinaire : il avait eu le soin d'embarquer vingt-cinq bouteilles de porto qui nous furent d'un grand secours.

Mais si nous trouvions, lui et moi, que la nourriture laissât à désirer, il n'en était pas de même du marchand et du cabelleireiro; pour ceux-ci, c'étaient chaque jour de nouvelles noces de Gamache. Nous avions beau respecter la feijoada, le plat disparaissait considérablement allégé, lorsqu'il ne s'en retournait pas complétement vide. Les deux passagers faisaient bombance, là où nous parvenions à peine à tromper notre faim.

Je n'ai jamais bu de café aussi amer que pendant ce voyage; mais le sucre et la cachaça nous étaient fournis à discrétion. Nous pouvions ainsi, grâce à cette libéralité peu ruineuse pour le capitaine, consommer autant de grogs que nous voulions, ce qui nous permettait d'économiser le porto.

Les Brésiliens menaient donc joyeuse vie à bord de la sumaca; de plus ils se livraient chaque jour, au dessert, à un exercice qui avait beaucoup de charmes pour eux, mais qui ne pouvait trouver grâce devant nos idées européennes.

Vous voyez en ce moment un homme fort embarrassé pour expliquer la chose; je vais essayer cependant de me faire comprendre.

L'apparition du café devenait aussitôt le signal d'une explosion de *soupirs sourds* ou *bruyants*, mais écœurants toujours pour ceux qui recevaient en plein visage les vapeurs nauséabondes qui les accompagnaient. La première fois où je pris place à table, je réussis à surmonter mon dégoût, espérant que ma réserve, ainsi que celle de Fruchot, serait comprise des passagers brésiliens.

Il n'en fut rien; le lendemain, la même manœuvre recommença.

Le sans-gêne effronté de ces deux hommes me révolta. Je n'étais guère disposé, pour ma part, à leur accorder certain privilége dont jouissait Tartufe dans la maison d'Orgon, témoin ces vers de Dorine :

Les bons morceaux de tout, il faut qu'on les lui cède,
Et s'il vient à *roter*, il lui dit : « Dieu vous aide! »

Ma foi ! tant pis; voilà le mot prononcé; mais le coupable, c'est Molière.

J'avais promis à Fruchot de rappeler à la pudeur ces soldats de la goinfrerie. Je tins ma parole le jour suivant.

Le marchand de carne secca ouvrit le feu le premier. Son soupir lâché, il s'inclina gravement, comme on salue chez nous, du côté du capitaine; celui-ci riposta sur le même diapason, en s'inclinant à son tour, comme s'il répondait à une politesse par une autre politesse.

Imaginez-vous un homme disant à un autre :

— Monsieur, j'ai bien l'honneur d'être votre serviteur.

Et l'autre lui répondant sur le même ton :

— Monsieur, je suis le vôtre.

Tel était le sens de la manœuvre qui venait de s'accomplir.

Notre patience était mise à une rude épreuve, convenez-en, et, il était temps d'arrêter cet échange bizarre de politesses intertropicales.

Je demandai au senhor de la carne secca, mais avec tous les ménagements que méritait un exécutant de cette force, s'il était affligé d'une maladie d'estomac, ou bien si l'émission de ces *soupirs sourds* était le résultat d'un usage portugais?

Le marchand parut fort étonné de la question; il interrogea le cabelleireiro. Celui-ci lui traduisit ma pensée, en ramenant la métaphore à son sens naturel. Le digne négociant se tourna vers moi.

— Chaque *soupir sourd*, comme dit le senhor, répondit-il, est un acte de remercîment adressé au capitaine pour l'excellent dîner qu'il vient de nous donner. On ne *soupire* ainsi que lorsqu'on a fait un bon repas. Oh! nous sommes *polis* en Portugal et au Brésil, ajouta-t-il, sans rire, ma foi!

Ce sang-froid faillit me déconcerter. Je repris cependant :

— Nous sommes moins polis en France, j'en conviens, et nous adressons nos compliments d'une tout autre manière. Il y a plus : celui qui se permettrait de soupirer de la sorte au nez des gens, chez nous, serait à l'instant chassé, comme un malotru, de toute société honnête.

— Chaque pays a ses usages, observa philosophiquement le Portugais.

— Vous m'obligerez infiniment de renoncer à celui-là; d'attendre du moins pour le pratiquer que nous ayons quitté la table. Pendant notre absence, vous pourrez remercier à votre façon notre digne capitaine.

— *Costuma da terra!* senhor; *costuma da terra!* dit le marchand.

— Je vous saurai un gré infini de renoncer à cette coutume pendant les repas, repris-je avec plus d'insistance.

— Impossible, senhor, impossible. La feijoada est

trop soignée pour que nous négligions d'en témoigner chaque jour notre reconnaissance au capitaine.

Cet homme parlait avec conviction. Le sérieux parfait qu'il conservait chassait toute idée d'une mystification insultante. Je perdis un moment patience, toutefois.

— Le diable m'emporte! m'écriai-je, si je ne trouve pas le moyen de...

Mais on ne me laissa pas achever ma phrase.

— Qu'avez-vous dit, senhor! qu'avez-vous dit? s'écrièrent en même temps le marchand et le cabelleireiro, en faisant force signes de croix.

— Comment? ce que j'ai dit? J'ai dit : que le diable m'emporte si...

— Jésus! arrêtez! senhor, arrêtez! reprit le marchand, en se signant de nouveau et en jetant sur moi des regards effarés.

Le cabelleireiro, naguère si frétillant, se démenait en tous sens; il ne cessait de se retourner, comme s'il redoutait une agression perfide.

— Ils ont peur de voir apparaître le diable que tu viens d'évoquer, me dit Fruchot à voix basse.

— Ah! préférez-vous que je dise alors : que le diable vous emporte si je ne trouve pas le moyen... repris-je.

Ce fut bien pis. De jaune qu'il était, le marchand devint couleur de terre.

— De grâce! senhor! ne parlez pas ainsi! murmura-t-il. Pour l'amour de Dieu! ne parlez pas ainsi! répéta-t-il en joignant ses deux mains.

Le caballeireiro continuait ses évolutions grotesques. Il s'attendait à chaque seconde à sentir le malin Esprit lui griffer les reins, ou s'asseoir à califourchon sur ses épaules.

Le capitaine était devenu pâle; mais il ne soufflait mot.

La terreur du senhor Vermelho et des deux autres passagers était plaisante, en vérité. Je résolus de mettre leur superstition à profit.

— Vous ne voulez donc pas que je dise?...

— Non, non, senhor, s'écrièrent-ils à l'unisson.

— Eh bien! soit, je ne désirerai donc plus que le...

Ici nouveau geste d'effroi.

— Que... le... que ce *monsieur* vous emporte! Ouf! que de précautions il me faut prendre pour expliquer ma pensée.

— Merci, senhor, merci.

— Mais c'est à une condition.

— Elle est acceptée, senhor.

— Vous renoncerez à vos soupirs incongrus, sinon j'appelle à moi le personnage que vous savez. Est-ce entendu?

— Parfaitement, senhor.

— A chaque soupir, je vous envoie une fois...

— Nous ne soupirerons plus.

— Vous acceptez donc franchement le compromis?

— Nous l'acceptons, senhor! Oh! Jésus! Jésus! répétèrent-ils à différentes reprises et sur tous les tons.

La transaction conclue, nous allâmes fumer un cigare sur l'avant du navire.

Nous rîmes longtemps du stratagème que je venais d'employer.

— Tu as obtenu un magnifique succès, grâce à l'ignorance stupide de ces grossiers personnages, me dit Fruchot; moi, de mon côté, je me propose de donner une leçon au capitaine, pour la manière dont il use de ses mouchoirs. Je traduirai pour ce marin économe, et en bon français, tu peux le croire, un chapitre de la *Civilité puérile et honnête*. La mine est chargée; elle éclatera à São-Jorge, et de plus je te promets que l'ombrageux senhor ne pourra pas se fâcher.

Ce trait m'en rappelle un autre, toujours inspiré par la superstition, c'est-à-dire par l'ignorance, et qui me paraît expliquer suffisamment le peu d'empressement que mettent les Brésiliens à établir dans leur pays des chemins de fer sérieux.

Des chemins de fer? à quoi bon chez un peuple qui entretient des relations suivies avec le ciel?

Mon Dieu! oui; chaque maison brésilienne possède, ne vous en déplaise, une petite poste qui fonctionne au gré des locataires, et qui relie la terre au séjour des âmes heureuses.

N'allez pas vous imaginer qu'il faille être *Médium* tout au moins pour tenir un pareil bureau, et aussi que les *Esprits, frappeurs* ou non, en soient les facteurs ordinaires.

Des *Médiums!* des *Esprits!* allons donc!

Les senhores, les senhoras principalement, ont trouvé mieux que cela; en voici la preuve :

Un soir, en entrant dans une de ces rares demeures, qui sont, au Brésil, hospitalières aux étrangers, je fus accueilli par la Senhora da casa avec un sourire navré.

Au lieu de l'exécrable odeur de lavande brûlée qui remplit d'habitude les maisons brésiliennes, j'aspirai tout d'abord, et non sans quelque surprise, un parfum composé de myrrhe et d'encens, comme il s'en exhale des enceintes sacrées.

Deux jours auparavant, le logis était en fête. On avait fait de la musique après le dîner, et, à la nuit, on avait dansé. Cécilia, — c'est le nom de la fille de la senhora, — communiquait alors aux hôtes de sa famille la joie que remplissait son âme.

C'est que celui que son cœur avait choisi — Paolino — lui répétait pour la millième fois qu'il l'aimait passionnément, et lui confiait que le lendemain son père viendrait prendre avec le sien les derniers arrangements pour leur mariage.

L'air triste de la mère, — sinon l'odeur de l'encens, — me fit pressentir quelque catastrophe récente.

Je m'enquis de Cécilia.

— Cécilia est au désespoir, répondit la senhora. Elle vient de se renfermer dans sa chambre, afin d'écrire à sa patronne céleste.

— Comment? quelle patronne? demandai-je naïvement.

La mère attacha sur moi un regard étonné.

— Ma fille s'appelle Cécilia, observa-t-elle. Sa patronne est donc sainte Cécilia. Ne sentez-vous pas une odeur d'encens?

— Parfaitement, mais... vous dites que votre fille

écrit à sainte Cécilia? repris-je, croyant toujours avoir mal entendu.

— Sans doute; elle lui écrit une lettre qui lui parviendra avant l'heure du souper.

J'étais nouvellement débarqué sur la terre brésilienne à cette époque, et les paroles de la senhora renfermaient pour moi une énigme impénétrable. La senhora eut enfin pitié de mon ignorance; elle m'expliqua, et le motif qui la provoquait, et comment s'effectuait cette correspondance avec une habitante du ciel.

Cécilia et Paolino s'aimaient, nous l'avons déjà dit, et leur union était une chose arrêtée entre les deux familles. Une question d'argent avait surgi au dernier moment, qui détruisait des projets longuement caressés. Le père de Cécilia avait promis de donner à sa fille une dot de 100 contos de reïs (300,000 fr.). Une perte considérable qu'il venait d'essuyer dans son commerce le forçait à réduire cette somme à celle de 85 contos. C'était une différence de 45,000 fr. à peu près. Le père du jeune homme, député de Espirito-Santo, homme fier et avare, ne voulut point consentir à cette retenue; sans pitié pour les souffrances de Paolino, il avait retiré sa parole.

La session était terminée depuis longtemps, et le senhor député n'avait prolongé son séjour à Rio-de-Janeiro qu'à cause de l'union projetée des deux jeunes gens. La veille, après une dernière explication, il signifia à Paolino sa résolution de retourner le jour suivant à Espirito-Santo.

Ce brusque départ allait, pensait-il, couper court à

toute velléité, à toute tentative de rapprochement. La séparation était cruelle, il est vrai; mais l'absence, la distance aidant, produirait plus vite ses effets.

Et c'est ce soir même que le père et le fils devaient quitter Rio pour regagner leur province.

La désolation, — on le comprend, — régnait dans la maison depuis vingt-quatre heures. La nuit avait été sans sommeil pour Cécilia. La jeune fille avait passé la matinée entière à sa fenêtre, derrière les jalousies, croyant toujours au retour de Paolino. Paolino, gardé à vue, sans doute, ne s'est pas montré. Maintenant, Cécilia a placé sa dernière espérance dans l'appui de sa patronne céleste. Elle lui écrit pour la supplier de protéger ses amours. Seule, sainte Cécilia peut toucher le cœur du député, l'empêcher de partir et lui rendre à elle-même celui sans lequel elle ne saurait vivre désormais.

Cette confidence m'intrigua, autant qu'elle excita ma sympathie pour les deux amants.

La senhora mit le comble à ses bontés, en m'introduisant dans une pièce qui précédait la chambre de sa fille. Une fenêtre intérieure donnait sur cette chambre. Je pus ainsi assister, sans être vu, à un spectacle curieux et nouveau pour un Européen.

Un autel était dressé sur une table, orné de fleurs naturelles et de cierges allumés. L'encens et la myrrhe brûlaient dans deux réchauds, et une fumée odorante ondoyait dans l'appartement.

Agenouillée devant l'autel, Cécilia écrivait.

Bientôt elle releva la tête et prit entre ses doigts la

feuille, tout humide encore, sur laquelle elle venait d'épancher son âme. Elle approcha le papier des cierges. Le papier étant consumé, elle en recueillit les cendres dans une soucoupe de vermeil.

— Maintenant, elle va envoyer la lettre à sa patronne, murmura la senhora à mes oreilles.

Le moment était donc arrivé pour moi de voir fonctionner la petite poste céleste. J'ouvris de grands yeux et j'attendis en silence.

La brise de mer, — *viração,* — venait de se lever.

Cécilia, couvrant la soucoupe d'une main, et de l'autre la portant avec un religieux respect, s'avança vers le balcon. Là, elle tomba de nouveau à genoux; puis, ayant soufflé sur la soucoupe, les cendres que ce récipient contenait furent lancées dans l'espace.

Cécilia, les mains jointes, suivait d'un œil inquiet les parcelles noires que la viração soulevait et poussait dans les airs.

Bientôt on ne distingua plus rien. La lettre se dirigeait vers le ciel.

Cécilia fit une dernière prière. Lorsqu'elle se releva, son visage radieux témoignait de la confiance qu'elle nourrissait dans le succès de sa requête.

Qu'ajouterai-je à ce récit?

Le soir du même jour, à l'heure où le député et son fils devaient déjà être en route pour Espirito-Santo, le nègre de service introduisit deux senhores dont le plus jeune se précipita aux pieds de Cécilia.

Le vieil avare s'était laissé attendrir, et, deux mois après, Paolino épousait celle qu'il aimait.

Cécilia est la plus heureuse des femmes; mais elle est restée persuadée que son placet est parvenu à sa destination, partant, que, si elle est la femme de Paolino, elle le doit à l'intervention de sa patronne céleste.

Voilà pourquoi, répétons-le encore, on est si peu pressé au Brésil d'établir des voies ferrées. A quoi bon rapprocher les distances sur la terre, lorsqu'on est en communication constante avec les étoiles, et qu'on peut, à volonté, faire partir un train express pour le ciel.

Cependant la mer était calme.

Os-dous-Anjos ne représentait pas un fin voilier, tant s'en faut. Le navire filait paisiblement cinq ou six nœuds à l'heure par les temps ordinaires, souvent moins, jamais plus. Depuis six jours nous avions doublé le cap *Frio*, lorsque nous atteignîmes *Victoria*, capitale de la province de *Espirito-Santo*.

Je ne parlerai pas ici de la singulière rencontre que je fis dans cette ville, ni de la colonie de nègres esclaves qu'un ancien capitaine marseillais façonnait aux usages provençaux, au moyen de la *bouillabaisse*.

Ce curieux épisode de mon voyage m'a fourni la matière d'un volume qui paraîtra prochainement.

Après une relâche de quatre jours, notre bâtiment reprit la mer.

Malgré tout mon désir d'exciter l'intérêt du lecteur, je ne puis pourtant pas raconter la tempête qui oublia de se montrer, ni les terribles dangers que nous ne courûmes point.

Semblable à une grosse ménagère qui va faire ses provisions au marché, la sumaca *Os-dous-Anjos* sillonnait tranquillement les flots, sans se soucier de l'impatience des passagers.

Depuis la première scène que j'ai racontée, le marchand de carne secca ne s'était pas départi du respect que lui avait inspiré l'acte vigoureux de la négresse. Il la saluait profondément, le matin, lorsqu'elle paraissait sur le pont, et ne dédaignait pas d'accepter les cigares qu'elle lui offrait.

Le cabelleireiro, de son côté, redevenu souple, vif, allègre, comme il convient à tout Figaro authentique, ne savait qu'imaginer pour plaire à Manoëla.

C'est lui qui allait chercher du feu lorsqu'elle voulait fumer. Il avait sollicité et obtenu la faveur de peigner et de pommader ses cheveux, et, afin de mieux témoigner sa résolution de lui être agréable, ainsi qu'à nous, il avait renoncé à nous écorcher les oreilles avec sa clarinette. Chaque soir, il prenait sa guitare et il chantait avec goût des *modinhas* que n'aurait point désavouées le Pauliste le plus difficile.

Je crois même que la splendide beauté de Manoëla avait fini, en dépit du préjugé, par produire son effet sur le sensible cabelleireiro; à moins cependant qu'il ne faille attribuer à une délicate intention de flatterie, le choix d'une certaine romance qu'il répétait fréquemment aux pieds de la Mina.

Cette romance parlait d'amour, cela va sans dire; mais le *mote* (refrain), emprunté aux *Redondilhas* du Camões, contenait un aveu direct auquel la voix émue et la pantomime expressive du musicien donnaient une importance toute particulière. Le *mote* disait sur un air tendre et langoureux, qui rappelait le mode lydien, et l'ardeur impatiente mais contenue du moço, et la froideur superbe de la senhora à laquelle il adressait ses plaintes.

Voici ce *mote* :

> Menina formosa e crua,
> Bem sei eu
> Quem deixara de ser seu
> Se vos quizereis ser sua[1].

Ce qui justifie jusqu'à un certain point ma supposition, à l'endroit de la sincérité amoureuse du cabelleireiro, c'est, avec le jeu indiqué de sa physionomie, la substitution du mot *senhora* qui se rapporte à l'âge de Manoëla, au mot *menina*, employé par le poëte dans le quatrain ci-dessus cité [2].

1.
> Belle enfant, cruelle chrétienne,
> Je sais bien, moi,
> Qui cessera d'être soi,
> Si tu veux être sienne.

2. Sans être aussi populaires, en Portugal et au Brésil, que ceux du Tasse parmi les gondoliers de Venise, les vers de Luis de Camões, — je parle des poésies légères, — ne sont point inconnus des classes inférieures.

Ce n'est pas sans étonnement que j'entendis un jour retentir dans le telheiro une des strophes composées pour l'esclave Barbara. C'est le contre-maître qui la chantait.

Barboza, j'en acquis aussitôt la preuve, ignorait l'origine de cette élégie; il n'en connaissait qu'une seule stance, la deuxième, qui peut tout aussi bien s'adresser à une blanche qu'à une négresse et qu'il avait entendue, il ne savait plus où. Le contre-maître fut extrêmement surpris d'apprendre, — lorsque je lui eus récité la pièce entière, — que ces vers charmants avaient été inspirés par une esclave.

Barboza n'avait aucune lecture; ce qui ne l'empêchait point d'af-

Il est inutile de constater que la convention conclue avec les deux illustrissimes senhores avait été fidèlement exécutée.

firmer que le Camões était le plus grand poëte qui eût jamais existé.

Il aurait pu soutenir, avec plus de raison, que c'était le seul poëte, vraiment digne de ce nom, qu'eût produit le Portugal, et cela en dépit des cent cinquante illustrations exhumées de la poussière du *cancioneiro* par l'Allemand Bellermann, et des trois cents qu'y a découvertes, après lui, M. Carvalho, ancien professeur de l'université de Coïmbre.

J'oserai placer, toutefois, immédiatement après le Camões, le brave et aventureux auteur du poëme de *Viriato*, Garcia de Mascarenhas.

Avant le quinzième siècle et jusqu'au seizième, le Portugal a compté un nombre infini de versificateurs et plusieurs écrivains d'un mérite réel. Ce petit royaume traversait alors une période glorieuse, pendant laquelle les lettres et les armes répandaient sur lui le plus vif éclat. Mais, depuis les *Luziadas*, à l'exception du *Viriato*, aucune œuvre remarquable n'a rappelé l'antique splendeur de la langue portuguaise.

Le Camões est mort en 1579 et Garcia de Mascarenhas en 1656.

Il y a donc plus de deux siècles que dure cette léthargie littéraire; il est douteux qu'elle cesse jamais.

Aujourd'hui, le Brésil et le Portugal citeront à l'envi, et par centaines, des faiseurs de sonnets, dont l'ambition se borne à carotter quelques billets de mille reis, en exploitant les naissances, les mariages et les enterrements. Les poésies de ces messieurs rappellent beaucoup le procédé de P. Corneille, à l'occasion de la dédicace de *Cinna*, avec une notable différence, toutefois, qui porte, tant sur la rémunération de l'éloge, que sur la valeur de l'œuvre. En somme, ces pièces de vers ne sont pas autre chose que des *Epitres à la Montoron*.

Le plus remuant parmi les fabricants de strophes (*le vate Maranhense*, ainsi qu'il se qualifie modestement) sollicitait, il y a quelques années, la place de *portier* à l'Arsenal de marine de Rio-de-Janeiro.

Je parle très-sérieusement.

Sous prétexte que son frère Apollon s'était résigné, pour vivre, à garder les troupeaux d'Admète, et à gâcher du mortier pour Laomédon, la muse indigente du vate Maranhense postulait à l'effet de

Jamais plus le marchand de carne secca et le cabelleireiro ne s'avisèrent, après avoir englouti l'énorme feijoada, de remercier le capitaine à la façon portu-

pouvoir suspendre sa lyre à côté du bidon de la cantinière, dans l'Arsenal de marine. La conquête du cordon administratif, voilà quel était son rêve étoilé. Hélas! ce but ne fut pas atteint! Repoussée dans ses prétentions, bien humbles pourtant, la pauvre muse dut se résigner à transporter sa fabrique de rimes, non pas sous les lambris déserts de l'Académie des Beaux-Arts, mais dans le grenier d'un marchand de charutos. Le vate venait enfin de trouver un abri. Pour prix du loyer, son généreux et délicat Mécènes ne lui demanda que deux sonnets par an, l'un, à l'anniversaire de sa naissance; l'autre, la veille de sa fête.

Il est bien permis de regretter que cette monnaie lyrique n'ait pas cours auprès des propriétaires européens.

Que le lecteur veuille bien se reporter aux beaux jours du *Mercure de France.* Les bouquets à Chloris et les fadeurs sentimentales, insérés autrefois dans ce recueil, lui donneront la mesure du génie poétique des Portugais au dix-neuvième siècle.

Il y a plus encore : ce génie se comporte envers la littérature française avec moins de façon que l'industrie belge envers notre librairie. Il contrefait maladroitement, sous prétexte d'imiter. Aussi existe-t-il actuellement sur les rives du Tage, comme dans l'empire Sud-Américain, une pléiade de rimeurs élégiaques, procédant de l'école éreintée de Lamartine, et qui se disputent, avec les marchands d'épithalames, la faveur du public.

Au Camões et à Mascarenhas, qu'inspiraient puissamment la beauté de la femme et l'amour de la patrie, ont succédé les pâles adorateurs d'une Elvire fantastique ; aussi, pas plus que le Portugal, le Brésil ne pourrait opposer aucun nom sérieux à Byron, à Victor Hugo, à Schiller, à Alfred de Musset, et même à Casimir Delavigne.

Dois-je constater que l'auteur des *Luziadas* perdit considérablement dans l'estime du contre-maître Barboza et des autres senhores moços du telheiro, pour avoir célébré l'esclave Barbara?

Infortuné Camões!

Il ne suffit pas que ses contemporains l'aient laissé mourir à l'hôpital; il faut encore que, trois siècles après sa mort, le sot préjugé de la couleur outrage sa muse fière et généreuse!

Pourquoi aussi s'avise-t-il d'aimer une *cachorra*, et surtout de chanter le bonheur qu'il lui doit?

gaise. Mais, chaque jour, à l'issue du dîner, ils restaient une bonne demi-heure au moins dans leur cabine. Lorsqu'ils reparaissaient sur le pont, leur regard cherchait le mien, afin de s'assurer que pendant cette courte absence, aucun sujet de mécontentement ne s'était produit contre eux.

Aussi, le personnage redouté ne montra-t-il pas tant seulement le bout de ses cornes, et nul accident fâcheux n'interrompit notre voyage.

Un matin, pendant qu'on prenait le thé, un mouvement inusité eut lieu à bord. On nous annonça que São-Jorge était en vue. Nous n'aperçûmes d'abord qu'une masse opaque de brouillards; mais à mesure que la sumaca se rapprochait des côtes, le paysage s'éclaircissait, la verdure et les toits se dégageaient du voile bleuâtre que formaient les vapeurs du Rio-da-Cachoeira et du Patype. Nous distinguâmes enfin la colline de Sant'Antonio qu'a envahie la nouvelle ville. Deux heures après nous entrions dans la baie et nous nous disposions à descendre à terre.

— Il va sans dire que tu m'accompagnes chez le senhor Macedo, observa Fruchot, et de là à la fazenda où est le père de Manoëla.

— Pardon, répondis-je, mais les affaires avant tout. J'irai bien volontiers avec toi chez le senhor Miguel Pedragulho; n'oublie pas toutefois que, mandataire de la maison Nausier et compagnie, je suis envoyé à São-Jorge pour y établir des dépôts d'allumettes. Je vais donc m'occuper du placement de mes marchandises.

— Quel farouche négociant! dit le courtier. Du reste,

9.

je t'approuve, reprit-il, et même je prétends t'aider de mon expérience. Laisse-moi faire; en moins d'une heure tu auras rempli ton mandat.

— *Vamos*, m'écriai-je.

— Un instant, dit Fruchot; je me suis promis de donner une leçon de *civilité puérile et honnête* au capitaine. Le moment est arrivé; attention.

Lorsqu'il vit son bagage dans l'embarcation, le facétieux courtier, un petit paquet à la main, s'approcha du commandant. Il l'aborda avec toutes les marques extérieures du respect le plus profond.

— Capitaine, proféra-t-il lentement, veuillez accepter ce modeste cadeau, comme un bien faible témoignage de la reconnaissance que m'ont inspirée vos bons procédés à notre égard.

Et il lui présenta son petit paquet.

Le senhor Vermelho avait commencé par sourire. En voyant le contenu du paquet, il plissa le front et ses sourcils se contractèrent.

— Ce sont six foulards de la fabrique de Lyon, la première fabrique de l'Europe, après celle de Lisbonne, ajouta Fruchot avec emphase.

Le capitaine ne savait s'il devait se fâcher.

— Mais je n'ai pas besoin de foulards, Dieu merci ! observa-t-il; j'en ai une douzaine et demie dans ma malle.

Fruchot reprit avec un magnifique sang-froid :

— Ils vous serviront, comme par le passé, à vous essuyer les doigts, capitaine. Quant à ceux-ci, vous les réserverez pour l'usage exclusif du nez, ajouta-t-il sur le même ton.

Et saluant gravement, il laissa le capitaine planté sur ses jambes et cloué à sa place par la stupéfaction, comme une statue de Lot.

Le marchand de carne seccà et le cabelleireiro nous attendaient dans l'embarcation; ils se rangèrent aussitôt pour faire place à la redoutable Manoëla.

Lorsque nous abordâmes, ils se confondirent en salutations et en offres de service.

— Maintenant vous êtes libres, senhores, de *soupirer* tout à votre aise, dis-je, en leur rendant leur salut.

Le Portugais se retira en saluant toujours. Quant au cabelleireiro, il poussa, en effet, un soupir profond, un soupir d'amoureux, cette fois, auquel un regard navré donna sa véritable signification.

Je ne m'étais pas trompé: Figaro parlait pour lui-même en répétant le *mote* des *Redondilhas*. Seule, l'indifférence de Manoëla avait retenu sur les lèvres du Brésilien l'aveu de ses tourments. Il suivit lentement son compagnon, mais en laissant son cœur suspendu aux longs cils soyeux de la négresse mina.

Quelques individus, des esclaves pour la plupart, se tenaient sur le quai. Parmi les curieux, nous remarquâmes un vieillard qui nous couvait de l'œil, Fruchot et moi, pendant que le marchand et le cabelleireiro nous prodiguaient des protestations de dévouement. Cette attention persistante ne cessa point, après l'éloignement des deux passagers. Le vieillard nous examinait toujours aussi curieusement, comme si nous étions des fraudeurs, ou que nous portassions sur nous des marchandises de contrebande.

— Est-ce que, par hasard, ce fidalgo aurait besoin, lui aussi, d'une demi-douzaine de foulards? observa le courtier.

Au moment où nous demandions à un noir de nous conduire à la demeure du senhor Macedo, le vieillard, s'approcha de nous. Après avoir salué gracieusement, il éloigna l'esclave d'un geste superbe.

— Senhores, dit-il alors, puisque vous arrivez *da Corte,* vous pouvez m'apprendre si le *Pretinho do Japão* a donné de ses nouvelles aux CROYANTS du Brésil.

— Le *Pretinho!* les *Croyants!* répétâmes-nous avec naïveté.

Le fait est que nous ne comprenions pas du tout.

Le personnage attacha sur nous un regard soupçonneux, comme pour découvrir si notre étonnement était ou n'était pas joué.

— Je suis le Capitão-môr pour le roi de Santa-Leonarda, reprit-il mystérieusement.

— Santa-Leonarda! répétâmes-nous après lui.

Édifié sans doute par notre air de bonne foi, le vieillard redressa sa longue taille. Il daigna nous adresser de la main un salut protecteur, et, sans plus de façon, il nous planta là au milieu de la rue.

Nous pensâmes que c'était un cerveau détraqué.

Le noir, en voyant s'éloigner le vieillard, s'avança vers nous.

— C'est Son Excellence le Capitão-môr de la cidade dos-Ilheos, observa-t-il avec un sourire de pitié.

— Ça! une excellence! dit Fruchot; on le prendrait plutôt pour la doublure du marquis d'Argent-court qui débite des flacons d'essences suspectes aux élégantes des cafés-concerts.

La demeure du senhor Macedo ne fut pas difficile à trouver. La spécialité de notre homme était le commerce des câbles et des cordages qu'on tire des filaments ligneux du coco de Piassaba. Mais l'ambitieux négociant avait plus d'une corde à son arc. Il vendait également de la carne secca, des poteries, de la *miudeza* et des conserves d'Europe.

Avant de pénétrer dans son logis, le courtier s'arrêta dans une venda et demanda un verre de cachaça. Il sortit alors un cigare de son étui et prit une allumette sur le comptoir.

Je le regardai avec étonnement.

— Voilà de bons phosphores! dit-il. D'où les tirez-vous?

— De Bahia, répondit le vendaire.

— Et combien vous coûtent-ils?

— Deux mille six cent quarante reis la grosse, ou deux cent vingt reis la douzaine de boîtes.

Je compris alors la manœuvre de mon ami. Il paya son verre, auquel il n'avait pas touché, mais que notre cicerone avala consciencieusement, et nous poursuivîmes notre route.

— Nous voilà basés, dit Fruchot; nous avons maintenant un point de départ pour nos opérations, puisque nous connaissons le prix de la place.

Le noir nous quitta à la porte du senhor Macedo.

Un homme gros, court, plus ventru que ne le sont d'ordinaire les Portugais, se tenait sur le seuil. Un bout de cigare fiché derrière l'oreille, suivant la coutume, un palito aux dents, les deux mains dans ses poches, le marchand attendait gravement les freguezes. Dès qu'il comprit que nous nous dirigions vers lui, sa lèvre s'épanouit et il s'effaça pour nous livrer passage.

Nous demandâmes le senhor Macedo.

— Lequel? riposta le marchand. Est-ce Macedo tout court, ou bien Macedo de Barcellos de Contas?

— Ma lettre ne porte que le simple nom de Macedo, observa Justin.

— C'est que, voyez-vous, senhores, reprit le Portugais, nous sommes deux Macedo à São-Jorge. Comme mon commerce est plus étendu que celui de mon homonyme, cette similitude de nom me causait un grand préjudice; alors j'ai prévenu le respectable public (*respectavel publico,* c'est le terme consacré), dans le journal, que dorénavant je m'appellerais Macedo de Barcellos de Contas; peut-être alors est-ce moi que vous cherchez.

Tel est, en effet, l'usage en Portugal et au Brésil. Les noms n'y sont point variés comme chez nous; leur ressemblance cause souvent des erreurs regrettables et des quiproquos risibles. Quand vous connaissez les Soares, les Pinto, les da Silva, les Guimaraens, les da Serra, les Pacheco et les Cabral, vous connaissez tout l'empire. Afin de distinguer les individus, il est nécessaire d'intervertir les noms, et de les mêler, et de les allonger de cent façons différentes.

L'un s'appellera Soares Pinto; l'autre Pinto da Serra; celui-ci Guimaraens ou da Silva; celui-là Guimaraens da Silva ou Pacheco Guimaraens, ainsi de suite. La méthode est facile. On adresse une note au journal de la localité, dans laquelle on déclare qu'on signera désormais Cabral da Serra, au lieu de Cabral tout court; et toutes les formalités sont remplies, et le *respectavel publico* ne trouve rien à redire à cette transformation, non plus que le ministre de la justice.

Si la similitude de nom fait naître des quiproquos, les inconvénients qui résultent de cet état de choses sont plus graves encore.

Il n'est pas toujours facile de suivre dans les actes civils et de constater les modifications et les changements apportés dans les noms patronymiques. Le nom de l'enfant diffère déjà de celui du père; si la troisième génération s'avise d'altérer encore le sien, la filiation devient bien difficile, pour ne pas dire impossible, à établir. Cette liberté illimitée, laissée à chacun de s'appeler comme il l'entend, engendre donc forcément, dans certains cas, une foule d'embarras pour les familles. Il est vrai que, par ce procédé, tous les *cidadões* sont nobles quand ils le désirent, ce qui est une compensation; témoin le marchand de São-Jorge. Afin que la confusion ne fût plus possible, celui-ci avait ajouté au sien deux noms à particule au lieu d'un seul; il s'était ainsi doublement anobli.

— De la part de qui venez-vous? demanda-t-il.

— De la part du senhor Pedro Clemente da Serra.

A ces mots le marchand s'inclina jusqu'à terre.

— C'est moi que vous cherchez; c'est bien moi, proféra-t-il, en tirant avec respect le chapeau de paille crasseux qui lui servait de couvre-chef. Oh! c'est un bien digne senhor que le senhor da Serra! et moi j'ai l'honneur d'être le fournisseur de sa maison. Soyez les bienvenus, senhores, et comptez que ma casa est *a suos ordens.*

Fruchot lui découvrit ce que nous attendions de lui, c'est-à-dire les moyens d'aller à la fazenda du senhor Miguel Pedragulho.

— Vous aurez ce que vous demandez, une canoa et des guides; mais vous ne partirez que demain, je suppose? Vous vous reposerez bien une nuit à São-Jorge?

Justin et surtout Manoëla auraient désiré se mettre immédiatement en route; mais un coup d'œil que j'adressai à mon ami lui rappela nos conventions.

— Nous avons quelques petites affaires à terminer avant de quitter la ville, dit-il. Je crois, en effet, que nous ne pouvons partir que demain.

A ce mot: *affaire,* la cupidité du marchand s'était éveillée.

— Oui, nous avons une partie de phosphoros à laisser ici, reprit Fruchot, et je vous serai obligé de m'indiquer une loja qui voudrait en accepter le dépôt.

— Mais peut-être pourrions-nous nous entendre, observa le Portugais. Quel est votre prix?

— Le prix courant à Rio est de deux cent quatre-vingt reis la douzaine, soit trois mille trois cent soixante reis la grosse.

— Vos phosphoros sont donc trempés dans l'or du Rio Doce? demanda ironiquement le marchand. Bahia nous expédie des phosphoros de qualité supérieure, et nous les payons une demi-pataque la douzaine : soit dix-neuf cent vingt reis la grosse, ajouta effrontément le marchand qui ne nous savait pas instruits.

J'avais toujours mes échantillons sur moi. Je présentai une boîte au Portugais; mes palitos s'enflammèrent au premier frottement.

— Oh ! oh ! *phosphoros inalteraveïs, superiores !* murmura-t-il. Ils ne sont pas mauvais, en effet, mais votre prétention est déraisonnable. Je vous ai donné mon prix comme vous m'avez donné le vôtre; faites une concession, et je verrai si je puis traiter avec vous.

— Notre dernier chiffre sera de deux cent quarante reis ; voyez s'il vous convient.

— A la bonne heure, voilà qui aplanit les difficultés. Vous avez fait un pas ; j'en ferai un à mon tour. Je vous offre deux testões ou deux cents reis de la douzaine, soit deux mille quatre cents reis de la grosse.

Fruchot me fit un signe que je compris parfaitement.

— Nous le tenons ! semblait-il me dire.

Et, en effet, son habitude de traiter les affaires ne l'avait pas trompé.

— Eh bien ! puisque vous ne voulez pas de notre marchandise, nous allons l'offrir ailleurs, dit-il.

Et il fit mine de s'éloigner.

— Un moment, senhor, reprit le Portugais. Ces Français n'ont aucune patience, en vérité ! Combien avez-vous de grosses dans vos caisses ?

— Quatre cents grosses renfermées dans quatre caisses, répondis-je.

— Et c'est là toute la partie, toute?

— C'est tout ce que je veux débarquer à São-Jorge.

— Eh bien! n'en parlons plus. Je vous donne deux cent vingt reis de la douzaine, et je prends vos quatre caisses.

Le marché fut conclu à ces conditions, et je cédai mes quatre cents grosses pour un conto cinquante-six mille reis.

Il est nécessaire de prémunir le lecteur contre l'effet que pourrait produire sur lui l'alignement formidable de ces chiffres.

L'arithmétique de la péninsule Ibérique, naturalisée dans l'Amérique du Sud, est vantarde et fanfaronne de sa nature. Elle aime à enfler sa voix, comme le Capitan de la comédie; elle se carre volontiers sous des vêtements pompeux, et elle s'imagine valoir beaucoup, parce qu'elle occupe beaucoup de place. Il faut lui pardonner ses prétentions à la majesté. Avec des allures de princesse de théâtre, elle est bonne fille au fond, et pour peu que vous viviez dans son intimité, elle vous dira bientôt le secret de ses grands airs.

Elle est de race latine, ne l'oublions pas; c'est pourquoi elle nourrit un penchant involontaire pour le nombre, l'ostentation et la parade.

Le système des noms qui n'en finissent plus a été appliqué aux chiffres. Ceux-ci, même pour les additions les plus vulgaires, déploient superbement leurs lignes profondes comme pour vous imposer le respect.

Il est de fait que vous restez un moment ébloui; mais après avoir essuyé vos yeux, vous ne tardez pas à vous convaincre que ces chiffres ne représentent, sous leur ampleur exagérée, qu'une valeur dérisoire.

Au prix où sont les reis en Brésil, un conto cinquante-six mille reis donnent 3,168 francs de notre monnaie.

Mais voyez comme l'arithmétique portugaise a bon air sur le papier :

1 : 056 § 000 reis.

Ne croirait-on pas entendre un bruit assourdissant de millions? Ce sont des millions en effet, mais des millions de reis, et il faut vingt reis pour faire un sou.

Le système monétaire adopté dans un pays donne quelquefois la clé du caractère du peuple qui habite ce pays. Or, nous savons si le Brésilien est vaniteux!

Je venais donc de vendre tout simplement pour 3,168 fr. de marchandises.

La livraison devait être faite le lendemain.

— Le tour est joué, me dit Fruchot en sortant. Tu as ton dépôt, et le gain réalisé est honnête; de plus, tu n'às pas de commission à payer, ajouta-t-il gaiement.

Au Brésil, le premier senhor qui vous a serré la main ne manque pas de prononcer la formule sacramentelle: *minha casa hé a suos ordens* (ma maison est à vos ordres). Cela se dit toujours; mais on sait ce que valent ces paroles. On vous offre tout, à la condition que vous n'accepterez rien.

Nous connaissions les usages locaux, Fruchot et moi; aussi nous mîmes-nous en quête d'une *casa de pasto* ou auberge, pour y prendre notre repas.

Nous étions encore à table, lorsqu'un noir, envoyé

par le senhor Macedo, vint nous avertir qu'une personne nous attendait chez le négociant.

— C'est Son Excellence le Capitão-môr, ajouta l'esclave avec le même sourire railleur qui avait glissé sur les lèvres de notre cicérone.

— Que peut donc nous vouloir ce grotesque personnage?

— Décidément, il nous prend pour des contrebandiers, dit Fruchot.

En sortant de la *casa de pasto*, nous suivîmes le chemin qui conduit à la loja du marchand. Arrivés dans l'arrière-boutique, nous nous trouvâmes en présence du vieillard qui nous avait quittés si cavalièrement naguère. Toute sa morgue l'avait abandonné; il vint à notre rencontre et nous fit un salut profond, en s'excusant d'avoir ignoré la mission de confiance qui nous avait été donnée. Avant que nous fussions revenus de l'étonnement où nous jetaient ces mots, il nous demanda des nouvelles de Sa Majesté le roi Sebastião, et se mit entièrement à nos ordres.

De quel roi Sebastião voulait-il parler? de celui qui était mort il y avait trois cents ans, après la bataille d'Alcaçar-Kebir?

Nous interrogeâmes du regard le senhor Macedo, qui nous répondit par un autre coup d'œil.

S'adressant alors au vieillard, le marchand lui dit :

— Les senhores ont besoin, avant de s'ouvrir à vous, d'être édifiés sur votre compte. Avez-vous apporté votre commission?

Le vieillard tira de sa poche un paquet de papiers.

Trois enveloppes furent successivement enlevées; il prit alors un parchemin que le temps avait jauni, et auquel adhéraient plusieurs sceaux aux armes du Portugal. Un autre cachet représentant deux têtes de Maures coiffées du turban achevaient de compléter la physionomie extérieure de ce document.

Fruchot reçut le parchemin, et nous lûmes ce qu'il contenait.

C'était une commission de Capitão-mõr délivrée à l'illustrissime senhor Pedro Pacheco de Carvalho, au nom de Sa Majesté Très-Fidèle dom Sebastião.

Nous comprîmes aussitôt que le senhor Carvalho était la victime de quelque mystificateur effronté. Le parchemin portait la date de 1817. Vous devinez notre embarras. Nous ne savions comment traiter un sujet aussi scabreux, sans manquer au respect que nous devions à l'âge du prétendu Capitão-mõr.

Celui-ci étudiait sur notre figure l'effet que ne pouvait manquer de produire le papier. Se campant fièrement sur ses jambes, une main passée dans son gilet, la tête de trois quarts, — une pose de Grand-Officier de la couronne, en vérité, — il reprit :

— Vous le voyez, je suis en règle. Il me reste à dire à Vos Excellences que le nombre des CROYANTS s'est considérablement augmenté dans la province. Nous attendons toujours avec impatience les ordres de Sa Majesté. Maintenant que mon identité est bien établie, daignerez-vous me communiquer vos instructions, afin que je règle ma conduite en conséquence?

Quel détestable quiproquo !

Le senhor Carvalho nous prenait pour des émissaires du roi trépassé. Malgré nos dénégations réitérées, il insista pour avoir des nouvelles de son maître, déclarant que notre réserve du matin devenait, en se prolongeant, injurieuse pour lui. Le vieillard était ému, en parlant ainsi. Le marchand, lui, dépensait tous ses efforts pour conserver son sérieux. Il n'était pas facile, on le comprend, de sortir de cette impasse, car, au bout du compte, la susceptibilité du senhor Carvalho méritait des ménagements. Il revint à la charge avec tant d'insistance; il nous donna si sincèrement de l'*Excellence;* il se montra si convaincu que nous étions les confidents du batailleur d'Alcaçar-Kébir, qu'il nous fallut abonder dans le sens du vieillard pour ne pas le blesser.

Fruchot dut donc s'exécuter.

Le courtier bâtit une histoire fantastique sur le roi dom Sébastião. Nous étions envoyés par ce prince pour juger des dispositions de ses sujets d'Amérique. La foi n'était malheureusement pas aussi vive partout, et la propagande s'était arrêtée depuis quelque temps, étouffée par l'incrédulité du siècle. Le moment d'une protestation solennelle n'était donc pas encore arrivé. Il ajouta que le nom du fidèle Pedro Pacheco de Carvalho revenait souvent dans les conversations que nous avions avec Sa Majesté. Ses services continuaient toujours à être appréciés, et une magnifique récompense lui était réservée pour le jour de la Restauration.

Cette déclaration ramena la sérénité sur la figure du vieillard.

— Je m'en tiens à la promesse de Sa Gracieuse Majesté de me donner en mariage sa fille, l'Infante Felippa, (que Dieu garde!) répondit le Capitão-mōr en s'inclinant jusqu'à terre, et j'attendrai, malgré mon impatience, que le bon vouloir du roi vienne me chercher jusque dans mon humble retraite. Ma fortune, mon sang, ma vie lui sont acquis à jamais; c'est à lui d'en disposer à son gré. Veuillez déposer à ses pieds augustes une nouvelle assurance de mon inaltérable dévouement.

Il était temps que cette comédie prît fin, car le noble langage du vieillard m'avait touché. Toute conviction est respectable, par cela seul qu'elle est sincère. Cet homme prêt à se sacrifier pour un prince mort depuis trois siècles, mais toujours vivant pour lui, défiait trop vaillamment le scepticisme de notre époque, pour ne pas exciter mes sympathies. En dépit de ma raison, j'étais ému devant cette croyance que rien n'avait pu seulement ébranler.

Le Capitão-mōr se retira enfin, enchanté de notre réception, et en nous priant de l'honorer de notre visite.

Une explication devient ici indispensable.

Tout le monde connaît l'expédition malheureuse que le jeune roi de Portugal, dom Sebastião, entreprit au seizième siècle, dans le double but de rendre sa couronne à un roi musulman et de gagner des prosélytes à la religion chrétienne. Après la bataille d'Alcaçar-Kebir, ce prince chevaleresque périt au passage du fleuve Macassin, le 4 août 1578, un an juste avant que le Camões mourût à l'hôpital, *sur un lit privé de draps!*

Eh bien! qui penserait que cet événement, constaté par des historiens sérieux, et surtout par Jeronimo Mendoza, a rencontré et rencontre encore aujourd'hui de nombreux incrédules des deux côtés de l'Atlantique? Non, ce jeune monarque n'est pas mort; il est tout simplement passé à l'état de mythe. Comme le roi Arthur, il va errant par le monde; ou bien il s'est retiré dans quelque retraite ignorée, où ses ennemis ne sauraient le découvrir. Grâce au don d'immortalité que lui ont mérité ses vertus, il attend paisiblement le moment marqué par les décrets divins, pour venir tout à coup revendiquer ses droits à l'héritage de ses pères.

Ce mythe est parfaitement accepté par des esprits ignorants et fanatiques, et aussi par des natures plus cultivées.

Raisonne-t-on la foi?

La croyance populaire a été exploitée par d'impudents aventuriers. Le même fait ne s'est-il pas produit de notre temps, à l'occasion de Louis XVII? Trois hommes se sont donc présentés, se disant également dom Sebastião, et parmi eux un Génois dont les révélations, portant sur des circonstances connues seulement du jeune monarque et de quelques intimes, avaient un caractère effrayant de vérité. L'opinion publique fut remuée; mais les Espagnols, qui repoussent les miracles nuisibles à leurs intérêts, traitèrent le Génois d'imposteur et envoyèrent Sa Majesté aux galères, où elle mourut.

Toujours est-il que la superstition populaire a accrédité cette opinion, que le roi Sebastião est aujourd'hui plein de vie. Les jésuites n'ont pas craint de broder encore sur ce thème déjà passablement fantastique. D'après eux, Dieu a confié le prince aux soins d'un vieil ermite, et celui-ci doit veiller sur lui jusqu'au jour où, obéissant aux ordres d'en haut, dom Sebastião remontera sur le trône de ses aïeux.

La légende était trop romanesque pour ne pas faire son chemin. Depuis lors, les oracles ont parlé; des prédictions se sont répandues, ambiguës, obscures, disant par conséquent tout ce qu'on veut qu'elles disent, comme les Centuries de Nostradamus. Les révélations qui ont produit le plus d'effet sont celles d'un prophète-nain, que l'on désigne sous le nom de *Pretinho do Japão* ou petit noir du Japon; ce sont surtout celles de la mère Leonarda, religieuse d'Oporto, qui annonçaient la venue prochaine du monarque.

D'après le docteur Walsh, tous les personnages qui ont rendu quelque grand service au Portugal, ont été considérés par leurs contemporains comme autant de Sébastião. João IV, qui a reconquis son royaume sur l'Espagnol, a joui de cet honneur, et aussi le marquis de Pombal. En 1830, le roi, trois fois centenaire, vivait sous les traits de l'infante Doña Teresa.

La secte des Sebastianistas se recrute sans cesse, tant en Europe qu'en Amérique. La foi des fidèles est aussi vive à l'endroit du roi Sebastião que celle des Juifs dans le Messie. On cite des adhérents dont la conviction aveugle a donné lieu aux aventures les plus singulières.

M. Ferdinand Denis signale le pari d'un colonel

Souza Menellas avec Mourão Tello. Le colonel s'engagea à payer dix contos de reis si, au bout de dix années, dom Sebastião n'avait pas paru.

Tout le monde, à Rio, a connu ce marchand de la rue Direita qui, en livrant ses articles, concédait aux clients la faculté de ne les payer qu'à l'arrivée du roi.

Je ne sais si le colonel s'est exécuté après la période décennale; mais on affirme, on le croira sans peine, que le marchand fut bientôt forcé, et pour cause, de changer la base de ses opérations.

Puisque je suis amené à m'occuper des Sebastianistas, je dirai qu'ils n'ont ni organisation particulière, ni signe de ralliement. On porte leur nombre à quelques milliers tant en Europe qu'en Amérique, bien qu'à les entendre on doive les compter par centaines de mille. D'après eux, il y a des *Croyants* en France; il y en a en Espagne, aussi bien qu'en Italie, et le jour de son apparition, dom Sebastião s'appuiera sur une armée formidable, composée des contingents de tous les peuples catholiques.

C'est cette idée qui explique comment notre nationalité, aux yeux du senhor Carvalho, ne nous empêchait point de servir la cause d'un prince portugais.

Du reste, quoi qu'ils soient impitoyablement raillés par leurs concitoyens, les Sebastianistas, à part leur toquade, sont des gens laborieux et inoffensifs. Ils vivent, depuis trois siècles, dans l'attente de l'heureux événement annoncé par les oracles; en général, ils rappellent, par leur honnêteté et même par l'austérité de leurs mœurs, les Quakers et les Frères Moraves.

Le lecteur sait maintenant ce qu'est le vieux Capitão-môr de São-Jorge. Nous lui avions été signalés comme des émissaires du roi fantastique, et le crédule vieillard était venu aussitôt à nous, pour témoigner de sa fidélité à la cause qu'il croyait nous être commune.

Le senhor Carvalho avait été la victime, dans sa jeunesse, d'une mystification bien autrement grave et qui avait influé sur sa destinée, toujours à l'occasion du prince dont l'acte de décès est enregistré dans l'histoire depuis trois siècles.

Fils d'un Sebastianista, Pedro, alors âgé de vingt et quelques années, partageait la croyance de son père, ce qui ne l'empêchait point d'être sensible aux attraits de la jeune Marciana.

Celle-ci était recherchée par un riche négociant nommé Affonso da Silva; mais son cœur avait déjà parlé en faveur de Pedro Carvalho. L'union des deux amants fut enfin arrêtée.

Le négociant eut alors recours à la ruse, — quelle ruse, mon Dieu! — pour évincer un rival préféré.

Un jour, un avis mystérieux parvint à Pedro. Il lui était recommandé de se trouver le lendemain au soir, et au coup de neuf heures, sur le bord de la mer; il aurait à suivre un personnage masqué qui, en passant devant lui, prononcerait le nom du roi Sebastião.

Pedro était brave; du reste, sa foi ne lui permettait pas d'hésiter en cette circonstance.

A l'heure fixée, il se trouvait au rendez-vous.

Un individu, enveloppé dans un manteau et le chapeo abaissé sur les yeux, marcha à sa rencontre. Arrivé près de lui, il s'arrêta et murmura le nom du roi. Pedro n'en demanda pas davantage. Il monta avec cet homme dans une barque et se laissa conduire.

Au bout d'un certain temps, qui parut bien long à notre jeune homme, car on n'avait pas échangé une parole, la barque accosta. Deux cavaliers, également masqués, attendaient sur la rive, chacun d'eux tenant un cheval en main. Pedro, sur un signe de son guide, sauta en selle et les quatre chevaux s'élancèrent à la fois du côté de l'ouest.

Toutes ces précautions excitaient l'imagination de notre fervent Sebastianista. Son cœur battait, en pensant au but glorieux qu'on lui laissait entrevoir. Après une course d'une heure à travers les champs, on atteignit une habitation cachée dans les bois.

Le chef cria : Halte ! et l'on mit pied à terre.

S'approchant alors de Pedro, le chef lui dit à voix basse qu'il était temps encore pour lui de reculer, et qu'il fît ses dernières réflexions avant de franchir ce seuil redoutable. Il ajouta que la moindre indiscrétion dans cette affaire serait punie de mort.

— Ma vie appartient au saint roi Sebastião ; entrons ! répondit résolûment Carvalho.

Dans une pièce luxueusement ornée, se trouvaient trois hommes, dont l'aspect ne pouvait manquer de produire une grande impression sur un esprit déjà frappé. L'un d'eux occupait une espèce d'estrade recouverte d'un riche tapis. Les deux autres étaient assis sur des coussins, à ses pieds, comme pour constater la distance qui les séparait de leur compagnon.

Tous trois avaient les jambes croisées à la façon des musulmans, et portaient le costume oriental. On remarquait une aigrette lumineuse sur le turban du premier, tandis que l'individu assis à sa droite était vêtu d'une robe d'ermite. On eût dit un religieux du Liban.

La légende venait d'être mise en action.

Tous trois, du reste, étaient masqués.

Le chef de l'expédition s'avança vers l'estrade et s'inclina profondément devant le personnage qui l'occupait. Il déclina ensuite les noms et prénoms du jeune Carvalho; après quoi, il conduisit Pedro devant le même personnage. Il se tint lui-même derrière l'estrade, l'épée nue à la main.

La mise en scène, on le voit, ne laissait rien à désirer.

Les paroles consacrées furent prononcées alors.

— Es-tu Croyant?

— Je crois, comme à la résurrection de la chair et à la divinité de Notre Seigneur Jésus-Christ, à l'existence non interrompue de notre roi légitime, dom Sebastião de Portugal, et à sa venue prochaine parmi ses fidèles sujets.

Les trois hommes masqués firent de la tête un signe de satisfaction; puis l'ermite prit la parole.

Une importante communication allait être faite au jeune homme. On connaissait l'attachement héréditaire de la famille Carvalho pour le valeureux soldat d'Alcaçar-Kebir. Pedro marchait dignement sur les traces de ses ancêtres; aussi avait-il été choisi, à cause de sa foi robuste, pour être le dépositaire, dans la capitainerie dos Ilheos, des volontés de l'auguste martyr. Le jour de la Restauration, ce jour si impatiemment attendu, était proche. Les CROYANTS devaient se tenir prêts à venir se ranger autour de leur prince, sauvé par Dieu afin de conduire l'humanité à ses destinées glorieuses; on comptait sur Pedro pour entretenir le zèle des adhérents, et on lui demandait de jurer qu'il exécuterait sans hésitation les instructions qui lui seraient envoyées, au moment d'engager l'action.

L'ardent jeune homme s'imaginait être en présence de dom Sebastião lui-même. Il mit une main sur son cœur, et il fit d'une voix ferme, malgré son émotion, le serment qu'on exigeait de lui.

L'ermite reprit :

— Les CROYANTS sont entourés d'espions, tant en Europe qu'en Amérique; car les impies, tout en raillant ceux qui ont la foi, redoutent le triomphe d'une cause que Dieu protége visiblement. Il est nécessaire de ne négliger aucune précaution pour échapper à la surveillance incessante des ennemis du roi légitime. C'est ce qui explique le mystère de la présente réunion. Nul, dans la contrée, ne doit se douter que des intérêts aussi majeurs se traitent sur ce point isolé de l'Empire, et que d'aussi hauts personnages foulent actuellement le sol brésilien.

— Ce secret mourra avec moi! répondit Pedro avec une sombre exaltation.

— Satisfaite des nobles sentiments de l'héritier des Carvalho, dit l'ermite, Sa Majesté lui réserve une double récompense.

Après avoir prononcé ces mots, il se dirige vers le fond de la salle, tandis que, sur un signe du personnage à la brillante aigrette, l'homme assis à sa gauche ouvre une petite cassette d'acajou, incrustée d'or. Il en tire un parchemin scellé aux armes du Portugal et aux armes particulières de dom Sébastião qui sont : « de sable à un lion d'argent surmonté de deux têtes de Maures. » C'était une commission de Capitão-mōr qui serait valable le jour où dom Sebastião remonterait sur le trône.

Pedro murmurait des protestations de dévouement, lorsque le personnage qui occupait l'estrade prit la parole à son tour.

— Pedro, dit-il d'un ton solennel, vous êtes en grande estime auprès de nous. Afin de vous rapprocher encore davantage de notre royale personne, nous vous destinons pour épouse notre fille bien-aimée, l'Infante Aureliana-Luizia-Anastasia-Inez-Felippa.

L'ermite reparut alors avec une femme voilée. Celle-ci s'approcha, et, d'après l'ordre du roi, elle souleva son voile.

Jamais créature aussi merveilleusement belle ne s'était montrée à Pedro, même dans ses rêves les plus splendides. Le jeune homme eut un éblouissement et ferma les yeux. Il cessa pendant quelques secondes d'avoir conscience de ce qui se passait autour de lui. De grosses gouttes de sueur perlaient sur son front; ses jambes fléchissaient et il lui sembla que son cœur venait de s'arrêter. Le choc fut rapide mais violent. En revenant à lui, il voulut se précipiter aux pieds de la céleste apparition; mais femme, ermite, hommes masqués, s'étaient évanouis. Il n'entendit qu'une voix qui, du fond de l'appartement, proférait ces mots :

— N'oubliez pas, Excellence Capitão-môr, que vous êtes fiancé à l'Infante Aureliana-Luizia-Anastasia-Inez-Felippa.

Un moment Pedro crut être le jouet d'un songe. La vision avait disparu et sa tête était remplie de bourdonnements étranges; mais le parchemin qu'il possédait, établissait manifestement la réalité de cette scène. Troublé, enthousiasmé, ravi, il reprit le chemin de la ville. La barque le déposa sur le rivage, à l'endroit même où elle l'avait pris, et avec les mêmes précautions mystérieuses.

Vous devinez l'issue de cette aventure : quelque stupide que fût la plaisanterie, elle obtint un plein succès.

L'ambition avait chassé l'amour du cœur de Pedro. Le fiancé de l'Infante ne pouvait plus épouser la belle Marciana. Le mariage projeté fut donc rompu; mais la jeune fille finit par se consoler; elle devint la femme du senhor da Silva, l'impudent mystificateur.

Depuis lors, les années ont passé sur la tête de Pedro Carvalho; mais sa foi n'a pas faibli. Le vieux Capitão-môr est toujours persuadé qu'il a parlé au roi dom Sebastião, et, comme à vingt ans, il est tout prêt à répondre au premier appel de son roi légitime. Avec l'âge, toutefois, son idée fixe a pris des proportions inusitées. Le vieillard ne peut plus rester chez lui; chaque jour il se rend sur le bord de la mer, afin d'être le premier à saluer dom Sebastião et sa royale fiancée. La flotte libératrice ne paraissant pas, il examine attentivement tous les étrangers qui débarquent, persuadé que des émissaires déguisés ne peuvent manquer d'être envoyés pour lui apprendre la cause de ce retard prolongé. Sur une fausse indication, il avait pris un courtier et un fabricant de phosphoros pour les ambassadeurs qu'il attend depuis près de trente ans!

Risum teneatis! Les Sebastianistas croient encore aujourd'hui, en plein dix-neuvième siècle, à l'existence d'un prince trépassé vers la fin du seizième! Tout est possible, lorsqu'on part d'une pareille donnée. La foi n'a rien à démêler avec la raison humaine. Essayez de ramener les Juifs et de convertir les derviches tourneurs. Puisque dom Sebastião existe, il a pu débarquer secrètement au Brésil. Que sont vingt ans, cinquante ans, pour un homme qui n'a pas vieilli depuis trois siècles? Il reparaîtra un jour ou l'autre afin d'accomplir l'œuvre de Dieu.

Cela ne se discute pas; cela se constate seulement.

Lorsqu'on part de l'absurde, on arrive logiquement, fatalement... à l'absurde.

Nous reprochâmes au senhor Macedo son procédé envers un compatriote, et, partant, le rôle qu'il nous avait forcés de jouer en cette circonstance. Le marchand se récria; il affirma qu'il n'avait point parlé au Sebastianista et que, s'il avait eu tort, c'était seulement de ne pas l'avoir dissuadé à notre endroit. L'auteur de ce tour était quelque loustic de la ville qui s'était imaginé de nous procurer un divertissement, aux dépens du monomane.

J'appris plus tard que le mauvais plaisant n'était autre que le capitaine des *Dous-Anjos*, qui avait voulu, tout en bernant un vieillard inoffensif, essayer de rendre à Fruchot la monnaie de sa pièce.

— Nous voilà donc élevés à la dignité d'ambassadeurs du roi dom Sebastião, dit Fruchot, lorsque le marchand nous eut raconté l'histoire des fiançailles du Capitão-môr avec l'Infante Dona Felippa. Note ce fait sur tes tablettes. Maintenant, Son Excellence veut-elle faire le tour de la ville avec moi?

São-Jorge n'a pas suivi, tant s'en faut, la marche ascendante des grandes cités de l'Empire, telles que Bahia, Pernambuco, São-Paolo. Les maisons y sont basses, mal alignées; les rues étroites et malpropres. Son aspect, des plus tristes, est loin de rappeler la ville florissante du dix-septième siècle, alors que les Hollandais, établis à Bahia, l'arrachèrent à la domination portugaise. Rien de charmant toutefois comme la situation de São-Jorge au milieu d'une riante vallée, au fond de la baie formée par le Rio-dos-Ilheos.

São-Jorge, construit en 1540, atteignit en peu de temps à un haut degré de splendeur. Capitale de la province dos Ilheos (aujourd'hui entièrement absorbée par les provinces limitrophes de Bahia et de Espirito-Santo), qui formait jadis une des douze capitaineries créées par João III, elle rivalisait, pour la richesse de son territoire et l'importance de son commerce, avec la comarca de Porto-Seguro dont le Rio-Pardo la séparait. Les jésuites exerçaient alors une influence utile sur la population de ces contrées. Les mœurs s'adoucissaient; l'activité se déployait sans relâche et le bien-être devenait le partage de tous, des Indiens nouvellement convertis, aussi bien que des hardis aventuriers que l'Europe et les îles de l'Océan envoyaient sur ce point du Brésil.

Un vaste établissement dominait les pittoresques habitations de la vallée : c'était la demeure des disciples de Loyola; c'est de là que partait l'impulsion intelligente qui, fécondant ce magnifique pays, le poussait vers ses heureuses destinées.

Quoique sincère, mon admiration pour les jésuites n'est pas sans réserve; aussi vais-je me hâter de compléter ma pensée.

Je ne dirai rien des Missions du Paraguay; c'est là un fait acquis et que l'histoire a enregistré. Mais je ne puis passer sous silence les quarante-quatre ans de travaux inouïs, de courses incessantes à travers les forêts, du P. Joseph Anchieta, surnommé l'Apôtre du Brésil.

Je ne saurais non plus oublier l'inaltérable dévouement du P. Nobrega, pour arracher à leurs habitudes cruelles les hordes errantes de la côte orientale.

Les merveilleux résultats obtenus par ces deux hommes seuls suffiraient pour nous montrer la part de gloire qui revient aux jésuites, dans l'œuvre divine de la civilisation, et cette part serait déjà assez belle.

Mais d'autres courageux missionnaires parcoururent également les solitudes et les déserts, les catingas et les forêts, apportant avec eux le pain de l'âme et le pain du corps.

Pendant deux cents ans, les missionnaires gouvernèrent les Indiens du Brésil, et pendant ces deux siècles, le sort des tribus sauvages fut considérablement amélioré. Des *aldéas* (villages) s'élevaient comme par enchantement dans le sertão; les Indiens délaissaient leurs grands bois et venaient se ranger sous la loi des missionnaires.

Au lieu des sanglants sacrifices, des guerres sans trève ni merci, des fêtes abrutissantes où hommes et femmes *buvaient comme lansquenets,* suivant l'expression de Léry; enfin, au lieu de l'existence misérable qu'ils menaient auparavant, ils trouvaient auprès des jésuites une vie monotone, mais douce et facile. Leurs membres vigoureux se pliaient au travail; ils exécutaient parfois des entreprises, relativement considérables et d'une utilité générale, comme le canal de la province de Espirito-Santo, le seul qui existait encore au Brésil en 1837[1]. Ce sont les Indiens qui ont creusé ce canal sous la direction des missionnaires; ce sont eux aussi qui ont fondé la ville de Olivença, au commencement du dix-huitième siècle.

La tutelle des Pères fut bienfaisante, on ne saurait

1. Depuis quelques années une impulsion vigoureuse a été donnée par le gouvernement, et soit par lui, soit par les capitaux particuliers, de nombreux et importants travaux de canalisation ont été exécutés; je cite les plus remarquables :

Le canal *Puassú,* destiné à relier le port de *Canavieiras* au rio *Jequitinhonha,* qui n'est navigable qu'une partie de l'année.

Le canal récemment livré au commerce, qui fait communiquer les rios *Pomonga* et *Japaratuba,* dans la province de Sergipe.

Le canal de *Arapapahy* dans le Maranhão.

Le canal de *Una* et celui *das Itaunas,* dans la province de *Espirito-Santo,* qui doit unir le *São-Domingos* au rio *São-Matheos,* celui-ci fermé *jusqu'à présent* à la vapeur, aussi bien que le rio *Doce,* le plus grand fleuve de la province de *Espirito-Santo.*

le contester, et les succès qui couronnèrent leurs efforts, témoignent de la supériorité de leur administration. Ils étaient aimés pour le bien qu'ils faisaient; aussi, leur expulsion de la Mission de São-Pedro-dos-Indios, fondée en 1630, souleva-t-elle une vive opposition parmi leurs nombreux prosélytes.

Mais, si les jésuites sont de bons initiateurs pour les hommes naïfs, il s'en faut de beaucoup que leur gouvernement satisfasse à toutes les conditions vivifiantes que réclament les populations déjà en possession d'une certaine somme de bien-être. L'émancipation, ou plutôt, la première éducation, voilà ce à quoi ils excellent. Ils tracent la route; ils jettent la semence dans les esprits; mais ils ne savent pas lui faire produire tous ses fruits. Une limite est imposée à leur action, et cette limite, ils ne peuvent pas, ils ne veulent pas la dépasser. Une fois les *aldeas* fondées, les Indiens marmottant des prières et défrichant le sol, leur direction s'arrête, car leur but est atteint. Les destinées nouvelles de l'humanité les touchent peu ; le progrès incessant n'est pas inscrit dans leur programme. La loi du travail est arrêtée dans son développement continu, par les colonnes d'Hercule de l'immobilité.

J'avoue que le présent est magnifique, comparé au passé : mais n'y a-t-il rien au delà?

Je conviens que la roue qu'ils font tourner régulièrement à leurs néophytes est légère et douce; mais c'est toujours la même roue, écrasant le même sable fin ; c'est toujours une halte permanente, systématique, — le repos enfin, dans un bien-être relatif; en d'autres termes, l'inactivité ou la pétrification, c'est-à-dire le mépris de la science, la négation de l'avenir.

L'administration des jésuites, intelligente, utile, au début, devient, en se prolongeant, une machine impie de compression.

Olivença venait d'être fondée par les Indiens baptisés, et le voisinage de la ville aidait beaucoup à la prospérité toujours croissante de São-Jorge. Les campagnes se couvraient de plantations de manioc, de bananiers, de caféiers, de riz, d'ananas et de maïs. Ces produits divers affluaient dans la cité, qui les échangeait contre les produits des autres provinces ou des marchandises étrangères. Les relations commerciales prenaient chaque jour un développement plus grand, et des colons nouveaux accouraient sans cesse sur ce point favorisé du territoire.

Ce résultat était dû à la persévérante initiative des jésuites, il faut le reconnaître ; mais arrivée à cette limite, leur action devait s'effacer, sous peine de devenir dangereuse, et même mortelle, pour la florissante cité.

L'esprit de domination qui distingue ces religieux, se montra alors dans toute sa naïveté insolente. Pendant qu'ils régnaient à Olivença et dans les aldées circonvoisines, ceux qui habitaient São-Jorge voulurent courber sous leur joug les colons, et aussi s'imposer à l'administration locale. La sécurité dont jouissait l'industrie agricole était leur ouvrage, sans doute ; mais le prix que réclamaient les jésuites dépassait la somme des efforts dépensés et même des succès obtenus. Ils ne visaient à rien moins qu'à annihiler l'autorité civile, à envahir tous les départements, à se substituer enfin, en tout et pour tout, aux agents du gouvernement.

Les prétentions des jésuites, leur intolérance étroite et ridicule, piquèrent au vif les colons. Le mécontentement s'accrut insensiblement, entretenu par les ravages des Aymorès.

Ces sauvages, qui descendaient des Tapuyas, étaient tellement féroces qu'ils étaient considérés comme barbares par les barbares eux-mêmes. Si l'on en croit un vieil auteur portugais, des prisonniers aymorès se sont laissés mourir de faim à Porto-Seguro, plutôt que de reconnaître la loi du vainqueur. La tribu des Tupiniquins a été anéantie par eux. Débarrassés de ces ennemis, ils se ruèrent sur les propriétés portugaises, et y laissèrent la ruine et la mort. La terreur qu'ils inspiraient dépeuplait les Engenhos. L'auteur déjà cité ne craint pas d'affirmer que, dans l'espace de vingt-cinq années seulement, ces Indiens ont massacré plus de trois cents colons et trois mille esclaves dans les deux capitaineries de Porto-Seguro et dos Ilheos.

Les conflits incessants avec les jésuites et les déprédations des Aymorès portèrent un coup terrible à São-Jorge. Dès 1685, l'antique cité était déjà bien déchue, et la guerre avec les Hollandais n'avait pas peu contribué à arrêter son mouvement ascensionnel. C'est alors que se produisit l'arrêt d'expulsion des missionnaires. Ce fut là le signal de la ruine de São-Jorge.

Les néophytes, accoutumés à la direction des jésuites, se plièrent difficilement à l'autorité civile. Les uns, plus sincères dans leur conversion, se mêlèrent aux civilisés; mais le plus grand nombre abandonna les aldées et s'enfonça dans les forêts, pour reprendre la vie aventureuse qu'il menait auparavant. Ce furent autant d'ennemis nouveaux qu'il fallut combattre et repousser sans cesse. Depuis le commencement du siècle dernier, São-Jorge n'a pu recouvrer son importance. Les Indiens de cette région ont été détruits ou soumis, sauf quelques tribus isolées qui parcourent encore les forêts de l'intérieur; mais l'ancienne capitale a perdu le rang qu'elle occupait jadis. Ce n'est plus qu'une ville, — et des plus modestes encore, — de la province de Bahia.

Aujourd'hui, l'herbe croît dans ses rues désertes. Le grand édifice construit par les jésuites sert de collége, et en plusieurs endroits ses murs crevassés, lézardés, offrent un triste aspect. Les ouvrages militaires élevés par les Hollandais, pendant la courte période de leur domination, subsistent encore; ils attestent, par leur solidité, l'importance que les vainqueurs attachaient à la possession de ce point du littoral, si rapproché de Bahia. Le grand mouvement commercial qui datait de 1540, époque de la fondation de la cité, a complétement disparu ou à peu près. Le port seul offre quelque animation. La campagne qui l'entoure ne présente plus ce tableau splendide que lui donnaient les grandes cultures d'autrefois. On chercherait en vain les nombreux Engenhos qui la couvraient alors. Toute l'industrie sucrière de cette contrée semble s'être concentrée dans le Reconcave. On n'y trouve pas non plus ces colonies agricoles établies par le gouvernement sur certains points privilégiés de l'Empire, comme Santo-Amaro dans la province de São-Paulo; São-Pedro-d'Alcantara, Piedade, Santa-Isabel, dans la province de Santa-Catharina; et la plus importante de toutes celles du Brésil, São-Leopoldo, fondée en 1825, dans la province de São-Pedro-do-Sul, qui compte aujourd'hui, si l'on en croit les rapports officiels, plus de onze mille habitants.

La province de Bahia ne possède que deux colonies insignifiantes : *Rio-de-Contas* et *Léopoldina*. La première réunit 41 habitants; la seconde, établie sur le Rio *Peruhype*, compte à peine la moitié de ce nombre.

Cependant le décret du 1er novembre 1859 qui fonde, pour cette province, un *Institut agricole*, est destiné, croyons-nous, à donner une nouvelle impulsion à la grande culture.

Cet *Institut* est le complément d'une vaste combinaison économique et industrielle, déjà, en partie, réalisée dans l'ancienne capitale de l'Empire [1]

1. Cette combinaison est représentée par les établissements suivants :

1° Succursale de la banque du Brésil.

2° La *Banque de Bahia* (autorisée par décret du 3 avril 1858), capital 4,000,000,000 de reis, soit 120,000,000 francs.

3° La *Caisse commerciale* (décret du 26 avril 1856), fonds social 2,500,000,000 reis.

4° La *Réserva mercantil* (décret du 8 décembre 1859), capital réalisé 4,065,741,781 reis.

5° La *Caisse économique*, fondée le 17 mars 1860. Capital réalisé 3,867,156,584 reis.

6° La *Caisse d'économies*, autorisée le 3 mars 1860. Capital réalisé 1,713,533,593 reis.

Jusqu'à ce jour, toutefois, Bahia a centralisé dans ses murs les forces actives de la province, en accaparant pour elle seule toutes les faveurs du gouvernement. Aussi les capitaux privés ont fait comme les contos de l'État; ils ont dédaigné de fonder de grands établissements sur le territoire arrosé par le Rio-dos-Ilheos.

Nous attendons à l'œuvre l'*Institut agricole.*

Sobres à l'excès, mous, paresseux, les indigènes n'ont aucune idée du confortable des grandes villes, ou ne s'en soucient pas, ce qui revient au même. La farine de manioc, des crabes, des fourmis grillées, des féijões, du poisson, de la carne secca, rarement de la viande *verde* (fraîche), leur suffisent pour vivre. Un toit pour s'abriter, et quel toit, le plus souvent! une *esteira* ou un hamac pour se reposer, du tabac, quelques vintems pour acheter des *foguetes* (fusées), voilà de quoi les rendre heureux. Sans désirs comme sans besoins, ils végètent dans une abominable indolence, dans un far-niente chronique, employant leurs journées à dormir et à fumer, et leurs soirées à racler de la guitare. On peut les apercevoir le dimanche seulement, lorsqu'ils se rendent à l'église.

Il n'y a que des Portugais et des colons étrangers qui s'occupent d'exploitation agricole et de négoce. C'est grâce à eux que le port et certains quartiers sont vi-

7° Enfin deux autres compagnies : La société *Commercio* et la caisse *União* sont en train de se constituer au capital de 8,084,354,363, pour la première, et, pour la deuxième, au capital de 1,172,271,848 reis

vants. Des villas charmantes couronnent les hauteurs de Sant'-Antonio, et rappellent la riante physionomie des coteaux d'Olinda, dans le *Pernambucano.* Ces villas, d'une architecture moderne, contrastent avec les casas disgracieuses de la cité. Celles-ci sont basses; elles n'ont qu'un étage pour la plupart; quelques-unes, un rez-de-chaussée seulement; plusieurs possèdent encore la *varanda* (balcon) grillagée des anciens temps, dont on peut voir des spécimens fort bien conservés, dans la rue de la Miséricorde, à Rio-de-Janeiro.

En somme, São-Jorge, comme Aix et Avignon, n'a rien de remarquable que son passé.

Le senhor Macedo de Barcellos de Contas allait sortir pour se mettre en quête d'une canoa, lorsque nous fûmes de retour. Sur le désir de Fruchot, la canoa se transforma en mules; c'est-à-dire, qu'au lieu de prendre la route fluviale, mon ami préféra se diriger par la terre ferme. Le hardi chasseur possédait un fusil à deux coups qu'il avait reçu de Paris peu de temps auparavant, et il était impatient de l'essayer. Les ordres furent donnés en conséquence.

Le lendemain, avant le jour, notre petite caravane était prête. Elle se composait de quatre mules, une pour chacun de nous, et une autre qui portait nos provisions. Nous comptions sur cinq ou six heures pour atteindre la fazenda du senhor Pedragulho; mais, avant de nous quitter, le senhor Macedo daigna nous prévenir que les lieues brésiliennes étaient d'une longueur peu commune, et que probablement, si nous faisions une sieste pendant la grande chaleur, nous n'arriverions pas avant la fin de la journée. Je compris dès lors la nécessité d'une quatrième bête, et la nature de la charge qu'on lui avait confiée.

Deux esclaves venaient avec nous, dont l'un, Lasaro, nous fut désigné comme un guide intelligent. Son œil était vif en effet, et sa figure, quoique partagée en deux par le chapelet de chair qui est le signe particulier des nègres Monhambalas, avait un air de fierté qui ressortait mieux encore sous les haillons qui couvraient son corps.

Manoëla gourmandait les esclaves, tant elle était pressée de partir. Fruchot et moi, chacun de nous ayant son fusil passé en bandoulière, nous enfourchâmes enfin nos mules.

— Bon voyage, nous dit le senhor Macedo, et priez *Nossa-Senhora-da-Victoria*[1] d'éloigner le bandit Gregorio de votre chemin.

Manoëla, en piquant sa monture, nous força de la suivre, au moment où j'allais demander au négociant l'explication de ses paroles. En désespoir de cause, je m'adressai à Lasaro.

— Gregorio, répondit le noir, n'est pas un homme dangereux, et il ne saurait mériter la qualification que le senhor Macedo vient de lui donner. Il a tué son maître, cela est vrai; mais c'est par l'ordre de sa senhora.

— Qu'est-ce que tu nous racontes là, Lasaro? Un assassinat inspiré par la jalousie, alors?

— Inspiré par la vengeance, senhor, reprit le noir,

1. Patronne de São-Jorge-dos-Ilheos.

La femme a fait tuer son mari pour venger la mort de son amant, et Gregorio s'est sauvé dans le mato, afin de ne pas être pendu.

A ma prière, Lasaro, qui ne demandait pas mieux que de se montrer avec tous ses avantages, nous raconta cet épisode des mœurs brésiliennes :

A une lieue de São-Jorge, dans la direction d'Olivença, est située une délicieuse quinta, appartenant à un ancien négrier nommé Manoël Rebentão. Ce senhor, de basse extraction, mais possesseur d'une énorme fortune, demanda en mariage une moça noble et pauvre de Bahia. Brigida était jeune et le senhor Manoël était vieux ; elle était belle, et il était laid ; de plus, son cœur de dix-neuf ans s'était épanoui devant les regards charmés d'un jeune fidalgo, appelé Agostinho dos Ladeiros. Cependant, comme on connaissait au négrier plusieurs centaines de contos de reis, ce fut lui qui obtint la préférence, et Brigida devint sa femme. Mais les manières brutales de son époux augmentèrent de jour en jour les regrets de la sensible senhora, en même temps qu'elles la froissaient dans son orgueil. Bientôt Brigida ne put cacher au rustre, dont elle portait le nom, les sentiments qu'il lui inspirait, et la jalousie de celui-ci ne connut plus de bornes.

Le senhor Agostinho possédait une fazenda à peu de distance de la quinta de son heureux rival. Après le mariage de Brigida, il quitta décidément Bahia et vint s'établir dans son bien.

L'ex-négrier goûtait alors toutes les jouissances de la vanité. Afin d'exciter l'envie, il donnait des fêtes splendides, auxquelles étaient conviées les personnes marquantes de la ville et des environs.

Agostinho lui fit une visite.

Croyant mieux braver l'ancien adorateur de Brigida, le senhor Rebentão l'invita à ses fêtes et le traita avec courtoisie, en apparence; mais, en réalité, il le faisait surveiller avec soin. De son côté Agostinho affectait une gaieté qui n'était pas dans son cœur; car, lui aussi, voulait donner le change à l'homme qui venait de lui enlever l'objet de ses premières affections.

Un an s'était écoulé depuis le mariage du négrier, et l'antipathie de Brigida pour lui paraissait avoir perdu de sa force. Si elle le haïssait toujours autant, du moins elle parvenait à lui cacher cette aversion. De plus, sa mélancolie avait disparu et elle prenait joyeusement sa part des plaisirs que le senhor Rebentão offrait à ses hôtes.

Celui-ci s'imagina que la fière Brigida avait rompu définitivement avec les souvenirs du passé, devant la légèreté dédaigneuse du senhor Agostinho, et que ses regrets s'étaient endormis au sein du luxe dont il l'entourait.

Il fit venir de nouvelles toilettes de Paris; il commanda un équipage en Angleterre; et, afin de dissimuler ses rides et la vulgarité de ses manières, il donna à Brigida toutes les satisfactions d'amour-propre que l'argent peut procurer. La coquetterie de la senhora tenait bien toujours sa jalousie en éveil; mais Agostinho n'en était pas l'objet. L'ex-négrier comptait aussi beaucoup sur le dévouement, qu'il croyait lui être acquis, de la mucama de sa femme. Comme les rapports de la mucama étaient favorables à Brigida, il se persuada que sa générosité extravagante avait enfin touché l'âme hautaine de sa belle compagne.

Un matin on lui annonça qu'un piano d'Érard, qu'il avait acheté à Rio-de-Janeiro, venait d'arriver à São-Jorge. Il partit avec huit nègres, qui devaient se relayer en route, pour faire apporter l'instrument chez lui.

Au retour, le senhor Rebentão rencontra un esclave de sa femme; — c'était Gregorio, — qui tenait à la main un énorme bouquet. Interrogé par son maître, Gregorio répondit que la senhora l'avait envoyé porter un *recado* (message) au senhor Agostinho dos Ladeiros, et que celui-ci, à son tour, venait de lui remettre ce bouquet et une feuille de musique qu'il montra. L'esclave devait donner ces deux objets, ainsi que les *parabens* (compliments) du senhor Agostinho à la senhora Brigida.

Je ne sais quelle idée passa par la tête de l'ancien négrier; mais il examina curieusement les fleurs qui composaient le bouquet, et il finit par les garder, ainsi que la musique, en ordonnant à Gregorio de remplacer un des noirs qui soutenaient le piano sur leurs épaules. Il piqua alors son cheval et arriva avant les esclaves à la quinta. Sans dire un mot à personne, il se dirigea vers la casa d'une vieille négresse nommée Luizia, et lui présentant le bouquet, il la somma d'en expliquer le sens mystérieux. Tout inculte que fût le millionnaire, il n'ignorait pas que les fleurs savent parler et que le choix des espèces, ainsi que l'ordre dans lequel elles sont groupées, composent un langage dont les amants possèdent la clef. Un pressentiment lui disait que c'était là un *selam* adressé à sa femme, et il brûlait du désir d'en pénétrer le secret.

Luizia tourna et retourna le bouquet dans ses mains. C'était, au premier abord, une profusion de roses, de jasmins, d'œillets et de géraniums assemblés au hasard et parlant autant d'idiomes.

La négresse secoua la tête, après avoir interrogé les fleurs. Une amande amère tomba alors à ses pieds; elle la ramassa et vit qu'elle était percée de part en part. Avisant une épine placée au centre même du bouquet, elle y plaça l'amande par le trou inférieur. L'amande s'y adapta parfaitement. La négresse sourit: elle avait le mot de l'énigme. Elle compta alors et examina l'une après l'autre les fleurs qui se serraient autour de l'épine.

— Eh bien! as-tu trouvé? demanda enfin le maître.

— Senhor, répondit Luizia, ce selam est aussi clair que le jour. L'*épine* et la *jacinthe* qui expriment la *douleur* ont un sens plus précis à côté de cette branche de *romarin du nord*, qui veut dire *amour fidèle*, et de cette *amande amère*, qui signifie *amour violent*. C'est donc un cœur malheureux qui parle, mais malheureux à cause de l'*absence*, comme nous l'apprend cette branche de *citronnier*. Cela est tellement vrai que je découvre ici une *feuille d'ananas* entre une *mauve vermeille* et un *œillet amiral*. La *feuille d'ananas* rappelle les heures de bonheur dues à l'amour, c'est l'*œillet* qui l'affirme, tandis que l'amant supplie sa belle, en lui envoyant la *mauve*, d'avoir pitié de ses tourments, et de lui accorder un nouveau rendez-vous. Une réponse est demandée d'une manière pressante par ce *bouton-d'œillet blanc.* Voilà, senhor, le selam déchiffré.

L'ancien négrier, en récompensant la vieille esclave, la menaça des plus durs châtiments si elle trahissait jamais le motif de sa visite. Il se rendit ensuite auprès de sa femme, à laquelle il remit en souriant la musique et le bouquet. « Laissant les noirs en route avec le piano, dit-il, il avait pris les devants afin de lui apporter lui-même, en gagnant une demi-heure, ce qu'elle avait envoyé demander au senhor Agostinho. »

Brigida remercia son époux, sans soupçonner qu'il possédait le secret de son cœur.

Le lendemain, le senhor Rebentão devait retourner à la cidade, pour faire personnellement quelques invitations. Il s'agissait, sous le prétexte d'un grand dîner, de présenter à l'admiration de tous le beau meuble d'Érard qu'il venait de recevoir. Le senhor partit à cheval ; arrivé près du sentier qui conduit à la fazenda d'Agostinho, il descendit et attacha sa bête. Une heure s'écoula. Il aperçut alors la mucama de Brigida qui venait à lui. L'esclave jeta un cri de frayeur en reconnaissant son maître, et porta involontairement la main à son sein. Le senhor Rebentão la saisit par le bras et la fit tomber à ses pieds.

— *Cachorra !* (chienne), s'écria-t-il, tu m'as trompé jusqu'à ce jour, et tu as mérité de mourir.

La mucama, jaune de peur, le supplia de lui laisser la vie. Elle raconta tout, car elle était, en effet, la confidente de la senhora.

Le selam avait été parfaitement interprété par Luizia.

La tristesse de Brigida s'était évanouie du jour où son cœur et celui d'Agostinho s'étaient entendus. Depuis plusieurs mois Agostinho était son amant. Ils se voyaient la nuit, et c'est elle, la mucama, qui servait d'intermédiaire entre eux.

Le senhor Rebentão ne proféra pas un mot, pendant tout le temps que dura la confession de l'esclave. Cet homme, dévoré, malgré son âge, par une passion insensée, conservait sur lui-même un empire souverain.

— Et maintenant, dit-il, la senhora t'envoie porter une lettre au senhor Agostinho? Donne-moi cette lettre.

La mucama obéit.

S'il lui fallait une dernière preuve de l'infidélité de sa femme, cette preuve, il la tenait, pleine, entière, accablante.

Touchée par les plaintes du fidalgo, Brigida essayait de le consoler. Elle lui parlait du dîner qui devait avoir lieu dans quelques jours. Après le dîner, les convives s'embarqueront pour une pêche aux flambeaux; mais lui, Agostinho, n'attendra pas ce moment pour s'éloigner. Quant à elle, une indisposition subite lui servira de prétexte afin de demeurer au logis. Libres alors tous deux, ils mettront en défaut, sous la protection de la mucama, la jalousie du vieil époux.

Après cette lecture, le senhor Rebentão prit ses tempes entre ses mains et les serrant avec force, il fit entendre un ricanement sourd.

Il s'adressa alors à la mucama.

— Cachorra! reprit-il, je te l'ai déclaré tout à l'heure : tu mérites la mort pour m'avoir trahi, lorsque j'avais foi en ton dévouement. Tu périras sous la chicote...

La mucama se traîna à ses pieds en criant : Grâce !

Le maître poursuivit :

— Tu périras sous la chicote, à moins que tu ne me promettes par serment d'exécuter à la lettre les ordres que je vais te donner.

L'esclave joignit ses deux mains et jura tout ce qui lui fut demandé.

Il fut convenu qu'elle remplirait son message, en remettant à Agostinho le papier qui lui était adressé. A son retour, elle rendra compte de sa mission à la senhora, comme si rien ne s'était passé d'extraordinaire, et, enfin, cette rencontre restera ignorée de tous. Si le senhor Agostinho ne paraissait pas au dîner, malheur à elle, car cette absence serait imputée à crime, et alors justice serait faite !

— Il faut qu'il prenne place parmi mes convives, et qu'il réponde à l'appel de la senhora. A cette condition, je te pardonnerai, déclara l'ancien négrier.

La mucama, on le comprend, jura de nouveau de faire tout ce que le senhor exigeait d'elle.

Le jour de la fête et avant l'arrivée des personnes invitées, Brigida étudiait au piano le morceau que lui avait envoyé Agostinho. C'était le duo de l'*Éclair :*

Près d'une belle,
Être fidèle...
Ne servir qu'elle,
C'est un bonheur.

Ce duo, elle devait le chanter avec Agostinho.

Son mari entra sur la pointe des pieds. En se retournant, Brigida l'aperçut qui battait la mesure sur sa main.

— Ravissante! divine! dit-il; mais je ne veux pas vous gêner; je me retire, acheva-t-il.

Et déposant un baiser sur les blanches épaules de sa femme, il sortit en fredonnant à son tour.

Près d'une be... e... e... elle,
Être fidè... è... è... èle...
Ne servir qu'e... e... e... elle,
C'est un bonheur.

Les choses se passèrent ainsi que le désirait le mari trompé.

Le dîner était exquis; le piano fut trouvé magnifique, et le duo de l'*Éclair* obtint les honneurs du bis.

L'espoir de se trouver bientôt seuls, et loin des importuns, donnait une expression radieuse à la figure d'Agostinho et à celle de Brigida. Pendant le repas, le moço avait parlé d'une indisposition de sa mère, qui ne lui permettrait pas de se mêler aux pêcheurs. Un quart d'heure après avoir chanté le duo, il prit congé des époux Rebentão.

La société se répandit sur la terrasse, chaque senhor donnant le bras à une senhora. Le galant négrier était le cavalier de sa femme, qu'il ne cessait d'entourer de petits soins délicats.

— L'air du soir est humide, lui dit-il; il faut vous couvrir.

Et ce fut lui-même qui, recevant le châle des mains de la mucama, le jeta sur les épaules de Brigida.

La mer était unie comme une glace, et les flots arrivaient jusqu'au pied de la terrasse, qu'ils baisaient amoureusement. Les barques et les canots, avec leurs fanaux allumés, se balançaient mollement sur la vague, attendant le bon plaisir des Illustrissimes senhores. La lune, cette lune des tropiques qui cause des éblouissements à ceux qui osent la regarder fixement, jetait sur le paysage sa vive lumière, et donnait en maints endroits des reflets d'or à l'Océan. Une fraîche brise, qui venait du sud, semait dans l'espace les parfums pénétrants qu'elle avait dérobés aux orangers des quintas voisines.

C'était une de ces soirées calmes, embaumées, harmonieuses, qui disposent l'âme aux doux et intimes épanchements.

Le vieux négrier se pencha vers Brigida.

— Jamais je ne vous ai vue aussi belle, senhora, dit-il avec tendresse, et je regrette presque d'avoir parlé de cette partie de pêche. Si j'osais, je renverrais tout ce monde d'importuns, afin de jouir mieux, seul avec vous, de cette magnifique soirée. Mais comme votre cœur bat! ajouta-t-il en souriant; sont-ce mes paroles qui précipitent ainsi ses mouvements?

Brigida frissonna, comme si l'air extérieur eût glacé ses membres.

— J'ai froid, répondit-elle, et j'ai la tête en feu. Vous, senhor, vous vous devez à l'illustre compagnie; mais, si vous le permettez, je rentrerai dans mes appartements.

Elle n'avait pas fini de prononcer ces paroles, lorsqu'un cri, suivi de cent cris, retentit dans l'espace. Un cheval, qui venait de franchir la clôture du jardin, arrivait, en faisant des bonds désordonnés, du côté de la terrasse. Indocile au frein, il entraînait son cavalier, longeant dans sa course fougueuse la muraille de pierre qui soutenait les terrains hauts. Il lançait littéralement du feu par les naseaux et poussait des hennissements pleins de rage.

— Agostinho ! s'écria Brigida, en voulant s'élancer.

Son mari prit un ton plaisant.

— Rassurez-vous, senhora, dit-il; c'est là un divertissement arabe que Agostinho veut donner à la noble compagnie ; cela s'appelle une *fantasia.*

A ces mots, un froid mortel glissa dans les veines de Brigida, et sa tête se remplit de bourdonnements étranges.

— Envoyez à son secours, senhor, s'écria-t-elle.

— Puisque je vous dit que c'est une fantasia, riposta le vieux négrier.

La terrasse où se tenait la société était élevée de deux mètres au-dessus du terrain parcouru par le cheval. Cependant les senhoras effrayées s'étaient précipitées dans la maison. Seule, Brigida était restée. Le danger que courait Agostinho la clouait à sa place. Elle éprouvait le besoin de partager toutes ses terreurs, toutes ses angoisses.

Les esclaves de l'habitation suivaient l'animal en poussant des cris, ce qui ne contribuait pas peu à augmenter sa frénésie. Comme si un ennemi invisible le harcelait impitoyablement, il bondissait avec fureur; puis il reprenait sa course fantastique du côté de la terrasse. Il arriva bientôt à quelques mètres seulement du lieu où se tenaient les invités. On put apercevoir Agostinho pâle, l'œil éteint, qui se cramponnait de toutes ses forces à la crinière. Les esclaves le poursuivaient toujours de leurs clameurs. Les souffrances du cheval devaient être cruelles, car son œil sanglant sortait de l'orbite, et de son naseau bruyant jaillissait une colonne de flammes; on l'aurait pris pour un des chevaux de l'Apocalypse. C'était affreux à voir! Poussant alors un hennissement sauvage, l'animal s'élança des quatre pieds à la fois et franchit la muraille qui le séparait de la grève.

Le nom de Brigida retentit dans l'espace, en même temps que le bruit de la chute parvenait aux oreilles de la compagnie.

La senhora Rebentão serait tombée à la renverse, si son époux ne l'eût soutenue. On la porta évanouie dans sa chambre. Voici ce qui venait de se passer :

Après que le senhor Agostinho eut pris congé, il demanda son cheval, qu'un nègre lui amena aussitôt. Ce nègre fumait. Par respect, il ôta le charuto de sa bouche pendant que le senhor moço enfourchait l'animal; mais, ce charuto, il l'approcha traîtreusement du naseau gauche où se montra aussitôt une faible lueur, accompagnée d'un léger pétillement. L'esclave venait d'allumer un morceau d'amadou introduit dans le naseau. On comprend dès lors la rage du cheval, sa course échevelée, ses fantastiques écarts, et enfin le saut terrible que, dans sa folle terreur, il venait d'accomplir.

La vengeance du senhor Rebentão était complète.

Le corps d'Agostinho, que la vague allait entraîner,

fut saisi par les nègres des canots et porté à la quinta. Les membres étaient brisés et la tête présentait une plaie horrible: Le jeune fidalgo respirait encore cependant, mais son état était désespéré. Deux heures après, il avait cessé de vivre.

Les invités retournèrent à la cidade.

En ouvrant les yeux, Brigida aperçut son mari debout devant elle. Elle frémit et jeta ses mains en avant comme pour le repousser.

— La fantasia est finie, dit l'ancien négrier en ricanant.

— Agostinho! où est le senhor Agostinho? demanda Brigida, incapable de feindre plus longtemps.

— Agostinho manquera au rendez-vous, senhora, repondit froidement le senhor Rebentão.

La Brésilienne se dressa comme un ressort.

Il lui montra le sélam qu'elle avait placé dans un vase sur la cheminée.

— Senhora, dit-il, les fleurs sont indiscrètes; celles-ci m'ont appris qu'Agostinho était votre amant; alors j'ai tué Agostinho.

Brigida poussa un cri étranglé.

— Votre amour donne la mort, ne l'oubliez pas, reprit d'une voix sourde le vieux négrier.

Mais sa femme ne pouvait pas l'entendre. Après le cri qu'elle venait de jeter, elle était retombée, comme foudroyée, sur son fauteuil.

Un mois après cette scène, nous retrouvons Brigida dans la maison d'une parente qui habitait São-Jorge. Elle avait écrit à Bahia, pour se plaindre de sévices graves exercés sur elle par son mari. Son père accourut aussitôt. A la vue du poignet de sa fille, qui portait l'empreinte d'une pression brutale, le fidalgo, sans égard pour les millions de son gendre, refusa de l'écouter et emmena Brigida.

— Demain, senhor, nous lancerons notre demande en séparation, dit le père, en franchissant le seuil du senhor Rebentão.

— Elle sera éternelle, ajouta d'un ton lugubre la femme du négrier.

Sa mucama et deux esclaves qui lui appartenaient suivirent la senhora hors de la maison conjugale. Elle emporta avec elle les fleurs flétries du sélam que lui avait envoyées Agostinho.

Quelques jours s'écoulèrent. La procédure était déjà commencée. Le fidalgo se rendit au port où se trouvait un navire en partance pour Bahia; il venait arrêter sa place et celle de sa fille qui attendrait, dans sa famille, la fin du procès intenté à son époux. La vieille tante était sortie en *cadeira* (chaise à porteurs) pour faire une visite. Brigida restait donc seule au logis. Elle appela ses deux esclaves, Gregorio et João.

— Voulez-vous être libres? leur demanda-t-elle.

On devine la réponse des noirs.

— Le senhor Rebentão m'a profondément outragée, reprit-elle; je veux me venger de lui. Allez le frapper au milieu de ses esclaves; mais qu'il sache, avant d'expirer, que c'est moi qui ai armé votre main.

João et Gregorio partirent.

L'ancien négrier allait monter à cheval, au moment où ils entrèrent dans la quinta.

C'était l'heure du jantar; les esclaves, réunis à l'ombre des bananiers, prenaient leurs repas.

Gregorio et son compagnon marchèrent droit au senhor Rebentão. João lui présenta un papier en forme de lettre. A peine avançait-il la main pour saisir le papier, que Gregorio lui enfonça son couteau dans la poitrine. João se rua à son tour sur le meurtrier d'Agostinho. Les esclaves de la quinta, témoins du crime, poussèrent bien des cris, mais ils ne firent aucune tentative pour défendre leur maître.

— C'est de la part de la senhora Brigida, murmurèrent les meurtriers à son oreille.

Jetant alors leurs couteaux, ils sortirent de la quinta sans avoir été inquiétés, et retournèrent tranquillement à São-Jorge [1].

— Est-il bien mort? demanda Brigida dès qu'elle les aperçut.

— Il a reçu quatorze coups de couteau, répondit Gregorio.

— Il a rendu le dernier soupir devant nous, ajouta João.

1. Ne croirait-on pas, vraiment, lire une page de la correspondance de Pline et de Tacite :

Largius Macedo, vir prætorius, à servis suis passus est... Superbus alioqui dominus et sævus. Lavabatur in villâ Formianâ; repente eum servi circumsistunt. Aliùs fauces invadit, aliùs os verberat, aliùs pectus et ventrem atque etiam (fœdum dictu!) verenda contundit.

Concubinæ cum ululatu et clamore concurrunt.

On le voit : les procédés de l'esclavage n'ont guère changé depuis les Romains.

Ainsi que Largius Macedo, le senhor Rebentão tombait, en plein jour, dans sa propre maison, au milieu d'esclaves vociférant, mais fort peu disposés à le secourir, sous les coups pressés de ses assassins.

— Vous êtes libres! leur dit la senhora.

Mais le bruit de cet audacieux assassinat était déjà parvenu à São-Jorge. Des agents de police furent aussitôt envoyés pour saisir les deux esclaves. João eut beau répéter qu'il avait obéi aux ordres de sa maîtresse et qu'il était devenu libre, et qu'on n'avait pas le droit de l'arrêter ; on lui lia les mains. Gregorio opposa une résistance désespérée. Il tua un des agents; il en blessa deux autres dangereusement, et enfin il parvint, en sautant par la fenêtre, à se sauver dans la campagne.

Telle fut la substance du récit de Lasaro.

Égarée par la passion, une femme, jeune encore, n'avait pas craint de commander un meurtre. Pour venger la mort du complice de sa faute, elle venait de faire assassiner son mari.

L'esclavage, cette négation de la justice et de l'humanité, apporte les plus graves perturbations dans le milieu où il exerce son action! S'il abrutit les opprimés, d'un autre côté, en proclamant la supériorité de la force sur le droit, il oblitère le sens moral des oppresseurs, et il les livre eux-mêmes à des passions sans frein.

L'esclavage, avec son cortége de plaisirs grossiers, conduit fatalement au culte de la matière et enfin au scepticisme. De là, la corruption des mœurs, le relâchement des liens sociaux, le mépris de la loi et de Dieu. Les maîtres avilissent leurs esclaves; les esclaves se vengent en inoculant leurs vices aux maîtres. Cette institution anti-chrétienne engendre, en effet, une lèpre corrosive qui mord au cœur les peuples du nouveau monde, détruit chez eux le germe des fortes, des nobles pensées, et les rend incapables d'une généreuse initiative pour l'œuvre féconde de la régénération.

L'esclavage barre au progrès le chemin de l'avenir.

Quel raffinement dans la vengeance de l'ancien négrier! mais aussi quel cynisme chez cette femme qui, en plein midi, à la face de tous, envoie deux esclaves dans la maison de son mari, avec la mission de l'égorger!

Le crime de Gregorio et de João est celui de l'ignorance.

Le crime de la senhora, plus odieux mille fois, est celui de la passion brutale, d'un égoïsme féroce, d'une impudente immoralité.

— Vous le voyez, senhores, dit Lasaro en terminant, Gregorio n'est pas le bandit qu'a désigné le senhor Macedo. Il a tué, cela est vrai; mais c'est pour obéir à sa maîtresse qui lui avait promis la liberté. Et cependant, s'il est pris, on lui passera la corde au cou, tandis que la senhora...

Il craignit d'achever.

— Eh bien! la senhora, on la pendra, lui dis-je.

Lasaro balança tristement la tête.

– Il n'y a pas d'esclaves dans le pays des senhores, reprit-il; cela se devine aux paroles du senhor. Qu'est-ce qu'un esclave? une brute, un *cachorro*, comme on nous appelle! Or, le témoignage d'un cachorro n'est pas reçu en justice. João a déjà accusé la senhora. S'il est pris, Gregorio l'accusera à son tour. Mais la senhora est une blanche; toutes les affirmations des noirs ne sauraient prévaloir contre ses dénégations. Il n'y a de prouvé que le meurtre du senhor Rebentão par Gregorio et João. On pendra les deux esclaves, et justice sera faite, ajouta-t-il avec une rage contenue.

Voilà l'idée que se font les noirs de l'impartialité des senhores. Je dirai bientôt l'enseignement qu'offrit le procès.

Pendant ce récit, les ombres qui voilaient le paysage avaient disparu. Quelques coléoptères sillonnaient encore les airs, mais sans laisser après eux de trace lumineuse. Les oiseaux commençaient leurs chansons, et déjà la cigale des tropiques, cet affreux insecte auprès duquel les cigales de Marseille et de Naples ont un gosier harmonieux, jetait dans l'espace son cri strident, qui révolte les nerfs les plus débonnaires. La nuit s'était subitement évanouie.

Sous ces latitudes, l'aube n'existe pas plus que le crépuscule. Le jour se fait tout à coup, et le soleil, en apparaissant brusquement à l'horizon, inonde aussitôt les campagnes d'un torrent de lumière.

Pour ma part, je n'aime point cet envahissement brutal de la clarté. J'affectionne ces demi-teintes que répand sur les objets la suite du jour, et j'éprouve une grande jouissance à suivre les transformations, lentes, du paysage, à l'approche de l'aurore.

On rêve délicieusement sous les voiles transparents qui enveloppent alors la création. Cette obscurité progressive, de même que cette lueur qui va s'agrandissant peu à peu, favorise on ne peut mieux le vagabondage de la pensée. L'âme s'assoupit et s'éveille par degrés. On est préparé pour les voyages romanesques, et mille fantastiques visions traversent l'esprit somnolent.

Ces heures favorables aux recueillements amoureux, aux poétiques méditations, n'existent pas sous les zones tropicales. Là, les jours et les nuits se partagent également le temps, et la nature y prend les allures régulières d'une ménagère hollandaise.

Plus virile qu'en Europe, toutefois, elle ignore le grand art des ménagements et des transitions qui appartient exclusivement à la femme; mais elle rachète, par la force et la magnificence, ce qui lui manque en délicatesse et en douceur. Elle étale dans ses tableaux une splendeur, une exubérance de vie, qu'on ne peut s'empêcher d'admirer, sans doute, mais qui finissent par fatiguer les yeux et l'esprit.

Imaginez-vous une villageoise aux formes opulentes, au visage rond et coloré, dont les joues, dont la poitrine éclatent dans le généreux épanouissement d'une santé trop florissante. Un sang chaud empourpre les chairs; la sève déborde. Un pareil déploiement de forces vitales me paraît une insolence de mauvais goût.

En serait-il plus beau le banquier qui porterait des colliers de pièces d'or et qui se couronnerait de billets de banque?

Cette campagnarde massive est moins séduisante, à coup sûr, que la pâle, la mièvre créature de nos salons, dont la beauté représente la distinction unie à la grâce.

A la luxuriante nature des tropiques, je préfère les lignes moins accusées, mais plus gracieuses de nos campagnes; de même qu'aux toilettes voyantes des femmes méridionales, je préfère les vêtements sobres, élégants, coquets dans leur savante simplicité, de nos frêles Parisiennes.

On doit pardonner, toutefois, à cette terre, sa merveilleuse végétation, parce qu'elle est folle et désordonnée dans sa parure. Ces *défauts*, qu'un grammairien appellerait des *vices*, composent à mes yeux son plus bel ornement. Sans les jeux imprévus du caprice, le paysage parlerait certainement à l'âme, mais il ne dirait rien à l'imagination. Ce serait la monotonie dans la magnificence.

Ne trouvez-vous pas qu'un ruban mal attaché et qui semble flotter au hasard; qu'une fleur placée sans règle, mais non sans goût, produisent parfois un effet plus saisissant qu'un diadème de diamants disposé d'après les principes consacrés? Le pêle-mêle harmonieux des lignes et des couleurs n'ôte rien de sa grandeur au tableau. Cette apparente incorrection est au contraire un trait de maître, une divine inspiration de la fantaisie, cette compagne rieuse du poëte. Le désordre! mais c'est la fantaisie, et la fantaisie c'est de l'*art*, tandis que la méthode n'est que de la *science*. La fantaisie! c'est la coquetterie et la grâce, choses que nous aimons tous!

A cause donc de ces défauts charmants, pardonnons à la nature tropicale ses qualités trop splendides, c'est-à-dire l'ampleur exagérée de ses lignes et le ton éblouissant de ses couleurs.

Telles étaient mes réflexions au moment où le soleil,

paraissant tout à coup, versa sur la campagne une immense clarté.

De magnifiques perspectives se révélèrent inopinément à nos yeux, comme des décors de théâtre.

Sur nos têtes, un ciel bleu-clair, agaçant presque, à cause de son uniformité; à gauche, la mer miroitante, dont la voix sourde arrivait jusqu'à nous; sur le second plan, deux navires courant des bordées le long des côtes, et dont les voiles ressemblaient à des tissus d'or, sous les rayons obliques du soleil. A droite et devant nous, des champs immenses de cotonniers et de caféiers; puis à l'horizon, loin, bien loin, après une ligne grise qui dessinait le *sertão* ou désert, on distinguait, à travers une vapeur lumineuse, une masse bleuâtre, profonde, mystérieuse, la forêt.

De temps en temps, une muraille blanche, percée de fenêtres vertes, nous souriait à travers un rideau de verdure; c'était une fazenda. On apercevait les nègres occupés à la récolte du coton, sous l'œil du feitor qu'on reconnaissait à son chapeau pointu, aux larges ailes, mais surtout à la chicote qu'il tenait à la main.

Le chant des esclaves parvenait jusqu'à nos oreilles.

Nous pressâmes le pas des mules indolentes, afin d'atteindre, avant la grande chaleur, l'abri des grands arbres.

A mesure que nous avancions vers le sud-est, les palmiers se montraient plus nombreux, et parmi eux, l'espèce appelée *coco de piassaba*, qui défraye si puissamment l'industrie de cette contrée.

Le terrain, en certains endroits, me parut mériter

l'attention d'un naturaliste. Le sulfate de fer y abonde; j'aperçus également des roches schisteuses qui trahissaient évidemment la présence de dépôts de charbon de pierre. Je ne doute pas que des recherches intelligentes, ordonnées par le gouvernement, ne fissent découvrir de nombreux gisements de ce minéral, qui apporterait un nouvel élément de richesse au commerce brésilien.

Le soleil commençait à darder sur nos fronts ses flèches impitoyables; mais nous n'en continuions pas moins à avancer courageusement, à la suite de Manoëla qui tenait constamment la tête de la colonne. L'excellente créature, qu'absorbait la pensée de son père, se retournait de temps à autre pour nous envoyer un gracieux sourire. Lorsqu'elle nous voyait essuyer notre figure, elle puisait dans son cœur quelque parole touchante; elle nous priait, par les souffrances du Christ, de ne point nous laisser abattre; ajoutant d'une voix émue que nous serions récompensés de nos fatigues, en assistant à la reconnaissance du vieil esclave et de sa fille.

Nous atteignîmes enfin la limite des terres cultivées; nous entrâmes alors dans le *sertão*, que nous coupâmes obliquement pour gagner l'angle de la forêt.

Le *sertão* est cette partie des terres soustraite encore à l'agriculture. Telles provinces, *Goyaz* par exemple, *Mato-Grosso*, *Maranhão*, possèdent un *sertão*, dont l'étendue est plus considérable que celle de bien des États européens. C'est dans ces solitudes inexplorées qu'errent des bandes farouches de sauvages, restées jusqu'ici rebelles aux avances de la civilisation.

Vous connaissez, par le récit des romanciers yankees, l'aspect désolé de ces grandes plaines couvertes de hautes herbes qui atteignent en certains endroits à la poitrine d'un cavalier. La sauge sauvage ou armoise (*artemisia tridentata*) forme de temps en temps des fourrés épais, dont les chasseurs ne s'approchent pas sans précaution, car, c'est dans ces fourrés que se cachent ordinairement les reptiles dangereux qui infestent le sertão. Les tiges, lorsque souffle la brise de mer (*viração*), ondulent et se courbent harmonieusement. Ce mouvement, qui rappelle celui des vagues paisibles, n'est pas sans charme. Malheureusement, les torrents de feu qui tombent incessamment d'un ciel embrasé dessèchent les herbes, et donnent à la plaine une couleur jaunâtre qui fatigue le regard. Il est vrai qu'il faut peu de chose pour rendre toute sa splendeur à la végétation. Quelques gouttes de pluie suffisent pour transformer le tableau et lui prêter une physionomie nouvelle qui repose l'œil et le réjouit.

L'immensité, quel que soit son aspect, provoque la rêverie. On est ému sur l'Océan, dans les déserts de sables de l'Arabie, dans les sertões, les pampas et les prairies de l'Amérique. Cet horizon sans limites parle de l'infini; il exalte les désirs de l'homme, et dirige ses aspirations vers les sphères éthérées, en lui montrant le peu de place qu'il occupe sur la terre. Pourquoi donc les hommes des solitudes ne sont-ils pas meilleurs que les habitants des villes? C'est que le désert a un langage qu'il faut savoir comprendre; c'est que les besoins du sauvage sont trop pressants, et son existence trop remplie par les soins directs, vulgaires, qu'exigent sa conservation et celle de sa famille; c'est que son intelligence est trop absorbée par la lutte brutale qu'il doit soutenir chaque jour, et que son âme, retenue au sol par des liens grossiers, ne peut alors s'élever jusqu'à l'admiration. Le sentiment de la nature est le privilége des esprits cultivés qui n'ont pas à se préoccuper des nécessités matérielles de la vie.

La forêt se dressait enfin devant nous.

Le rude trot de ma monture, autant que la chaleur, m'avait brisé. Je mis pied à terre et je pus respirer plus à l'aise.

Comme toutes les fazendas des environs s'élèvent sur les bords du Rio-dos-Ilheos, et que le transport des denrées et des marchandises se fait ordinairement au moyen de bateaux, on n'a pas compris encore la nécessité de tracer des routes sous ces voûtes sombres. La cognée des noirs a pratiqué déjà de grandes éclaircies, sans doute; mais les redoutables piquants des *pitahayas* (cactus chandeliers), des *agaves* (espèce d'aloès), des acacias, qui vous menacent sans cesse, et le vigoureux entrelacement des branches et des lianes, produisent, en maints endroits, une barrière à peu près insurmontable. Le soleil ne peut percer le dôme épais où le jour a de la peine à s'infiltrer. On vient de suffoquer de chaleur dans le sertão; dès qu'on a franchi la lisière de la forêt, on est saisi par une atmosphère lourde, humide, qui vous pénètre aussitôt.

Le courtier avait sauté à terre, lui aussi; son fusil lui brûlait les mains. Il prit les devants avec Manoëla et s'enfonça dans le taillis.

L'esclave João, — il était Cabinda de nation, — conduisait les mules. Moi et le Monhambala nous obliquâmes à gauche, mais, cependant, sans perdre de vue João et les bêtes.

Le noir et les mules servaient de trait-d'union entre le courtier et nous.

Le rendez-vous était donné à une espèce de carrefour situé au milieu du sentier suivi par João, et qu'on appelle dans le pays *trivio dos fétos*, à cause des fougères qui lui servent de ceinture.

Bien que rapprochés de la lisière du bois, nous aperçûmes un nombre prodigieux d'oiseaux au brillant plumage : le *Cotinga* bleu ou *Crejoa*, l'*Agami*, le *Cotinga* pourpre-noirâtre, l'*Ouantou* ou Pic à huppe rouge, et le *Teitei* moitié jaune-d'or et moitié bleu-foncé. Le *Teitei*, aussi appelé *Guaranthé-engera*, est, avec le *Moqueur*, un des chanteurs les plus éminents des forêts brésiliennes. J'abattis deux perroquets, — un *Sabiasicca* et un *Mayttaca*, — que Lasaro se mit aussitôt à plumer.

Nous vîmes également une foule de ces petits singes appelés *sahuis* (simia jacchus), qui font les délices des dames brésiliennes. Vifs, allègres, gracieux, ces animaux gambadaient sur nos têtes et faisaient mille tours de voltige qui nous réjouissaient fort. Quelques-uns, suspendus à une branche par leur queue prenante, se balançaient non loin de nous et semblaient nous braver.

Le sahui, plus mignon que le ouistiti, est assez rare dans les régions méridionales. Il ne commence à se montrer fréquemment qu'à partir de la province de

Bahia. Il est très-commun dans le Pernambucano, et c'est de ces parages que viennent ceux qu'on voit à Rio-de-Janeiro. Les sahuis sont des modèles d'amour conjugal. Il ne vont que par couple, et dès qu'on a saisi l'un des deux époux, il devient facile de s'emparer de l'autre. J'ai vu plus d'une fois le mâle se laisser mourir de chagrin, après la mort de la femelle. Celle-ci est digne de cet attachement, car, loin de son compagnon, elle dépérit et ne tarde pas à succomber.

Il y a cependant des exemples d'insensibilité chez ces quadrumanes, tout comme chez les hommes.

J'avais apporté en Europe un ménage de sahuis : c'était des marikinas ou sahuis rouges. Il n'est pas inutile de déclarer que la saleté de ces petites bêtes égale leur gentillesse. Je fus forcé, pour ce motif, de me défaire de mes deux prisonniers. Je remis la femelle à une dame qui en raffolait. La femelle ne put survivre à cette séparation; au bout de quinze jours, le désespoir l'avait tuée. *Senhor*, c'est le nom du mâle, fut triste pendant une semaine. Ce temps écoulé, il parut consolé. En ce moment, ses gambades et sa pétulante joie font le bonheur de Nadar, à qui je l'ai donné. Il a même engraissé, — le sans-cœur! — d'une façon exorbitante, et il est devenu gourmand comme un banquier retiré.

L'ingrat Senhor! il a complétement oublié celle qui est morte d'amour pour lui!

Cette histoire n'est guère édifiante, je le sais. Je ne l'ai racontée qu'afin d'établir que les sahuis dégénèrent, eux aussi, en quittant le pays du soleil. Dès qu'ils abordent en Europe, ils sont aussitôt envahis par le froid et deviennent une proie facile pour le scepticisme.

Je m'étais écarté, sans y prendre garde, de la direction convenue. Maintenant j'avançais avec précaution du côté d'un buisson de mangliers où je remarquais une certaine agitation. Lasaro me suivait, armé, en guise de *chifarote* ou couteau de chasse, d'un *facão*[1] parfaitement affilé.

Une tête qui ressemblait à celle d'un agouti se montra tout à coup, et l'animal, qui venait de m'apercevoir, prit son élan dans le bois.

J'avais déjà épaulé mon fusil; mais au moment où j'allais tirer, un cri du Monhambala me causa une distraction qui fit dévier le coup. L'agouti gagna les épais taillis, sans avoir été atteint, et moi, je me rapprochai aussitôt de Lasaro.

Celui-ci, le doigt tendu en avant, me désigna un objet à travers les arbres. Dans cet objet, je reconnus João agenouillé sur le sentier et gesticulant avec vivacité.

Les mules s'étaient arrêtées derrière lui.

Je commençai par recharger mon fusil; puis, nous nous glissâmes, Lasaro et moi, vers le Cabinda.

1. Le *facão* que j'ai entendu comparer improprement au *machete* des Espagnols, est une espèce de jusarme. Ignoré dans le nord de la France, le *facão* est d'un usage général en Provence où il s'appelle *foouci*.

Cette arme redoutable qui est, en même temps, un instrument agricole, puisqu'il sert dans les fermes pour mille petits travaux d'intérieur, mais principalement pour l'émondage des arbres, représente un pesant coutelas à double tranchant, dont un côté, recourbé et pointu à son extrémité, forme, avec l'autre côté, un angle droit.

La pantomime de l'esclave n'avait pas cessé; mais nous entendions maintenant des sons rauques, — prières ou imprécations, on ne sait, — qu'il tirait du plus profond de sa poitrine.

Nous n'étions plus qu'à une dizaine de mètres du Cabinda et nous ne distinguions pas autre chose, en face de lui, qu'un cable noir et jaune qui barrait le chemin. Nous avançâmes encore, moi, le doigt sur la gachette du fusil, Lasaro, son *facão* à la main !

Le Monhambala s'arrêta brusquement.

Un *Giboya !* murmura-t-il avec épouvante.

C'était, en effet, un *giboya,* ou boa constrictor, devant lequel Joào était agenouillé. Le monstre ne faisait aucun mouvement; à peine si un léger clignotement de la paupière indiquait qu'il n'était ni mort, ni endormi.

Le Cabinda superstitieux adorait, en sa personne, le dieu des reptiles, le redoutable Panga[1]. Il n'osait passer outre, mais il suppliait Panga de se ranger contre les arbres, afin que les pieds des mules n'écrasassent pas son corps divin.

L'immobilité du giboya et un renflement bien visible

1. Panga est adoré au Congo et par certaines autres tribus africaines. Ce dieu est représenté sous la forme d'un bâton tortu barbouillé d'ocre rouge et surmonté d'une tête hideuse. Panga se change souvent en serpent; il délègue son pouvoir à ses prêtres.

Dans les Antilles, cette superstition s'appelle le *vaudoux*.

L'ex-empereur d'Haïti, Faustin Ier, était un des plus fervents adorateurs de la *coulœuvre sacrée*.

Consulter sur le culte de Panga et l'organisation sacerdotale notre travail intitulé : LES NÈGRES CHARMEURS.

vers le milieu du corps, m'apprirent la cause de la débonnaireté du serpent.

Celui-ci était fraîchement repu, et, sous l'action lente, pénible, de la digestion, il restait incapable de se mouvoir.

Malgré l'instinctive horreur que m'inspirent les reptiles, mon parti fut pris aussitôt. Un des canons du fusil était chargé avec du gros plomb; m'approchant de la hideuse bête, je la couchai en joue.

Le Cabinda s'élança vers moi : il me supplia, en joignant les mains, de ne pas tirer, si je ne voulais avoir bientôt affaire à toute la famille des serpents.

Cette éventualité, on le comprend, n'aurait guère influé sur mes intentions, si Lasaro n'était intervenu de son côté. C'était pour un motif plus sérieux que le Monhambala me dissuadait de faire feu.

— Le plomb, observait judicieusement Lasaro, peut glisser seulement sur les écailles, ou bien n'atteindre le giboya que tout juste assez pour l'arracher à son engourdissement. Dans un de ces deux cas, dans le dernier, surtout, la colère du reptile serait terrible, et peut-être mortelle pour nous.

Lasaro raisonnait parfaitement.

— Mais pourtant, observé-je, nous ne pouvons pas laisser João agenouillé, jusqu'à la fin de sa digestion, devant l'incarnation de Panga.

— Qu'à cela ne tienne, répondit le Monhambala. Je me charge de précipiter la digestion du dieu des Cabindas, et aussi de débarrasser le chemin, afin que les mules puissent passer.

Et brandissant son facão, il s'approcha, à son tour, du giboya.

Je restai à ma place, le fusil à l'épaule, le doigt sur la gâchette, en position de foudroyer le monstre si celui-ci, réveillé par la souffrance, tentait quelque mouvement agressif.

Cette précaution devait être inutile.

João eut beau menacer son camarade de la vengeance de Panga; Lasaro leva le bras et, d'un seul coup, il partagea le serpent en deux moitiés.

En même temps que le sang jaillissait par une double issue, les tronçons s'agitèrent furieusement; ils rampèrent ensuite l'un vers l'autre, comme pour se ressouder. Dans ses convulsions, l'un d'eux rejeta un animal à demi digéré qui me parut appartenir à l'espèce féline. C'était, si je ne me trompe, un gato-murisco (*felis yaguarundi*).

Le giboya mesurait de quatre à cinq mètres de long.

La terreur peinte sur la figure de João ne saurait se décrire; elle contrastait avec l'air conquérant, et même un peu fanfaron, du Monhambala.

Lasaro toisa dédaigneusement le Cabinda.

— Grâce à moi, dit-il, cette vilaine bête ne fera plus de mal à personne. Quant à ses frères, voici qui les mettra à la raison, s'ils osent venir nous attaquer, ajouta-t-il en montrant son facão.

Nous nous étions remis en route; mais toujours, après avoir fait deux ou trois pas, João se retournait en frissonnant. Le nègre abruti se figurait avoir à ses trousses tous les congénères du boa. Dans sa pensée, le tronc de chaque arbre cachait un reptile prêt à s'élancer sur lui.

Lasaro abusait trop, vraiment, de sa facile victoire, en raillant sans pitié son camarade. Maintenant il fredonnait à ses oreilles une chanson qu'il venait d'improviser, et dont le refrain disait que Panga, si redouté des Cabindas, n'osait tenir tête ni aux blancs, ni aux vaillants Monhambalas.

João, attaqué dans sa croyance et dans son amour-propre, ne proféra pas un mot; mais le regard sinistre dont il enveloppa Lasaro, put apprendre à celui-ci qu'une haine personnelle venait de s'ajouter à la rivalité hostile qui divisait les deux nations, Cabinda et Monhambala.

La vengeance de João ne devait pas longtemps se faire attendre.

Notre petite caravane avait repris sa marche, lorsqu'une double détonation nous fit tressaillir.

Est-ce là un appel? Fruchot et Manoëla courent-ils quelque danger? Quelque jaguar, quelque cascavel a-t-il attaqué les chasseurs? Peut-être Gregorio rôde-t-il dans ces parages, et une lutte s'est-elle engagée avec l'assassin du senhor Rebentão!

Je remontai sur ma mule, que je fouettai d'importance, après avoir ordonné aux noirs de se hâter derrière moi.

Bientôt des cris et des hurlements frappèrent nos oreilles. La forêt parut remplie d'une agitation extraordinaire. Le bruit se rapprochait de plus en plus; nous remarquâmes dans les arbres un mouvement dont la cause nous fut bientôt connue.

Plusieurs centaines d'acrobates velus couraient parmi les branches : nous nous trouvions en présence d'une véritable armée de singes.

J'armai mon fusil.

En arrivant près de nous, les quadrumanes se dispersèrent sur les arbres qui surplombaient nos têtes ; quelques-uns, plus audacieux, parurent vouloir nous barrer le passage. Il y en eut un, l'effronté ! qui s'établit dans la bifurcation d'un cacaoyer et qui nous regarda fixement, en faisant les grimaces les plus comiques. Son œil rond brillait comme une escarboucle, et ses deux lèvres, qui se choquaient avec fureur, laissaient apercevoir une double rangée de dents menaçantes. Dansant sur ses jambes de derrière, appuyé de celles de devant contre une branche, il semblait prêt à bondir sur celui de nous qui passerait à sa portée. Au milieu de ses contorsions, un coup de fusil partit, puis un second, et le singe tomba à nos pieds. Une immense clameur retentit alors. Le feuillage s'agita comme au passage d'une tempête, et l'armée des quadrumanes, sautant de branche en branche, d'arbre en arbre, ne tarda point à disparaître dans les profondeurs de la forêt.

Cet épisode nous avait réjouis. Je rechargeai mon fusil afin d'être prêt en cas d'une nouvelle alerte, et nous poursuivîmes gaiement notre route. Une demi-heure après cette rencontre, nous aperçûmes le courtier et João qui nous attendaient au pied des fougères.

A mesure que nous nous rapprochions de la fazenda du senhor Miguel Pedragulho, l'impatience de Manoëla devenait plus vive. La Mina harcelait les deux noirs, pendant qu'ils déchargeaient les provisions; si nous avions voulu la croire, après avoir mangé un morceau sur le pouce, nous nous serions remis aussitôt en route.

— N'est-ce donc rien, senhores, disait-elle, d'être libre une heure plus tôt? Pensez donc aussi que depuis plus de dix ans je n'ai pas vu mon père, et que je viens briser ses fers!

Le motif était trop louable pour n'être pas pris en considération.

Pendant que João, toujours taciturne, surveillait la cuisson des deux perroquets que j'avais tués et d'une aigrette (espèce de héron blanc) abattue par Fruchot, Lasaro suspendit nos hamacs aux branches des fougères. Il n'est pas inutile de dire que ce végétal, chétive plante en Europe, devient, sous ces latitudes, un arbre respectable, ayant quarante et même cinquante pieds de hauteur.

Nous fumions un cigare, paresseusement étendus dans nos lits aériens, lorsqu'un bruit sourd, pareil à celui que produisent plusieurs chevaux, parvint jusqu'à nous. Le Cabinda releva la tête et frémit de tous ses membres. Il s'imaginait sans doute entendre la marche de l'armée des reptiles, qui, guidée par Panga, s'avançait pour venger le meurtre du giboya. Lasaro fit quelques pas en avant; il se replia bientôt vers nous, en murmurant :

— *Os capitães! os capitães!* (les capitaines!)

Deux cavaliers, venant du nord-est, se dirigeaient, en effet, de notre côté. A mesure qu'ils approchaient, nous distinguions près d'eux trois prisonniers enchaînés, dont deux nègres.

— Gregorio! c'est Gregorio! s'écria Lasaro consterné.

Les cavaliers atteignirent enfin le massif de fougères, où nous venions d'établir notre domicile provisoire.

Leur aspect n'était guère rassurant, vous allez en juger, et leur costume rappelait celui des capitaines de bandits que nous servent invariablement les mélodrames du boulevard; il était plus pittoresque toutefois.

Ce costume se composait d'un pantalon, ou plutôt d'un caleçon de toile qui s'arrêtait au-dessus du genou, d'une chemise de laine à poignets droits et d'une pièce de drap grossier, moitié *poncho*, moitié manteau, jetée sur les épaules avec une certaine grâce; un chapeau à larges bords couvrait la tête, et l'absence de la cravate laissait apercevoir les attaches d'un cou nerveux et court, comme celui d'un taureau des pampas. L'un d'eux avait la jambe entièrement nue, et nulle chaussure n'abritait son pied armé d'un éperon dont la mollette à dents aiguës était ensanglantée.

L'autre portait de longues bottes qui montaient jusqu'au dessus du genou et qui rejoignaient ainsi le caleçon. C'était la seule différence qui existât dans l'accoutrement de ces deux hommes. Tous deux étalaient également une ceinture garnie de pistolets et de poignards, et chacun tenait à la main un fusil évasé en tromblon qui donnait à réfléchir.

Ces deux personnages étaient des mulâtres dans la force de l'âge. De taille moyenne, mais vigoureusement charpentés, ils portaient la tête haute, comme il convient à des gens qui connaissent leur valeur et qui professent pour leur personne une profonde estime. L'œil était hardi ; la pose, altière et superbe, tenait de celle du fidalgo et de celle du soudard. Des moustaches drues et épaisses ombrageaient la lève supérieure ; ils la caressaient avec des façons conquérantes, pendant que Lasaro, jaune de peur, se serrait contre moi, en répétant sur tous les tons :

— Gregorio ! ils ont pris Gregorio !

Ces visiteurs à mine rébarbative appartenaient à une milice instituée au Brésil au commencement du dernier siècle, et définitivement organisée en 1722. C'est de cette année seulement que datent les règlements qui déterminent les fonctions et spécifient la rétribution à laquelle ses membres ont droit. Ce sont les *Capitães-do-mato*, capitaines des bois. Le *Capitão-do-mato* est toujours un homme de couleur, mais libre. Il doit être fort, audacieux, dur à la fatigue, et méprisant assez le danger pour être toujours prêt à remplir les missions difficiles qui lui sont confiées. Cette milice, créée à une époque où l'on craignait une révolte des noirs de la province de Minas-Geraes, est fort redoutée des esclaves marrons qu'elle traque sans cesse et partout. Chaque capture est payée cent cinquante-six francs que les Capitães-do-mato se partagent entre eux.

Rio-de-Janeiro a ses *Pedrestes* spécialement chargés de poursuivre les noirs fugitifs, et qui forment un corps nombreux appartenant à la police locale. La province remplace les Pedrestes par les Capitães-do-mato.

Les deux personnages qui m'avaient fait penser aux bandits de mélodrames et d'opéras-comiques, étaient donc deux gendarmes brésiliens.

Trois prisonniers, dont les mains étaient liées avec des cordes, les suivaient.

L'un de ceux-ci était un homme de haute taille, ayant, comme Lasaro, un chapelet de chair qui lui partageait la figure. Pour tout vêtement, il avait une chemise déchirée qui laissait voir sur sa poitrine des traces sanglantes. Il y avait du sang aussi à son épaule gauche et à ses jambes. C'était là l'indice, sans aucun doute, d'une lutte acharnée entre les capitães et lui.

L'autre, moleque d'une dizaine d'années, montrait une physionomie insouciante et mutine ; il était mulâtre comme les capitães.

Le troisième enfin, vieillard à barbe blanche, avait un aspect hideux, bien qu'il portât sa tête avec une majesté réelle qui indiquait l'habitude du commandement.

C'était là évidemment un *Peau-rouge*.

En reconnaissant sa nationalité à certaines marques caractéristiques, je ressentis un frisson de terreur.

Ce vieillard était un Indien boticudo, et les Boticudos, je ne l'ignorais point, n'ont pas tous renoncé à l'anthropophagie, ainsi qu'on le verra bientôt.

Disons tout de suite que le noir enchaîné représentait, en effet, ce redoutable Gregorio dont Lasaro m'avait si longtemps entretenu.

Les capitães nous saluèrent courtoisement ; mais ils jetèrent un regard dédaigneux sur Manoëla et sur les deux esclaves. Ils nous demandèrent si nous voulions leur *faire la faveur* (*fazer o favor*) d'un charuto.

Pendant que Fruchot leur tendait son étui à cigares, Lasaro s'était précipité aux pieds du prisonnier, en donnant tous les signes du plus profond respect. Un des capitães l'aperçut; il le menaça, en jurant, de la crosse de son fusil.

— Tu demandes sa bénédiction à un assassin! *burro* (mulet)! s'écria-t-il avec colère.

— Gregorio était un chef redouté avant d'être esclave, répondit Lasaro. Il est toujours le chef des Monhambalas.

— Ce n'est qu'un affreux scélérat! reprit le capitão.

Gregorio jeta un regard haineux au mulâtre et se contenta de répondre :

— La blanche a commandé et Gregorio a frappé. Un esclave doit obéir.

— Tu mens! tu mens, cachorro! s'écria le capitão. C'est pour ton propre compte que tu as égorgé le senhor Manoël Rebentão.

Gregorio ne releva pas cette apostrophe, mais il dit tout bas quelques mots à Lasaro, en lui montrant ses jambes meurtries et ses pieds déchirés.

Les gendarmes, après avoir allumé leurs cigares et absorbé chacun un verre de cachaça, donnèrent le signal du départ.

Lasaro s'approcha de nous.

— Gregorio est blessé, dit-il, et la souffrance l'empêche de faire un pas de plus; il supplie les senhores d'obtenir pour lui quelques instants de repos.

L'humanité nous commandait d'écouter sa prière;

mais les capitães se dirent pressés d'arriver chez le maître du petit moleque. En conséquence, ils répétèrent l'ordre de se mettre en route.

Gregorio était lié de trop près pour pouvoir se coucher par terre. Il se roidit et retint le cheval du gendarme qui le conduisait. Celui-ci lui asséna plusieurs coups de crosse de fusil sur les reins; l'esclave ferma les yeux et se laissa traîner.

— Mort ou vivant, tu viendras avec nous à la fazenda du senhor Miguel Pedragulho! s'écria le capitão, en enfonçant son éperon dans le poitrail du cheval.

Le gendarme brésilien partageait, sans le savoir, l'opinion que nourrissait le duc Ulric de Wurtemberg, à propos de l'infériorité native du paysan.

« Le paysan, disait le duc Ulric, n'est qu'une bête somme qui, tombée sous la pesanteur du fardeau, se relève après quelques coups de fouet appliqués sur les épaules. »

Croirait-on que cette doctrine infâme ait pu être léguée, — à travers la révolution de 89, — par le stupide préjugé de la naissance, à son digne fils, le non moins stupide préjugé de la couleur?

Hélas! cela n'est que trop vrai!

Évidemment, l'esclave, qu'on n'appelle que *burro* et *cachorro*, occupe un rang bien inférieur à celui du manant, dans la grande classification des animaux vertébrés. Or, la science ne protesterait-elle pas si l'on avait pour le mulet noir des esclavagistes, même lorsqu'il est blessé, les ménagements que la féodalité refusait au baudet blanc du duc Ulric?

Cela est horrible; mais enfin, l'esclavage étant admis, cela est logique.

En dépit de la logique et de la science, nous n'en fûmes pas moins révoltés de l'acte brutal du capitão, car il était évident pour nous que Gregorio ne pouvait plus marcher. Nous implorâmes de nouveau la pitié des mulâtres; mais ceux-ci persistèrent à soutenir que l'*assassin*, ils ne l'appelaient que de ce nom, y mettait de la mauvaise volonté. Cependant, sur mon observation que nous nous rendions, nous aussi, chez le senhor Pedragulho, les capitães prêtèrent l'oreille à un arrangement. Ils consentirent à faire halte et à partager notre repas. Après le *jantar*, nous devions nous diriger ensemble vers le but qui nous était commun.

Ce point arrêté, les liens de Gregorio furent soigneusement examinés; puis, l'extrémité de la corde qui serrait ses mains fut amarrée solidement à un arbre. L'esclave se laissa tomber à terre.

Le Peau-rouge avait également les mains liées derrière le dos.

Son âge avancé, la fierté qui brillait dans son regard, m'intéressèrent tout d'abord à lui, malgré l'horrible laideur de sa face. La curiosité venait d'étouffer la peur chez moi. Anthropophage ou non, je brûlais de l'interroger. Pourtant, avant de céder à mon envie, je m'approchai des mulâtres qui étaient en train de débrider leurs chevaux, et je leur adressai quelques questions à son endroit.

— Ce mécréant, me répondit l'un d'eux, est plus connu que nous dans la contrée. On l'a surnommé *Tio*

Barrigudo et aussi l'*Avocat-Rouge*, parce qu'il pérore toujours en faveur de l'indépendance des tribus, et qu'en matière de religion, il tient tête aux Padres eux-mêmes.

Entre nous, il y a dans son fait un peu de jalousie d'état, puisque l'Indien est un *Piaye* (prêtre, devin) renommé dans les forêts.

Sa tribu a été entièrement détruite, il y a quatre ans, à cause de ses nombreux méfaits sur les bords du São-Francisco. Son âge a sauvé Tio Barrigudo qui a été interné dans l'aldée *Barra-do-Salgado*, où se trouvaient déjà réunis 120 ou 130 Boticudos.

Oh ! les gueux de Peaux-rouges !

Au lieu d'écouter les instructions des *Padres*, et de vivre comme de bons chrétiens, croiriez-vous qu'ils n'aspirent qu'à regagner les solitudes du sertão?

Et dire que ces brutes-là ont reçu le baptême ! Oui, senhores, on a donné le baptême à ces mangeurs de chair humaine; mais, ils n'en sont pas restés moins païens qu'auparavant; et la preuve, c'est qu'ils ne peuvent pas s'accoutumer à l'existence des civilisés, et qu'ils ne rompent jamais avec leurs vieilles superstitions.

Quatre d'entre eux ont réussi dernièrement à abandonner l'aldée, et, nécessairement, ils ont pris aussitôt le chemin de la *Lagoa*. C'est toujours de ce côté que se dirigent les Boticudos, lorsqu'ils parviennent à tromper la surveillance dont ils sont l'objet.

Vos Seigneuries ignorent sans doute cette particularité : la *Lagoa*, située en amont du Patype, servait autrefois de rendez-vous de chasse aux Boticudos. Le lieu était bien choisi, car il n'a pas cessé d'être giboyeux; et, pour ma part, j'y ai tué pas mal de patos, de tijès, de cabiais et de poules sultanes. Aujourd'hui encore, bien que les tribus soient dispersées, il est resté pour elles le *Lac Sacré.*

C'est sur ses rives, cela va sans dire, que s'accomplissaient les sanglants sacrifices et les horribles festins de ces cannibales.

Puisque nous devons faire ensemble un bout de chemin, je raconterai à Vos Seigneuries la légende boticudo de la *Mãe das aguas*, dont la scène se passe à la *Lagoa.*

Donc, quatre de ces mauvais chrétiens ont pris la fuite, et, suivant leurs habitudes, ils ont emporté un fusil qu'ils avaient dérobé à un de leurs surveillants.

Heureusement, lorsque cette évasion a été signalée, nous battions déjà le sertão depuis plusieurs jours, à la recherche de Gregorio.

Nous avons atteint les Boticudos, qui ont aussitôt fait feu sur nous. Le drôle qui a tiré n'est ni manchot, ni myope, car sa balle a troué mon chapeau, ainsi que le senhor peut s'en assurer.

Mais la riposte a été terrible.

Deux des quatre Peaux-rouges sont tombés sous nos coups.

Le troisième, doué d'une agilité extraordinaire, a réussi à s'échapper.

Par malheur, c'est celui qui a tiré sur nous, et nous n'avons retrouvé ni le fusil, ni, surtout, les munitions qu'il avait dû emporter de l'aldée.

Maintenant qu'il connaît le maniement des armes à feu, cet Indien va devenir un adversaire redoutable.

J'espère pourtant que nous nous reverrons bientôt à portée de fusil, et alors nous entamerons ensemble un petit bout de conversation.

L'Avocat-Rouge, lui, a essayé de dételer pendant la bataille; mais il n'a pu aller bien loin. La faiblesse de ses jambes nous l'a livré, après une course insignifiante.

Nous allons le remettre aux autorités de São-Jorge, qui en feront ce qu'elles voudront; mais je jure bien que le vieux sorcier ne reverra jamais plus le Lac Sacré, du moins tant que Santa-Maria et l'Illustrissime senhor Francisco Valcoreal tiendront la campagne, ajouta-t-il en se tournant vers son camarade.

— Quant au Boticudo qui nous a brûlé la politesse, je me charge de le ramener à São-Jorge avant la fin de la semaine, pourvu que mon noble ami, le senhor Santa-Maria, fasse partie de cette expédition, répliqua le second gendarme.

— Avec vous, senhor, j'affronterai une tribu de Peaux-rouges, déclara Santa-Maria, en s'inclinant profondément.

— Avec Votre Seigneurie à mes côtés, je défierai tous les Boticudos de la contrée, affirma Valcoreal, qui renchérit encore sur l'exagération de l'autre mulâtre.

Je laissai les deux capitães s'encenser à leur aise, tout en donnant des soins à leurs chevaux.

Pendant qu'on étalait les provisions sur l'herbe, je m'approchai du Peau-rouge.

CHAPITRE V

Un Peau-rouge. — Les hommes de couleur : ce qu'ils sont; ce qu'ils seront

J'ai dit tout à l'heure que l'Indien était hideux.

Le lecteur va en juger.

Tio Barrigudo (l'oncle Barrigudo), ainsi surnommé à cause du rôle important que joue cet arbre dans l'économie domestique de sa nation, est un vieillard sec et anguleux. Sa peau, ridée comme un parchemin, n'a pas conservé cette couleur d'un brun rougeâtre qui est particulière à sa race; la teinte rougeâtre s'est effacée avec l'âge; elle a été remplacée par ce ton jaunâtre, — un jaune sale, — que l'on remarque chez les *Mamalucos* et chez certains créoles d'origine suspecte.

L'os saillant des joues, le nez épaté, les jambes longues et grêles, et les yeux divergents, ne laissent aucun doute sur la race à laquelle il appartient.

Ce qu'offre d'horrible cette physionomie, c'est l'absence de cils et de sourcils; c'est aussi la longueur exagérée des oreilles dont le lobe élargi présente une ouverture ronde; c'est surtout une lèvre inférieure partagée en deux, tirée outre mesure, descendant jusqu'au milieu du menton, et laissant à découvert une mâchoire vide, décharnée.

Le trou circulaire des oreilles provient du séjour prolongé de ces plaques de bois, séchées au feu, dont se compose une partie de la parure des guerriers.

Le déchirement de la lèvre inférieure a une cause analogue. La *botoque*, malgré l'extrême extensibilité de la fibre musculaire, finit avec le temps par rompre les chairs sous son poids. On les rapproche alors et on les recoud avec une liane.

Soit que l'opération n'ait pas été pratiquée; soit qu'elle n'ait pas réussi, la double lèvre du Piaye pend flasque, molle, sur le menton.

Bien que, depuis plusieurs années, Tio Barigudo eût renoncé à l'ornement bizarre usité dans les tribus sauvages, et qui rend si effrayante la tête du Boticudo *bravo* (insoumis), les marques de la botoque subsistent encore chez lui.

Aussi, ces oreilles qui touchent presque aux épaules, comme celles d'un limier; cette bouche démeublée et pendante, donnent-elles une expression repoussante à la figure du vieux chef. Seule, son attitude est restée digne, hautaine même, malgré les cordes qui lient ses mains; et ses yeux, auxquels ni l'âge, ni l'adversité n'ont rien enlevé de leur vivacité grave, reflètent une fierté méprisante qui est, à défaut de paroles, comme la suprême bravade adressée par le vaincu à son vainqueur.

J'en suis bien fâché pour les historiens qui ont doté les Boticudos d'une stupide indolence, d'une apathie abrutissante qui exclut tout travail de la pensée. L'individu que j'avais là devant moi était vivant, bien vivant, de corps et d'esprit. Il allait bientôt me fournir la preuve que d'énergiques sentiments d'amour et de haine remplissaient son âme.

D'abord l'Indien se renferma dans un dédaigneux silence. Je l'avais appelé *Tio* (oncle) par déférence, en lui demandant si les quatre années passées chez les blancs n'avaient pas diminué ses regrets pour la vie indépendante, mais difficile, qu'on mène dans les grands bois.

Le vieillard me toisa superbement sans vouloir me répondre; son regard, toutefois, me disait tout ce que sa bouche refusait de m'apprendre.

Connaissant la passion des Indiens pour les liqueurs fortes, je lui présentai un verre de cachaça. Ce fut là une excellente inspiration.

Tio Barrigudo, en me désignant de l'œil ses mains liées, me fit comprendre qu'il accepterait volontiers mon offre, s'il pouvait en profiter.

Sur ma responsabilité personnelle, j'obtins des capitães que les cordes seraient détachées pendant la durée de notre entretien.

— Que le senhor francez, toutefois, prenne garde à lui, observa en ricanant un des mulâtres. Il reste encore deux dents à ce vieux cannibale, et depuis quatre années ces deux dents n'ont pas mordu dans de la chair de chrétien.

Je trouvai cette plaisanterie de fort mauvais goût en ce moment. Néanmoins, je rendis l'usage de ses membres à Tio Barrigudo.

Celui-ci se montra profondément étonné, puis extrêmement touché de mon action. Il me remercia en langue portugaise, déclarant qu'à mon procédé plus encore qu'à mon accent, il devinait que j'appartenais à une autre nation que celle de ses ennemis.

Avant de porter le verre à sa bouche, le Boticudo répandit quelques gouttes du liquide sur le sol. J'appris de lui que cette libation s'adressait d'abord à Tarou, le Créateur de tous les êtres, et ensuite aux divinités inférieures qui habitent les forêts.

Il but alors quelques gorgées de cachaça; puis, désignant Gregorio étendu au pied d'un arbre, il me pria de lui porter le reste de la liqueur.

Cette attention délicate me surprit beaucoup, car je n'ignorais point que les Peaux-rouges poussent encore plus loin que les créoles le mépris et l'aversion pour les nègres.

Apparemment le Piaye lut dans ma pensée, puisqu'il reprit aussitôt :

— Gregorio est un misérable esclave, sans doute; mais il est prisonnier comme moi, et les *Faces-sombres* l'ont à moitié tué. Tarou est le dieu terrible, mais juste, et le dieu des *Visages-pâles* ordonne de secourir ceux qui souffrent.

Un anthropophage pratiquant la charité, voilà qui est bien étrange, et presque incroyable, n'est-il pas vrai?

Gregorio acheva de vider le verre, avec mon aide; il se tourna alors péniblement vers le Boticudo.

— Gregorio remercie son tio indien, murmura-t-il d'une voix affaiblie. Si Gregorio devient jamais libre, le tio peut compter sur le dévouement absolu de Gregorio.

Le Piaye dédaigna de répondre, et l'esclave se laissa retomber sur l'herbe.

Cet acte d'humanité, accompli en commun, eut pour effet de supprimer tout préambule oiseux, et de placer ainsi immédiatement la conversation sur son véritable terrain, le terrain de la confiance.

Après avoir plaint Tio Barrigudo d'être tombé entre les mains des Capitães-do-mato, j'ajoutai que je le croyais doué de trop de cœur et d'intelligence pour ne pas espérer qu'il se réconcilierait un jour avec la civilisation.

Ce dernier mot le fit tressaillir.

Son farouche amour pour la liberté éclata aussitôt dans cette exclamation qui sortit, avec un sourd ricanement, de sa poitrine :

— Ah! oui, la civilisation! Je l'ai rencontrée plus d'une fois sur mon chemin. Les Visages-pâles la portent au canon de leurs fusils, et ils la lancent volontiers dans le désert, en compagnie du mensonge, de la spoliation et du meurtre.

Tout l'orgueil, toute la haine que peut contenir l'âme d'un Indien, venaient de faire explosion dans ces quelques paroles.

Je voulus naturellement réhabiliter à ses yeux la race blanche, en démontrant le magnifique rôle d'initiation qu'elle remplit dans le monde.

Le bien-être dont l'on jouit dans les villes et qu'on ignore dans les forêts, c'est elle qui l'a conquis par le travail. La liberté même, cette liberté qu'il regrette tant, sans la comprendre assez, n'est, à tout prendre, qu'un fruit de la civilisation. En somme, les Visages-pâles, que les Peaux-rouges considèrent à tort comme des ennemis implacables, ne sont que les vaillants soldats de l'humanité.

Le vieux Piaye m'avait écouté attentivement, sans protester autrement contre mon argumentation, que par un ironique sourire qui restait en permanence sur sa lèvre déchirée.

La fin de ma dernière phrase le fit de nouveau ressauter, et un éclair fauve jaillit de sa prunelle.

— Je connais encore ce mot-là, proféra-t-il amèrement. Les Piayes de l'aldée me l'ont répété vingt fois par jour, depuis quatre ans qu'ils me tiennent en leur pouvoir. Les Piayes de l'aldée prononcent de beaux discours; mais les actes des civilisés démentent leurs paroles.

S'animant à mesure qu'il parlait, il reprit :

— C'est par humanité, n'est-ce pas? que les Visages-pâles envahissent nos solitudes, et qu'ils nous arrachent par la violence l'héritage de nos pères? C'est encore par humanité qu'ils nous refoulent au fond du désert et qu'ils nous massacrent, si nous tentons de défendre contre eux nos territoires de chasse, nos familles et notre indépendance séculaire?

Enfin, c'est par humanité, toujours par humanité, qu'ils enchaînent les survivants, — de pauvres vieillards comme moi, — et qu'ils les emmènent en captivité?

Oh! je le jure par Tarou, le Créateur du monde,

comme votre civilisation, j'ai votre humanité en horreur !

Il achevait ces mots, lorsqu'un miaulement retentit dans les profondeurs du bois.

Tio Barrigudo s'arrêta et tendit l'oreille.

Deux fois encore le miaulement se fit entendre.

Par hasard, en ce moment, j'avais les yeux fixés sur Gregorio. Je vis l'esclave se tourner de notre côté, et il me sembla que le Piaye et lui échangeaient un regard d'intelligence.

Les capitães étaient toujours occupés avec leurs chevaux; ils ne se dérangèrent pas pour si peu.

Le courtier, ardent chasseur, saisit son fusil.

— Voilà un jaguar à qui je vais faire parvenir ma carte de visite, dit-il.

— Défiez-vous ! observa le capitão Santa-Maria. Il se pourrait que le prétendu jaguar ne fût autre que le Boticudo fugitif qui envoie un signal à Tio Barrigudo. Vous ne connaissez pas comme nous toutes les ruses de ces païens. Si j'ai deviné juste, ne manquez pas celui-ci. Un Boticudo est plus dangereux qu'un jaguar, surtout lorsqu'il connaît l'usage des armes à feu.

— Et nous, nous aurons l'œil sur le vieux sorcier, déclara le second capitão. S'il bouge... je me charge de l'expédier aussitôt pour les vallées heureuses où le grand Tarou réunit les guerriers après leur mort, ajouta le mulâtre, que son contact fréquent avec les Indiens n'avait pas laissé étranger à leurs superstitions.

Les paroles des deux gendarmes me donnèrent à réfléchir, car elles expliquaient, jusqu'à un certain point, l'envoi de la cachaça à l'esclave blessé, et le coup d'œil d'intelligence que j'avais cru voir échanger entre Tio Barrigudo et Gregorio. Ce qui achevait de donner à ces paroles un sens précis, c'était une expression d'inquiétude que je venais de saisir dans les yeux du Boticudo, au moment où mon ami s'élançait dans la forêt.

Et pourtant !...

L'idée d'une entente entre un Indien et un nègre était trop absurde pour être admise.

Voyons; en supposant que ces deux hommes, qui s'ignoraient la veille, soient présentement réunis dans un même sentiment de haine; en supposant que par extraordinaire ils soient parvenus à se concerter ensemble; comment et où aboutira le complot d'un vieillard et d'un moribond enchaînés?

Et même, l'intervention du Boticudo armé qui tenait la campagne, comment pourrait-elle réaliser les espérances des deux prisonniers?

L'Indien lâchera son coup de feu; il tuera un des capitães; je le veux bien.

Et puis?

Sans compter Manoëla qui, pourtant, sait manier un fusil aussi bien que pas un de nous, et, en mettant de côté les esclaves, nous resterions trois hommes en face d'un seul agresseur.

Le Boticudo trouverait trois canons braqués contre sa poitrine; il serait abattu avant d'avoir atteint le centre de notre campement.

Allons, décidément, les capitães s'abusent; à moins

qu'ils n'aient voulu effrayer Fruchot; et moi je n'ai rien vu de suspect que dans mon imagination.

La figure de Tio Barrigudo conservait son expression de calme superbe, après les menaces des mulâtres.

— Mon fils a-t-il entendu les *Faces-sombres*, ces honteux produits que les blancs obtiennent de leurs esclaves noires? dit-il. Eh bien! voilà aussi l'humanité de ces démons! Pour eux, la vie d'un *Peau-rouge*, comme ils appellent l'Indien par mépris, a moins de valeur que celle d'une bête féroce. Le guerrier qu'on ne peut corrompre par la civilisation, il faut le tuer sans pitié.

Une pareille observation devait me surprendre de la part d'un Boticudo.

— Mais, répliquai-je, ta nation professe donc, à t'entendre, un bien grand respect pour la vie humaine? Cependant, chaque jour nous apporte la nouvelle de quelque meurtre, accompagné d'incendie, accompli par les Boticudos bravos. Des fazendas pillées, des plantations dévastées, des hommes surpris et torturés, des enfants et des femmes égorgés, voilà quels sont les exploits ordinaires des descendants des Aymorès. Pour ne parler que de la tribu à laquelle tu appartenais, n'est-ce point à cause d'une longue série d'horreurs, commises par elle, que les Visages-pâles et les Faces-sombres l'ont anéantie?

Le Piaye attacha sur moi un regard implacable.

— Cela est vrai, dit-il; mais sur qui doit être rejetée la responsabilité de cet état de choses? Sur les Visages-pâles qui, après avoir envahi nos territoires de chasse, nous poussent devant eux comme un vil troupeau de pécaris; ou bien sur nous qui nous défendons contre d'insolents et cruels oppresseurs? Le premier sang, qui l'a versé? Les Visages-pâles. La guerre est donc en permanence entre nous depuis des siècles; et ce que vous nous reprochez comme des crimes, n'est autre chose que de légitimes représailles.

Comment trouvez-vous cette logique de Boticudo?

Quant à moi, je ne m'attendais guère, je l'avoue, à rencontrer dans les forêts du nouveau monde un dialecticien de cette force.

Convenez que l'Avocat-Rouge méritait bien son nom.

Il était une question que je brûlais de traiter, sans avoir osé l'aborder encore. Le moment me parut favorable; je me décidai à en profiter.

— Eh bien! j'admets, répondis-je, que les tribus n'ont pas cessé d'être en guerre avec les Visages-pâles depuis la conquête. Puisque vous repoussez toutes les avances de la civilisation, il est évident que la civilisation demeure votre ennemie. Elle vous a dépossédés, elle vous dépossède encore chaque jour, cela est vrai; mais c'est en vertu de droits supérieurs aux vôtres. La propriété, sans l'exploitation, constitue un odieux privilége, un abus détestable; ce n'est plus un droit sacré; c'est une injustice.

Fidèle à sa mission, la civilisation ensemence les terres qu'elle vous a enlevées, mais que vous laissiez incultes; elle échange les produits du sol et ceux de son industrie contre les richesses des autres contrées; à mesure qu'elle vous refoule plus avant dans le désert, elle agrandit le cercle de son activité bienfaisante.

Impuissante à vous attirer dans son sein, et trouvant en vous une résistance opiniâtre, aveugle, acharnée, elle vous traque incessamment et vous tue sans pitié.

Mais, du moins, la civilisation, en accomplissant son œuvre, ne boit pas votre sang, ne se repaît point de vos cadavres.

Quels ménagements peut-on avoir pour des sauvages qui, répugnant au travail et pressés par la faim, assassinent leurs semblables pour les dévorer ensuite? »

J'attendis avec une curiosité inquiète la réponse de Tio Barrigudo.

Je crus remarquer en lui un certain embarras, je dirai presque de la honte.

Après un instant de silence, il releva la tête.

— Je comprends ta pensée, dit-il. A l'aldée aussi, les Piayes et les senhores nous accusent de manger la chair de nos ennemis. Mais, réponds-moi franchement: Qu'est-ce qui est préférable pour un vaillant soldat d'avoir pour sépulture les entrailles d'un guerrier ou le ventre des urubus et des jaguars?

Un frisson parcourut tous mes membres à cette question. Instinctivement je me retournai, afin de m'assurer que les Capitães-do-mato étaient toujours là, à quelques pas de moi.

— Explique-toi mieux, lui dis-je.

— Voici : Après une rencontre entre les Visages-pâles et les Boticudos, quels honneurs penses-tu que tes frères rendent aux restes de leurs ennemis? Ils les abandonnent dans la forêt, où bientôt les cadavres deviennent la proie des animaux sauvages. Tel a dû être le sort des compagnons de ma fuite, abattus hier par les Faces-sombres. J'ai supplié pour qu'ils fussent enterrés ; on m'a répondu que ce serait dérober leur part aux jaguarètes des environs. C'est la civilisation qui a parlé ainsi à un sauvage ! Eh bien ! je le demande à mon fils : lequel est le plus barbare, de l'Indien qui donne ses entrailles pour tombeau à ses ennemis, ou du civilisé qui livre le guerrier tombé sous ses coups à la voracité des guaras et des urubus ?

A ces mots, l'horreur se confondit avec l'indignation dans mon âme. Il me sembla voir s'allonger les deux dernières dents du Boticudo, et la physionomie de Tio Barrigudo me parut plus affreuse qu'auparavant. Tout entier à l'impression que je ressentais, j'accomplis un mouvement en arrière.

— Ainsi donc, m'écriai-je, tu confesses que dans les tribus on n'a pas encore entièrement renoncé à cette coutume exécrable?

Le Piaye prit cet air majestueux que j'ai déjà signalé chez lui.

— Je n'avoue rien, répondit-il, si ce n'est que nos ancêtres, les Aymores, ont pu sacrifier leurs prisonniers et se nourrir de leur chair. La tradition de ces fêtes sanglantes s'est même perpétuée jusqu'à nous. Mais les temps sont changés. Aujourd'hui le Boticudo tue pour se défendre. La chasse et la guerre lui donnent amplement les moyens de pourvoir à sa subsistance. C'est donc uniquement pour excuser les atrocités commises envers nos tribus, que les Visages-pâles les accusent de dévorer leurs ennemis. Il est permis de détruire les guaras et les jaguars; mais des cannibales ne sont-ils pas plus dangereux encore que des bêtes féroces? C'est à la faveur de cette lâche calomnie que la CIVILISATION fait, par HUMANITÉ, la chasse à l'homme, et qu'elle dépeuple le désert, acheva-t-il avec une mordante ironie.

Après cette déclaration, un poids énorme tomba de ma poitrine, et mes poumons, contractés, se dilatèrent.

Le Piaye cherchait-il à dissimuler le véritable état des choses; ou bien son indignation était-elle sincère, lorsqu'il relevait les tribus du terrible reproche qui leur était adressé?

La physionomie hideuse de Tio Barrigudo s'harmonisait plutôt, il est vrai, avec ses premières paroles, qu'avec les énergiques protestations qu'il venait de formuler. Mais, d'un autre côté, la haine vigoureuse qu'il nourrissait contre la civilisation, et qu'il accusait sans détours, me faisait croire à la franchise de l'Indien.

Un caractère ainsi trempé ne saurait s'abaisser jusqu'au mensonge. Il brave son vainqueur; il ne cherche pas à l'apitoyer.

Ainsi font les guerriers, au milieu des supplices et en face des hordes qui déchirent leurs chairs.

Sous l'influence de cette idée, j'oubliais que l'astuce, aussi bien que le courage, sont les traits distinctifs de la nature indienne.

Tio Barrigudo se chargera bientôt de me le rappeler.

Il reprit avec un redoublement d'énergie :

— Que mon fils le Visage-pâle retienne la déclaration du Piaye boticudo! Jamais l'alliance ne pourra exister entre les oppresseurs et les opprimés. Parmi les nations indiennes, quelques-unes ont été anéanties jusqu'au dernier enfant; d'autres se sont soumises; il en est qui sont contenues par la terreur.

Nous autres, nous avons été plus particulièrement poursuivis, traqués, massacrés, parce que nous sommes les plus vaillants, et que l'indépendance nous est plus chère que la vie. Notre haine ne peut ni grandir, ni s'éteindre. Tant qu'il restera un Boticudo debout, le Boticudo marchera dans le sentier de la guerre.

Les Visages-pâles et les Faces-sombres possèdent des armes à feu qui leur donnent presque toujours la victoire; mais les Peaux-rouges ont reçu du Créateur des êtres la ruse et la patience.

Et puis, *Tarou est le dieu terrible, mais juste*, et Tarou est le dieu des Boticudos. »

Que parle-t-on de stupidité radicale, invincible, chez ces Indiens? Il en est de leur idiotisme, comme de l'infériorité absolue de la race nègre.

Consultez, à ce sujet, M. Du Chaillu et le docteur David Livingstone.

Le langage de Tio Barrigudo prouvait que la nature n'a pas traité les Boticudos en fils déshérités; il établissait surabondamment que les adorateurs de Tarou ne sont pas si dénués d'intelligence que voudraient le faire croire certaines relations, et certains rapports du gouvernement brésilien.

Le Piaye était un des principaux personnages de sa nation, il est vrai; il possédait, de plus, l'expérience de l'âge, et un séjour de quatre années à l'aldée *Barra-do-*

Salgado n'avait, sans doute, pas peu contribué au développement de ses facultés. Tout cela est exact. La nature l'avait bien doué, et, à part ses préventions systématiques, c'était un esprit sain et vigoureux.

Tio Barrigudo représente-t-il l'exception?

On pourra le soutenir, mais alors cette opinion aura besoin d'être justifiée.

J'ai appris plus tard qu'on n'avait rien négligé à l'aldée pour gagner le vieux chef, dans la conviction qu'un pareil auxiliaire agirait puissamment sur le caractère farouche de ses compagnons. Néanmoins toutes les avances, toutes les prédications avaient échoué contre la logique rationnelle de l'Avocat-Rouge.

Il disait :

— Nous repoussons le bien-être que vous nous offrez. A votre civilisation oppressive, nous préférons l'existence libre des forêts. Le travail des villes n'est pas notre fait. On n'apprivoise ni la jaguarète, ni le toucan. La chasse, le grand air, la contemplation des immenses solitudes, l'amour au fond du désert, les batailles avec les nations ennemies de la nôtre, les fêtes religieuses de l'initiation des guerriers, les festins au bord du Lac Sacré et même les privations sur le territoire des ancêtres, voilà ce que Tarou nous a donné, et ce que les Visages-pâles nous ont ravi.

Rendez-nous tous ces biens qui nous appartiennent, et nous vivrons à notre guise, comme vous vivez à la vôtre. Si non, défiez-vous; car les Boticudos errants, dispersés, traqués comme des jaguars, ou parqués comme les bêtes d'un troupeau, seront toujours et partout les implacables ennemis des Visages-pâles et des Faces-sombres.

Telle était la réponse invariable du Piaye à toutes les propositions qui lui étaient adressées par les Padres et par les gros bonnets de l'aldée.

Tio Barrigudo affirmait en toute circonstance, et jusque dans les détails les plus puérils, les plus niais, si l'on veut, sa haine contre la civilisation.

Ainsi, jamais on n'avait pu obtenir de lui qu'il renonçât au tutoiement usité dans la vie sauvage. Il tutoyait tout le monde, le prêtre, le directeur de l'aldée, le soldat et l'esclave. Il persistait à employer le langage imagé des tribus, appelant les blancs : des *Visages-pâles*, et les mulâtres : des *Faces-sombres*; il n'est pas jusqu'aux *Padres-barbadinhos* (capucins) qui ne fussent pour lui des *Piayes*, tout comme les devins boticudos.

Bref, je venais d'en avoir la preuve, le vieux chef s'était obstiné, depuis son internement, à ne faire aucune concession, même de forme, à ceux qu'il considérait toujours comme de lâches, d'impitoyables agresseurs.

Le retour de Fruchot et l'appel de Manoëla interrompirent mon entretien avec Tio Barrigudo.

Le courtier avait perdu les traces du jaguar; mais il déclara avoir remarqué des empreintes fraîches de pieds nus non loin du campement.

Les deux capitães firent jouer la batterie de leurs fusils et celle de leurs pistolets, afin de s'assurer que les bassinets avaient conservé leur amorce.

Valcoreal frappa sur la crosse de son arme.

— Voilà pour le Boticudo, si c'est lui, le rôdeur qui nous est signalé, dit-il à haute voix.

— Et voilà pour le vieux païen, s'il tente de s'échapper, ajouta Santa-Maria, en imitant le geste de son compagnon.

Mes sympathies étaient acquises à Tio Barrigudo, malgré sa laideur extrême, à cause de la franchise de son caractère. L'Indien n'était, au bout du compte, qu'un prisonnier politique, social, si vous le préférez, et sa fuite de l'aldée, fuite si naturelle dans sa position, ne pouvait l'entacher d'indignité. A mes yeux, c'était un insurgé contre la civilisation, — un insurgé vaincu et atteignànt la dernière limite de l'âge. A ce double titre, il méritait des égards.

En conséquence, je l'invitai à venir prendre sa place à notre table, me faisant fort d'obtenir d'être sa caution auprès des capitães.

A mon grand étonnement, ma proposition fut carrément repoussée.

Qui le croirait? L'orgueil de l'Indien se cabra à l'idée de s'asseoir à côté des mulâtres.

— J'ai été le premier de ma tribu, dit-il d'un ton hautain. A l'aldée, j'ai bu et mangé avec les Piayes blancs; mais jamais, non, jamais, je ne me dégraderai au point d'accepter le voisinage des fils d'une négresse. Les Faces-sombres peuvent enchaîner les membres du chef boticudo, mais non pas sa volonté. Aux Visages-pâles, j'ai voué ma haine; aux Faces-sombres, mon mépris!

Le préjugé du rang et de la couleur avait aussi, on le voit, pénétré jusque dans le désert.

Je m'éloignai à regret du fier vieillard, en me promettant bien de le provoquer bientôt à de nouvelles confidences sur les mœurs des tribus. J'obtins, toutefois, que Tio Barrigudo conservât ses mains libres. La seule précaution qui fut prise consista à enrouler autour d'un arbre le bout de la corde qui serrait son corps.

Je me gardai bien, on le comprend, d'instruire les mulâtres du refus que je venais d'essuyer à leur occasion. Du reste, je n'en aurais pas eu le temps, car une nouvelle scène où les dédaignés devenaient, à leur tour, les dédaigneux, me montra aussitôt, sous un troisième aspect, cette société éminemment superficielle, arrogante et vaniteuse.

L'outrage fait à Manoëla, à bord de la sumaca *Os-dous-Anjos*, a déjà initié le lecteur aux ombrageuses susceptibilités des senhores brésiliens.

Là, ne l'oublions point, c'étaient des blancs qui repoussaient la négresse, comme étant indigne de leur noble compagnie.

Le Peau-rouge, de son côté, vient de refuser, dans son orgueil sauvage, de reconnaître les mulâtres comme ses égaux.

Examinons la position que les mœurs et aussi la constitution brésilienne font à cette race remuante, énergique, ambitieuse, née sur le sol, et à qui, fatalement, le sol doit un jour appartenir.

S'il est vrai, ainsi que l'affirme audacieusement la doctrine de Monroë, que l'Amérique soit exclusivement la propriété des Américains, toute la région de ce continent, comprise entre les deux tropiques, revient logiquement aux hommes de couleur.

Pendant que le climat exerce continuellement ses ravages parmi les blancs et les noirs, les mulâtres et les métis augmentent en nombre. L'époque n'est pas éloignée où, par suite de la suppression radicale de la traite, les noirs auront disparu complétément des terres de l'Empire. Les sang-mêlés se trouveront alors dans une proportion énorme, eu égard à la population blanche.

Celle-ci devra renoncer à ses prétentions insensées, à sa suprématie oppressive et méprisante ; si elle résiste, elle sera nécessairement écrasée.

Qui sait si le lendemain de la victoire, le préjugé de la couleur ne sera pas retourné contre les blancs, ainsi que cela se pratiquait dans la république noire de Palmares ?

Les mulâtres et les métis, devenus alors une nation homogène et compacte, proclameront à leur tour la doctrine de Monroë, et en surveilleront l'application. Eux seuls, qui osera le contester ? sont les maîtres légitimes. Leurs titres de propriété ne sont-ils pas inscrits sur leur face terreuse ?

Notons, en passant, que c'est le despotisme brutal des blancs, introduit jusque dans l'amour, qui aura assuré le succès de la revendication des hommes de couleur.

Les fougueux senhores oublient, en effet, que chaque rapprochement avec les négresses et les Indiennes produit un ennemi implacable qui se dressera tôt ou tard contre leur postérité blanche.

Ainsi seront vengées les innombrables victimes de la cupidité féroce des Espagnols et des Portugais [1].

Les Indiens traqués et égorgés par Cortez, Cabral et leurs descendants; les Africains chicotés, avilis, abrutis, revivent dans les sang-mêlés, et ceux-ci n'aspirent qu'à régler définitivement leur compte avec les oppresseurs.

Le premier acte de ce drame sanglant a été joué à San-Domingo, à la fin du siècle dernier et au commencement de celui-ci. Le rôle principal était rempli par Dessalines.

Le second se prépare, à cette heure, dans les États de l'ancienne Union-Américaine.

Le troisième, — qui contiendra le dénoûment de la pièce, — aura pour théâtre l'Empire brésilien.

Cependant, un dernier choc, cela est également fatal, se produira, par la suite, entre deux grandes fractions de la famille humaine.

Immédiatement après leur triomphe définitif, les mulâtres brésiliens s'empresseront de conclure une alliance offensive et défensive avec leurs frères, les nombreux métis des diverses républiques espagnoles qu'unit à eux une communauté de croyance, de haine et de langage.

1. C'est par millions qu'il faut compter le nombre des Indiens massacrés par ces deux nations catholiques. D'après le padre Vieira, les Portugais seuls ont fait périr de 1615 à 1652, — en trente sept ans, — deux millions d'indigènes! Plus de cinquante mille individus par an!

Lorsque l'Humanité arrêtera ses comptes, par combien de millions de victimes se chiffrera le *débet* des Espagnols?

Alors se trouvera réalisée l'idée poursuivie par Bolivar, dans le congrès amphyctyonique de Tacubaya.

L'Amérique méridionale et l'Amérique centrale formant une redoutable confédération, sinon, une immense république, comme l'aurait désiré le héros colombien, tel est le résultat logique de la conquête du pouvoir par les hommes de couleur.

L'établissement de deux grandes nations indépendantes, parmi les États qui composaient naguère l'Union-Américaine, rapprocherait encore le terme de l'explosion annoncée, en même temps qu'il élargirait le cercle de son action, par l'entente complète des mulâtres du sud avec les sang-mêlés virginiens et louisianais.

On le comprend : par la force des choses, la race anglo-saxonne, si vivace, si envahissante, si énergique aussi, se retrouvera en face d'une nouvelle race latine formidablement organisée. Le protestantisme, expansif comme la liberté, se heurtera de nouveau contre le catholicisme retrempé par cette foi ardente que donne le succès, et par l'infusion d'un sang jeune et généreux.

Et ces deux races, et ces deux religions, combattront l'une contre l'autre, au nom du droit et de la justice, pour l'empire du nouveau continent.

Sous quel drapeau se rangera la victoire?

L'avenir nous l'apprendra.

Nous venons de constater les effets; maintenant nous allons remonter aux causes, en montrant le rôle effacé, humiliant, honteux, qui est imposé aux hommes de couleur, dans l'Empire Sud-Américain.

Le préjugé de la naissance, qui a été si puissant

parmi nous jusqu'à la révolution de 89, ne saurait représenter qu'imparfaitement l'antagonisme qui sépare les populations, aux lieux où règne l'esclavage.

Le préjugé de la peau établit deux catégories d'individus bien tranchées, deux nations distinctes dans une même nation.

Remarquez que je ne parle pas ici de cette race infortunée, — véritable bétail humain, — dont une législation anti-chrétienne consacre l'oppression.

Il s'agit, en dehors des captifs, des fils de la même terre, des citoyens d'un même État, de gens qui ont les mêmes droits, d'après la Constitution, et que la loi traite sur le pied d'une complète égalité, sauf quelques exceptions, cependant.

Dans un ouvrage publié, il y a quelques années, sur le Brésil, l'auteur, écrivain de mérite, sans contredit, mais qui a le tort à mes yeux, — et il le reconnaît dès les premières pages de son livre, — de parler d'un peuple qu'il n'a point pratiqué, d'une contrée qu'il n'a jamais vue; l'auteur, dis-je, prétend que l'esclavage est fort doux dans l'Empire. Il ajoute que dans nul pays, *peut-être*, le préjugé de la peau n'a moins de puissance.

Voilà un *peut-être* fort heureusement trouvé.

Le préjugé de la peau n'a pas de puissance au Brésil!

Mais, ce préjugé, on le rencontre à chaque pas; il s'affirme en toute circonstance, dans la rue, dans les salons, à la table du père de famille, et jusqu'à l'église, où la nuance plus ou moins foncée de l'épiderme établit entre les Fidèles une barrière infranchissable.

Mais il n'est pas seulement en germe; il s'étale effrontément, cyniquement, dans la Constitution de l'Empire;

Mais il est entretenu par l'article de la loi fondamentale qui refuse formellement les droits électifs à l'*affranchi.*

L'affranchi, c'est-à-dire le sang-mêlé, est frappé d'indignité pour nommer son représentant, bien que la loi lui acorde le titre de citoyen, titre dérisoire, convenez-en, dans un État basé sur le suffrage universel.

Alors que tous les individus qui possèdent un revenu annuel de 300 francs peuvent influer directement par leur vote, sur la gestion des affaires publiques, l'affranchi est repoussé des élections du premier degré, eût-il le double de la somme exigée. Fût-il millionnaire; eût-il le génie politique de Toussaint Louverture, la science médicale du docteur Meyrelles, la vaillance du chef noir Henrique Dias, et l'intrépidité fabuleuse du mulâtre Fernandez Calabar, le héros légendaire de Pontal, il lui est refusé de s'asseoir parmi les électeurs provinciaux et de solliciter le mandat de député.

Et cette interdiction ne vous paraît pas assez inique, assez significative?

Le code noir brésilien, dont les dispositions ont été empruntées, pour la plupart, à la législation romaine, s'est montré, à cet égard, plus oppressif que cette législation. Il est même moins équitable que le code de certaines tribus de l'Afrique équatoriale, qui font le commerce des esclaves.

A Rome, en effet, les affranchis *latins-juniens* jouissaient pleinement de leurs droits civils, comme les autres citoyens; et chez les noirs du cap Lopez, l'enfant né d'une femme esclave et d'un homme libre partage absolument tous les droits possédés par son père.

Les Oroungous, les Shékianis et les Bakalais ne sont-ils pas plus près de la justice et de la vérité que les Brésiliens, qui imposent au fils de l'esclave la condition de sa mère?

Si les lois de l'Empire déclaraient libre, par le fait seul de sa naissance, le produit du blanc et de l'esclave, on verrait moins de senhores rechercher les jeunes négresses en vue d'augmenter leur capital; on n'assisterait pas, surtout, à ce navrant spectacle d'un père livrant sa progéniture de couleur au fouet du *feitor*, et même vendant cette progéniture comme une tête inutile ou embarrassante de son bétail humain.

Le fils reconnu l'égal de son père, voilà ce qui serait juste et équitable.

Malheureusement il n'en est pas ainsi, et l'enfant de l'esclave, même lorsqu'il a été émancipé, se ressent toute sa vie de sa honteuse origine.

Cet odieux préjugé qu'a consacré le travail de Dom Pedro Ier a jeté des racines profondes dans les masses.

Demandez à un mendiant des Açores, ou à un *Sertanejo* de Rio-Grande, aussi bien qu'au fabricant de cigares de Rio-de-Janeiro, ou même au cigano, s'il ne méprise pas souverainement le sang-mêlé?

La ligne de démarcation est tranchée au Brésil; elle est aussi tranchée dans ce pays qu'à Richmond et à la Nouvelle-Orléans; je voudrais ne pas avoir à ajouter : qu'à Washington.

La loi reconnaît l'aptitude des hommes de couleur à remplir les emplois du gouvernement.

Dans les plus hautes positions on voit des mulâtres; cela est vrai. Mais la loi et le préjugé sont deux pouvoirs bien distincts qu'il ne faut pas confondre.

La Constitution a beau proclamer l'égalité des citoyens; le préjugé, plus fort que la Constitution, élève une barrière infranchissable, — jusqu'à ce jour, du moins, — entre les individus que différencie la nuance de la peau.

On donne des épaulettes, des décorations, des titres aux hommes de sang-mêlé; mais on ne s'allie pas avec eux.

Quand a-t-on vu une blanche épouser un mulâtre?

Celle qui braverait aussi audacieusement les usages et les mœurs de son pays serait repoussée, à l'instant même, par tous les gens de race pure; elle serait honnie, montrée au doigt, et exclue sans pitié des sociétés dont elle était autrefois l'ornement et l'orgueil.

Le préjugé est vivace au Brésil. Je suis autorisé à soutenir, malgré l'assertion hasardée de M. Charles Reybaud, qu'il s'est maintenu dans toute sa sauvage énergie.

Le plus pauvre travailleur n'échangerait pas la couleur de sa face, s'il est blanc, contre celle d'un sang-mêlé, ce troc dût-il lui rapporter des millions. Il est senhor Illustrissime, au même titre que l'avocat, le député et le négociant, et, malgré son dénûment, il marche l'égal de tous.

Le mulâtre le plus opulent, — et il en est parmi les

mulâtres qui possèdent des fortunes princières, — est son inférieur; il le sait, et il le lui rappellera à lui-même dans l'occasion.

Quelque misérable qu'il soit, il est soutenu par cette conviction qu'il fait partie de l'aristocratie de son pays, la seule qu'il connaisse, la seule qu'il apprécie, l'aristocratie de la peau.

La loi fait des généraux, des barons, des députés, des commandeurs, avec des hommes de couleur; mais le préjugé les déclare indignes de l'alliance des familles blanches. Ils se marient entre eux. On les voit figurer dans les fêtes publiques, dans les solennités nationales, parmi les médecins ordinaires de l'Empereur. D'aucuns font partie du sénat; mais ils ne franchissent que bien difficilement le seuil des maisons particulières. Le Brésilien qui nourrit la prétention de descendre des compagnons de Cabral et de Mem-da-Sa et qui s'enorgueillit de n'avoir dans les veines que du sang portugais, ne les fera jamais asseoir à sa table.

Le préjugé règne et commande dans le monde officiel lui-même.

Un haut fonctionnaire, le ministre de l'Empire, si vous voulez, recevra chez lui un sang-mêlé chamarré de décorations; il l'invitera à dîner, et, un soir de bal, il ordonnera à sa femme de vaincre sa répugnance et de danser avec lui. Mais jamais, au grand jamais, — le sang-mêlé fut-il aussi riche que tous les Rosthchild réunis, — le haut fonctionnaire ne lui accordera la main de sa fille.

Cette féroce tyrannie du préjugé offre un côté ridicule, lorsqu'on pense au nombre excessivement borné des Brésiliens qui ont conservé pur de tout mélange le sang des premiers dominateurs. Ce nombre ne dépasse certainement pas le septième d'une population qui est évaluée approximativement à un chiffre de sept à huit millions. Notons qu'il est des provinces, celles de *São-Paulo* entre autres et de *Minas-Geraes* dont les habitants proviennent en grande majorité du croisement des anciens conquérants avec les races autochtones.

Comme aucun recensement sérieux n'a été fait encore à ce sujet, nous en sommes réduits à établir par à peu près le rapport qui existe entre la population libre et la population serve.

Au dire de quelques économistes, ce rapport est de plus de la moitié en faveur des esclaves. Ils expliquent, par la crainte de révéler à ceux-ci leur supériorité numérique, l'obscurité mystérieuse que le gouvernement brésilien laisse planer sur cette partie de la statistique.

Maintenant que nous avons constaté le goût des senhores pour la *catinga*, le lecteur pourra apprécier à son tour le nombre de mulâtres que mettent au monde chaque année deux millions de négresses. Il fera entrer également en ligne de compte les produits des blancs, des sang-mêlés et des noirs, avec les femmes indiennes, les mulâtresses et les métisses.

Il résulte de ce calcul qu'il est fort peu de Brésiliens qui n'aient dans les veines une portion de sang nègre ou Cabocle.

Notre proposition est catégoriquement démontrée par les mille nuances de peau qu'on remarque dans ce pays. Toute la gamme des tons et des demi-tons qui séparent le blanc sérieux du noir éclatant, est représentée par cette population multicolore. Rouge-pâle, olivâtre, basané, terreux, jaunâtre, livide, gris-sale, telles sont les teintes diverses dont l'ensemble compose la physionomie du peuple brésilien ; encore faut-il ajouter à ces variétés de l'espèce d'autres subdivisions de couleur que l'on appelle *Mamalucos*, *Chôlos*, *Curibocas* (ce sont les *Somboloros* des Espagnols) et enfin les *Saccalaguas*[1].

Donc, nous faisons une part large aux Brésiliens en leur accordant que, sur une population libre de quatre millions, un million d'individus aient conservé dans toute sa pureté le sang des ancêtres. Empressons-nous de déclarer que dans ce million, nous comprenons les Européens résidant dans le pays. Ajoutons encore que chaque jour ce chiffre s'abaisse, et qu'il est facile de prévoir que dans un prochain avenir, il ne restera pas un Brésilien qui n'ait peu ou prou du sang des anciens esclaves.

Aujourd'hui le mulâtre et le métis sont dans une proportion de trois sur quatre.

Voilà ce qui rend grotesque l'orgueil démesuré de ces blancs douteux, et leur souverain mépris pour les nuances de peau un peu plus foncées que la leur.

Il y a plus : le préjugé de la couleur, qui intervient

1. Le *Mamaluco* est un métis né d'un blanc et d'une Indienne et *vice versa;* le fils du métis et de l'Indienne s'appelle *Cholo ;* le *Curiboca* est le produit de l'Indien avec une négresse, et enfin le croisement de la mulâtresse avec le *curiboca* donne le *Saccalagua*.

toujours dans les relations sociales, domine les affections les plus naturelles et trouble froidement, systématiquement, l'harmonie du foyer domestique.

Esclaves ou émancipées, les filles de couleur ne cessent pas d'être entachées du vice originel, et ce vice, elles le transmettent nécessairement à leur progéniture.

Aussi, n'est-il pas rare de voir des familles dont les membres présentent trois, quatre nuances de peau différentes. Le croisement des races, nous venons de le constater, donne des produits divers qui s'éloignent ou qui se rapprochent du blanc, mais sans se confondre jamais avec lui. Un senhor aura une fille blanche, une autre fille métisse et un fils mulâtre : la première, fruit d'une union légitime; la seconde, produit d'une Indienne, et le troisième enfant d'une esclave, mais reconnu.

La loi, nous l'avons déjà dit, confère les mêmes droits à ces trois créatures qui ont un auteur commun; mais le préjugé les place l'une vis-à-vis des autres dans un état d'infériorité ou de supériorité permanent, immoral. Or, si l'égalité des enfants entre eux est la base fondamentale de la famille, comment la famille pourrait-elle exister dans de pareilles conditions?

Il est inutile d'ajouter que la maîtresse de la maison, je veux parler de l'épouse légale, n'éprouve que de l'éloignement et de l'aversion pour ces produits de liaisons extra-conjugales qui viennent rogner la part de ses enfants légitimes.

Commencez-vous à apercevoir le tableau sombre que

présente réellement, derrière une surface unie, riante quelquefois, le ménage brésilien?

Crescite et multiplicamini, a dit l'Évangile, et la société brésilienne obéit avec empressement au précepte de l'Évangile, en invoquant *Nossa-Senhora-da-Conceição.*

Tout à l'heure, nous donnerons à cette question, — la plus importante de celles que nous avons à traiter, — tout le développement qu'elle comporte.

Le lecteur est désormais édifié : le préjugé qui divise les citoyens sévit également au sein des familles. Le sang-mêlé est fatalement voué à l'isolement parmi les siens. Son père, qui l'a reconnu, dans l'entraînement de la passion, n'hésitera jamais à le sacrifier à sa progéniture blanche; quant à ses frères, ils ne se lassent pas de le repousser comme un intrus. Il porte sur sa face le signe indélébile du paria, qui est autrement déshonorant, d'après les mœurs coloniales, que la barre de bâtardise.

En dépit de la loi qui proclame l'égalité entre les fils reconnus du même père, le sang-mêlé ne compte que des ennemis autour du foyer domestique; il est ainsi condamné, par la couleur de sa peau, à ne trouver des amitiés que parmi les hommes de sa race.

Quelle horrible existence est la sienne!

Les blancs le méprisent, et il les hait; il est haï des noirs qu'il méprise à son tour, car il est l'esclave, lui aussi, du stupide préjugé qui le frappe.

La race mulâtre, on ne saurait assez le répéter, réunit toutes les qualités et tous les vices de ses auteurs. Elle est active, énergique, intelligente, ambitieuse, comme son père blanc; elle est rusée, ardente, cauteleuse, vindicative, comme sa mère noire. Ajoutez à cela, qu'elle a acquis d'immenses richesses. Chaque jour, nous l'avons établi, l'amour de la catinga jette un nouveau soldat parmi ses lignes formidables, et chaque jour aussi son audace s'accroît avec le nombre de ses membres et l'importance de son capital.

Le sang-mêlé ne s'est pas compté encore, au Brésil; néanmoins il connaît sa force, et, au milieu des incessantes humiliations qui lui sont infligées, il n'a abdiqué aucun de ses droits.

Il sait qu'il sera le maître dans un avenir prochain, et il attend, en rongeant son frein, qu'il puisse enfin parler haut, et imposer sa toute-puissante volonté.

La revendication sera sanglante, si la législation et les mœurs ne se mettent pas bientôt d'accord.

En voilà assez sur ce sujet.

Je constaterai seulement qu'une société ainsi composée porte dans son sein de terribles éléments de dissolution, et, aussi, que la doctrine de Monroë me paraît plus redoutable, proclamée par les hommes de couleur, que par les orateurs de Washington.

Maintenant, je reprends mon récit.

CHAPITRE VI

Une fiction légale. — Le garde-manger d'un Indien anthropophage. — Ruse infernale des Boticudos.

Les provisions étaient étendues sur l'herbe.

Nous nous assîmes en rond, bien disposés, tous, à faire convenablement notre devoir.

Les capitães, cela va sans dire, n'avaient pas quitté leurs fusils qu'ils portaient en bandoulière afin d'être prêts à tout événement. De plus, chacun d'eux avait, passés à la ceinture, deux pistolets et un poignard.

Notre arsenal, à nous, était moins formidable : il se composait de trois fusils que nous avions placés à nos côtés.

Les chevaux et les mules broutaient à droite et à gauche, séparés par les trois prisonniers.

Le lecteur a saisi la physionomie de notre campement.

Manoëla venait d'être servie par Fruchot, lorsque les Capitães-do-mato, qui avaient échangé un regard entre eux, se levèrent en même temps.

— Senhores, dit Santa-Maria d'une voix ferme, vous ignorez nos usages ; aussi ne voulons-nous pas admettre que vous ayez eu l'intention de nous faire un affront.

Néanmoins, nous devons vous déclarer qu'il nous est impossible de consentir à ce qu'une esclave s'asseye en notre compagnie.

— Ma résolution est en tout conforme à celle de mon illustre ami, ajouta le capitão Valcoreal.

Nous restâmes un moment ébahis devant cette outrecuidante prétention.

— Allons ! c'est la répétition de la scène de la sumaca ! observa le courtier, dont le sourcil se fronça soudain.

Manoëla interrogea Justin de l'œil, afin de savoir ce qu'elle avait à faire.

— Reste à ta place ! ordonna mon ami.

S'adressant aux mulâtres, il leur dit sèchement :

— La senhora n'est pas une esclave ; elle est libre comme vous et moi. Puisque je l'admets à ma table, vous pouvez bien en faire autant. Si ce parti vous répugne, il vous est facile de continuer votre route ; et si vous n'êtes pas contents, eh bien ! tant pis pour vous. Maintenant, réfléchissez, et, nous, mangeons.

Les capitães firent deux pas en arrière et se consultèrent à voix basse. Leurs yeux brillaient d'une flamme sombre ; pendant que Santa-Maria parlait, Valcoreal étreignait la crosse de ses pistolets.

L'influence détestable du préjugé pouvait amener, à cette heure, un conflit sanglant entre nous. Désireux de prévenir ce conflit, je m'approchai des Brésiliens.

— Senhores, leur dis-je, permettez-moi une simple observation. Mon ami vous a déclaré que sa compagne n'était pas une esclave ; je confirmerai, si cela est nécessaire, par la mienne, la parole de mon ami.

— Soit, répliqua Valcoreal; mais c'est une négresse, et nous nous considérerions comme dégradés si nous la souffrions en notre société.

Je me décidai alors à aborder franchement la question, au risque de ce qui pouvait en résulter.

— Vos Seigneuries, repris-je, ont une certaine quantité de sang bleu dans les veines, voilà qui est incontestable, tandis que la senhora Manoëla do-Bom-Jesus n'en a pas une seule goutte. Mais, mon ami et moi, nous sommes des blancs purs de tout mélange, vous ne sauriez en disconvenir. Il y a donc entre nous et vous, sur ce point, la même distance qu'entre vous autres et Manoëla. Or, puisque nous, blancs d'Europe, nous n'hésitons point à accepter des mulâtres pour convives, je trouve que ces mulâtres, à leur tour, peuvent bien, sans déchoir, laisser une négresse s'asseoir à leur côté.

Mon argument aurait été sans réplique en Europe, n'est-il pas vrai? Il obtint un tout autre résultat au Brésil.

— Le senhor nous insulte! s'écria Valcoreal.

Santa-Maria se plaça entre son camarade et moi.

— Si le senhor n'ignorait pas nos mœurs et nos coutumes, déclara-t-il, il saurait que nous ne sommes pas des mulâtres.

Cet arrogant aplomb me laissa muet.

— Nous avons l'honneur d'être des Capitães-do-mato; en conséquence, nous ne pouvons être des mulâtres, proféra à son tour Valcoreal avec une morgue impudente.

Cette protestation des capitães, quelque étrange qu'elle paraisse au lecteur, avait sa raison d'être dans une fiction légale qui donne un démenti formel à la physiologie.

Au Brésil, ce sont les fonctions qui déterminent la couleur de la peau. Par cela seul qu'il accorde un emploi à un individu, l'État assimile cet individu à un blanc, quelle que soit, du reste, la nuance de son épiderme.

C'est à l'abri de cette fiction, que les salons des hauts fonctionnaires s'ouvrent devant les sang-mêlés appartenant aux diverses administrations. Mais, est-il nécessaire de le répéter? la condescendance du monde officiel n'est point imitée par les autres classes de la société; pour celles-ci, un mulâtre, fût-il millionnaire et chargé de décorations, n'en a pas moins du sang nègre dans les veines.

Du reste, nous l'avons constaté déjà, le ministre qui tolère que sa femme danse avec un sénateur sang-mêlé, n'accepterait pas ce sénateur pour gendre.

Henri Koster cite à ce propos une anecdote bien caractéristique :

Un Européen demandait à un homme de couleur si le nouveau capitão-mōr n'était pas un mulâtre ?

— Il l'était, mais il ne l'est plus, répondit l'interpellé. Un capitão-mōr ne saurait être qu'un blanc sans mélange.

C'était un sang-mêlé, ne l'oublions pas, qui parlait ainsi d'un fonctionnaire sang-mêlé.

L'anecdote de Henri Koster était complétement sortie de ma mémoire. La réplique des capitães me la rappela;

je résolus alors de tirer de la fiction légale toutes les conséquences qu'elle pouvait produire.

Je n'ignorais pas, aussi, que j'avais deux puissants auxiliaires dans le gosier desséché et dans l'estomac affamé des mulâtres.

Règle générale : Un Capitão-do-mato est toujours altéré, et jamais on n'a constaté son refus de s'asseoir à une table bien garnie.

Il ne s'agissait donc, en cette circonstance, que de concilier la vanité avec la faim et la soif.

Ce résultat ne me sembla pas impossible à obtenir.

Affectant une résignation triste, je leur dis que je comprenais maintenant leur détermination, et, qu'en effet, ils ne pouvaient accepter la cordiale invitation de la senhora Manoëla do-Bom-Jesus.

— L'invitation? répétèrent les mulâtres-blanchis.

— Sans doute. C'est à la senhora qu'appartiennent les provisions de bouche et les bouteilles de porto étalées, là, sur le gazon. Notre excellente amie regrettera certainement que d'aussi illustres senhores soient empêchés par leur rang de devenir ses convives.

Les capitães me parurent être assez désappointés, et, de fait, ils se trouvaient, ou à peu près, dans la même situation qu'Ésaü, lorsque celui-ci vendit son droit d'aînesse pour un plat de lentilles.

— La senhora est donc aussi riche que belle? dit Santa-Maria, qui, le premier, mordit à l'hameçon qui lui était tendu.

Santa-Maria était probablement plus affamé que son compagnon.

Jusqu'à présent, lui et Valcoreal, en désignant Manoëla, l'avaient appelée esclave, puis négresse; voilà qu'ils lui donnent de la senhora, maintenant; bien plus, voilà qu'ils ne craignent pas de rendre hommage à ses formes splendides!

— Assurément, répondis-je, la senhora Manoëla est fort riche. Son père, le senhor João Vicente do-Bom-Jesus, est officier de la garde-robe de S. M. dom Pedro II, ajoutai-je avec un sérieux imperturbable.

Ce mensonge me sera pardonné par le lecteur. Il ne causa de tort à personne et il empêcha, selon toute probabilité, l'effusion du sang.

— Officier! son père est officier! s'écrièrent à l'unisson les deux mulâtres.

Le coup était porté; je repris :

— Officier de la garde-robe impériale, oui, senhores; c'est là une des premières charges de la couronne. En Europe, cet emploi ne peut appartenir qu'à un prince du sang.

Les capitães étaient confus. A cette heure, ils déploraient, certainement, le conflit qu'ils venaient de faire naître, et ils n'auraient pas demandé mieux que de boire le porto d'une senhora aussi bien apparentée.

J'eus pitié de leur embarras.

— A propos, dis-je avec une brusquerie savante, un officier de S. M. l'Empereur est entré, quoique noir, dans la classe des blancs, des blancs authentiques, j'imagine?

— Sans doute! sans doute! répondirent les mulâtres tous deux à la fois.

— Eh bien! soyons logiques. Un blanc de cette catégorie ne peut pas avoir pour fille une négresse, cela tombe sous le sens. La senhora Manoëla, malgré la couleur de sa peau, est donc blanche comme son père, et, dès lors, rien n'empêche plus Vos Seigneuries de s'asseoir à sa table.

L'estomac des capitães, vous l'avez deviné, accepta ce compromis avec reconnaissance.

Voilà donc la paix rétablie entre nous.

Les mulâtres avaient à se faire pardonner leur retraite injurieuse. Ils accablèrent de compliments Manoëla, en s'excusant de ne pas avoir connu plus tôt son illustre origine.

Quelques mots, adroitement présentés, mirent Fruchot et la négresse au courant de mon innocente mystification.

— Je parlerai de Vos Seigneuries à mon ami l'officier de la garde-robe impériale, et je vous promets d'avance sa protection toute-puissante auprès de l'Empereur, dit le courtier avec un geste magnifique.

Manoëla étouffa un soupir; elle pensait à la véritable condition de son père; mais un coup d'œil de Fruchot suffit pour l'amener sur notre terrain.

Fruchot riait de tout cœur; afin de lui plaire, la Mina accepta courageusement le rôle qui lui était imposé.

Au bout d'un instant, chacun de nous avait retrouvé sa bonne humeur.

Les capitães fêtèrent largement nos provisions.

Le vin de porto, que Manoëla leur versait d'une main

généreuse, adoucit à ce point la nature farouche des gendarmes, que l'humanité put utilement élever la voix en faveur des prisonniers.

— Nous n'avons rien à refuser à la fille de l'Illustrissime senhor João Vicente do-Bom-Jesus, officier de la garde-robe de S. M. dom Pedro II, répondaient-ils à toutes nos demandes.

Nous obtînmes donc que Lasaro pût laver les blessures de l'ancien chef monhambala, et qu'il lui portât quelque nourriture, ainsi qu'au vieux Piaye.

La cachaça attendrit même à ce point leur âme, qu'ils ne s'opposèrent pas à ce qu'un cigare fût placé entre les lèvres de Gregorio.

— Allons! qu'il fume son dernier charuto, puisque tel est le désir des amis de Son Excellence la senhora do-Bom-Jesus! proféra Francisco Valcoreal, en s'inclinant devant la négresse.

— On est chrétien, ou on ne l'est pas, observa à son tour le senhor Carlos Santa-Maria. L'assassin n'en sera pas moins pendu, pour avoir fumé un charuto et bu un verre de vin.

Ils se mirent alors à nous raconter leurs prouesses de la matinée.

Depuis une semaine, les deux capitães parcouraient le sertão et la forêt à la poursuite de Gregorio; mais ils ne parvenaient point à découvrir les traces de l'assassin du senhor Rebentão.

C'est alors que leur fut signalé, avec la fuite de quatre Boticudos de l'aldée *Barra-do-Salgado*, le vol fait par eux d'un fusil et de munitions de guerre.

Renonçant pour le moment à gagner la récompense promise à celui qui livrerait Gregorio à la justice, les mulâtres établirent une croisière sur le chemin de la *Lagoa*. Ils étaient bien convaincus que les Indiens suivraient cette direction, et, ainsi, qu'ils ne pouvaient manquer de les surprendre bientôt.

Ce calcul, basé sur la connaissance d'une des principales superstitions des Boticudos, était excellent.

Deux jours après, capitães et Indiens se trouvaient en présence, et le vieux Piaye tombait entre les mains de ses ennemis.

Ces événements s'accomplissaient la veille au soir.

Ce matin, à l'aube, les capitães ramenaient leur prisonnier à São-Jorge, lorsque la rencontre du moleque Fidelis les mit sur les traces de Gregorio.

Le petit mulâtre avait aperçu un sujet de la nation monhambala, ce qu'il est toujours facile de constater par le bizarre chapelet qui partage en deux la face de ces nègres. La peur s'était emparée de lui, et Fidelis, après trois jours de vagabondage, venait de reprendre le chemin de la fazenda; c'est alors qu'il était tombé au pouvoir des capitães. Ceux-ci, enjoignirent au moleque de les guider vers le lieu où se tenait l'assassin.

Débouchant tout à coup dans le sertão, ils virent un noir qui, à leur aspect, prit subitement la fuite. Il voulait gagner le bois où il aurait eu plus de chance d'échapper à ses ennemis; mais les capitães ne lui en laissèrent pas le temps. Pendant que l'un deux liait à la hâte les jambes du Piaye, avec la même corde qui, déjà, assujettissait ses mains, l'autre lança son cheval au galop, afin de barrer le passage à l'Africain.

Gregorio, car c'était lui, paraissait avoir des ailes aux pieds. Devinant le projet des mulâtres, il redoubla d'efforts et atteignit les premiers arbres. C'est alors qu'un coup de feu le frappa à l'épaule, sans l'abattre cependant. Mais le sang qui coulait de sa blessure indiqua les *pistes* (le mot est du capitão Carlos-Santa-Maria) de l'assassin. Les mulâtres arrivèrent près de lui avant qu'il se fût enfoncé dans les fourrés. Gregorio, se voyant traqué, et comprenant que tout moyen de fuite lui manquait désormais, ne prit conseil que de son désespoir. Il se retourna, et, armé seulement d'un bâton, il fit face à ses agresseurs.

La lutte dura un grand quart d'heure. Blessé d'abord à l'épaule, puis à la poitrine, puis à la cuisse, Gregorio, épuisé enfin par la perte de son sang, dut se rendre à discrétion.

D'après les deux capitães, l'assassin aggravait son crime en accusant la senhora Brigida. Cette version d'un ordre donné à ses esclaves par la senhora vindicative, et propagée par les noirs, n'était qu'une affreuse calomnie.

— Comme si ces cachorros avaient besoin d'être excités au meurtre ! observa le capitão Santa Maria. Du reste, reprit-il, à quoi lui servira ce moyen de défense, lorsque la senhora affirmera de son côté qu'elle ne haïssait pas son mari et que Gregorio est un imposteur? Le témoignage d'un esclave n'est d'aucun poids, et il ne saurait infirmer la déclaration d'un senhor branco.

Lasaro me regarda d'une façon particulière.

— Eh bien ! que vous avais-je dit ? déclarait le regard indigné de l'esclave.

Je répondis au capitão que je comprenais parfaitement que la parole d'un esclave n'eût pas la même valeur que celle d'un blanc; mais que, dans la cause, ce n'était pas un esclave; c'étaient quatre, cinq, dix esclaves qui viendraient déposer sur ce qu'ils savaient : la mucama, la déchiffreuse de selam, celui qui avait introduit de l'amadou dans les naseaux du cheval du senhor Agostinho dos Ladeiros, seront interrogés; on établira facilement alors que la senhora Brigida avait un motif pour haïr son mari. Elle voulait se venger du meurtrier de son amant.

La réplique du capitão Santa-Maria mérite d'être rapportée.

— Si un noir a fourré de l'amadou dans les naseaux du cheval du senhor Agostinho, c'est que ce noir, pervers comme ils le sont tous, avait un intérêt personnel à tuer le senhor Agostinho; tout comme Gregorio n'a obéi qu'à son inspiration, en frappant le senhor Rebentão. La mucama, la vieille sorcière, cinq autres esclaves, si vous voulez, confirmeront le dire de Gregorio ? Qu'importe ! Un esclave est un zéro devant la loi et dix zéros ne parviendront jamais à composer un chiffre.

Cela était clair et péremptoire. Un blanc est infaillible, et quand, par hasard, il commet un crime, c'est son esclave qui est coupable ; c'est son esclave qui doit en accepter la responsabilité. Il reste à savoir si cette absurde doctrine sera partagée par les membres du tribunal, et s'il ne se trouvera pas une voix courageuse, autorisée, pour faire à chacun sa part de responsabilité.

Je me promis de suivre attentivement les débats qui allaient s'ouvrir, à l'arrivée de l'aveugle instrument d'une vengeance implacable.

Le mépris superbe de Santa-Maria, qui révoltera à bon droit les âmes honnêtes, n'est pourtant que la conséquence forcée du préjugé qu'engendre l'esclavage; car cette institution abominable, on ne saurait trop insister sur ce point, explique logiquement les plus grandes absurdités et les injustices les plus odieuses. L'opinion outrecuidante qu'émettait de bonne foi un capitão brutal, a été consacrée par un acte parlementaire chez le peuple qui, de tout temps, s'est montré le plus jaloux de sa liberté, et qui a proclamé le plus haut l'égalité des hommes entre eux.

Dans un passage de l'excellent travail de M. Y. Y. Weis intitulé : *Des Colonies*, nous lisons, en effet, cette phrase qui trouve ici naturellement sa place :

« Le gouverneur de la Jamaïque proposa à l'assemblée coloniale une loi qui déclarait les nègres capables de témoigner en justice, — et *seulement pour un petit nombre de cas déterminés avec rigueur*. — Ce bill fut rejeté par trente-quatre voix contre une.

» Trente-quatre voix sur trente-cinq ! »

Le mulâtre Santa-Maria ne faisait donc que partager l'opinion constitutionnelle des Anglais de la Jamaïque, à propos de l'indignité radicale des noirs, lorsqu'il affirmait que les zéros ne sauraient parvenir à composer un chiffre !

Si Valcoreal pratiquait naïvement l'odieux système du duc Ulrich du Wurtemberg, son camarade aurait pu se retrancher derrière une autorité plus élevée encore que celle des créoles de la Jamaïque.

Je veux parler de la doctrine émise par un empereur d'Orient, Arcadius, et par son frère Honorius, empereur d'Occident, pour le cas où un esclave oserait accuser son maître.

L'occasion se présentera bientôt de citer le rescrit de ces deux empereurs.

Santa-Maria tonnait encore contre la perversité de la race africaine, sans penser qu'il avait, lui aussi, une bonne portion de sang noir dans les veines, lorsqu'un sifflement aigu, mais artistement modulé, retentit dans le bois, derrière les prisonniers et à la gauche de notre campement.

Le capitão Santa-Maria s'arrêta aussitôt, et ses sourcils se contractèrent.

— Voilà un surucúa bien aguerri contre la chaleur, ou bien amoureux, puisqu'il chante encore à l'heure de la sieste, observa l'autre mulâtre insoucieusement.

Santa-Maria hocha la tête.

— Les jaguars, observa-t-il, n'élèvent guère la voix que la nuit; et, d'ordinaire, les surucúas, pas plus que les autres oiseaux, ne choisissent l'heure de midi pour célébrer leurs amours.

— Quelle est la pensée de Votre Seigneurie? demanda Francisco Valcoreal.

— Eh! eh! répondit son compagnon, les Indiens possèdent un gosier flexible, et ils excellent à imiter le cri des bêtes féroces, tout comme l'accent particulier à chaque oiseau. Puisque des traces fraîches de pieds nus ont été remarquées dans la forêt, je suis fondé à soupçonner que le sifflement qui vient de retentir pourrait bien être, ainsi que le miaulement entendu naguère, un signal donné à l'Avocat-Rouge par le Boticudo qui nous a échappé.

Ces paroles réveillèrent les craintes qui m'avaient agité pendant ma conversation avec Tio Barrigudo ; mais l'air indifférent du Piaye et les railleries du second mulâtre me rendirent toute ma confiance.

— Le Boticudo est seul, et il ne peut tirer qu'un coup à la fois! observa celui-ci. Comment supposer qu'il oserait venir attaquer quatre hommes bien armés, lorsqu'il a fui devant nous deux?

Santa-Maria se rendit à cette observation ; néanmoins, par prudence, il alla s'assurer de l'état des prisonniers.

Il revint un instant après.

Gregorio était toujours attaché par le milieu du corps, et ses mains, solidement liées derrière le dos, auraient suffi pour paralyser tous ses mouvements, quand bien même ses blessures ne l'auraient point condamné à une immobilité à peu près complète.

Le Piaye était moins à redouter encore.

Son grand âge et la corde qui le retenait au pied du cocotier garantissaient, qu'en aucuns cas, une intervention dangereuse fût possible de ce côté.

Santa-Maria s'excusa galamment auprès de Manoëla.

La récompense attachée à cette double capture du

chef botiсudo et de l'assassin était trop belle pour que de pauvres Capitães-do-mato risquassent de s'en voir privés par leur faute. Puisque toutes les précautions sont prises, les jaguars et les surucúas peuvent miauler et siffler à leur fantaisie. Aucune parole ne troublera plus, jusqu'au départ, la gaieté de la noble compagnie.

Nous avions acheté une *Dubelloi* chez le senhor Macedo. Pendant que Manoëla préparait le café, les capitães me demandèrent si j'étais satisfait de ma conversation avec Tio Barrigudo, et ce que je pensais du personnage?

Je racontai notre entretien.

La haine de l'Indien contre une civilisation qui leur ravissait la liberté, à lui et à ses frères, excita l'humeur fanfaronne des mulâtres; mais son indignation, à propos des goûts exécrables qu'on leur prêtait, fut taxée d'hypocrisie par les Brésiliens.

— Les Boticudos descendent des Aymores, et les fils sont restés dignes des pères! observa Francisco Valcoreal. La chair humaine est toujours un régal pour ces sauvages. Si les Illustrissimes senhores et Son Excellence Dona Manoëla do-Bom-Jesus me le permettent, je leur raconterai une histoire qui ne laissera, à ce sujet, aucun doute dans leur esprit. Il s'agit de faits qui se sont passés, non pas au fond des déserts, il y a deux ou trois cents ans, mais sur un territoire habité, presque aux portes de la cidade, et cela au commencement de ce siècle.

— Mon vaillant ami veut parler des événements dont la fazenda des *Tres Virgems* a été le théâtre? demanda le capitão Santa-Maria.

— Précisément.

— Eh bien! que mon invincible ami raconte cette lugubre histoire; à mon tour, et pour reconnaître, suivant mes moyens, l'honneur que nous font Son Excellence Dona Manoëla et ses nobles compagnons, je dirai, après lui, la légende de la *Lagoa*.

Ceci convenu, le *vaillant*, l'*invincible* Valcoreal prit la parole en ces termes :

« Il y a une quarantaine d'années, pas davantage, la fazenda des *Tres Virgems* contenait une nombreuse famille composée du père, de la mère, des aïeuls, de deux *rapazes* (garçons) et de trois moças. La beauté de celles-ci était renommée depuis São-Salvador jusqu'à Espirito-Santo. Aussi, une foule de prétendants soupirait pour elles, mais sans parvenir à toucher leur cœur. La plus jeune se décida pourtant à accepter un époux. Un rapaz de São-Jorge réussit à faire agréer son amour; et le mariage fut résolu entre les grands parents. A l'époque fixée pour la célébration, le rapaz se rendit avec les personnes de sa famille à la demeure de sa fiancée. Mais il trouva le fazendeiro et tous les siens plongés dans la désolation. Depuis la veille, la moça avait disparue.

Je renonce à dépeindre le désespoir de l'amoureux jeune homme.

On battit les bois, on organisa même une expédition dans la forêt, car on avait eu vent de l'apparition de chasseurs boticudos dans le voisinage. Toutefois, on ne rencontra pas les sauvages, et il fallut se résigner à pleurer la belle moça, sans savoir ce qu'elle était devenue.

Elle venait d'atteindre sa seizième année!

Plusieurs mois s'écoulèrent.

A son tour, l'aînée des filles du fazendeiro s'attendrit enfin, en faveur de l'héritier d'un riche senhor d'engenho des environs.

Un soir, la moça et son futur époux devisaient non loin de l'habitation. L'heure du repas était arrivée. Les frères de la jeune fille, ne voyant personne apparaître, se rendirent au lieu où, d'habitude, les deux amants se retiraient pour causer à l'écart. Un affreux spectacle s'offrit à leurs yeux. Un cadavre tout sanglant gisait au pied d'un arbre; c'était celui du fils du senhor d'engenho. Quant à leur sœur, ils ne la retrouvèrent plus. C'est en vain qu'on prodigua des soins au rapaz pour le rappeler à la vie; une flèche lui avait percé le cœur; il expira sans pouvoir prononcer un mot. C'est en vain aussi qu'on fit un appel à tous les chasseurs de la contrée, et qu'un détachement d'Indiens civilisés (*soldados da conquista*) s'enfonça dans les grands bois. Les sauvages s'étaient évanouis comme par enchantement, sans laisser de traces de leur passage.

Lors de l'enlèvement de sa plus jeune fille, le fazendeiro avait pu soupçonner quelque ennemi de sa famille d'être l'auteur de ce crime. La flèche à pointe elliptique (*ouagické comm*) qui traversait le corps de son gendre futur, disait clairement de quelle main était parti le coup. Le senhor avait encouru, sans le savoir, la haine des Boticudos, et ces féroces Indiens s'acharnaient contre les objets de sa tendresse.

Devenu défiant par ce double attentat, le fazendeiro usa de ruse et employa contre les Boticudos les stratagèmes dont ils se servent eux-mêmes, afin de ne pas être surpris. Il fit creuser des chausse-trappes devant son habitation; il plaça des chevaux de frise en maints endroits, et il exerça une surveillance de tous les instants. Ces précautions furent vaines. La dernière des trois sœurs disparut également, sans qu'on eût signalé la présence d'un Boticudo dans les environs.

Le malheureux père et sa femme inconsolable pensèrent mourir de chagrin. Un des frères se rendit à São-Jorge, tandis que l'autre se transporta à la directoria des Tupiniquins, près d'Olivença. Une formidable expédition s'organisa; elle partit de deux points à la fois, enserrant l'espace compris entre le rio Jequitinhonha et le rio das Contas, et décrivant un triangle dont l'extrémité touchait aux frontières de Minas Geraes. La crainte de manquer de provisions obligea les Brésiliens à retourner sur leurs pas, après une battue qui n'avait pas duré moins de quinze jours. La disparition des sauvages tenait de la magie; on n'en rencontra pas un seul.

Cependant on retrouva des traces d'une de leurs haltes au milieu des bois. Des os à demi-rongés, des branches à moitié consumées, une chevelure suspendue à un arbre, indiquaient assez que les Boticudos avaient craint d'être découverts et qu'ils s'étaient enfuis précipitamment.

Un des fils du fazendeiro, après avoir attentivement examiné la chevelure oubliée, crut y reconnaître la teinte blonde qui distinguait les cheveux de sa sœur. Il s'empara de cette dépouille chérie, et, la rage dans le cœur, il voulut continuer seul la poursuite des Indiens. On eut beaucoup de peine à lui faire comprendre toute l'insanité de ce projet. Il se laissa ramener pourtant, et il opéra sa retraite avec ses compagnons.

L'insuccès de cette expédition et l'idée du sort affreux que les Boticudos avaient fait subir à leurs trois filles accablèrent le père et conduisirent la mère au tombeau.

La fazenda fut abandonnée.

Ce ne fut que deux ans après cet événement, qu'on parvint à connaître le destin des trois moças. Une bande de Boticudos se laissa surprendre par des *Soldados da conquista*. Ceux parmi les sauvages qui ne gagnèrent pas à temps les profondeurs des forêts, tombèrent sous le plomb des Brésiliens. On fit six prisonniers qui dévoilèrent un abominable forfait.

La chevelure retrouvée et les os qui couvraient le sol appartenaient bien à la malheureuse jeune fille que recherchait l'expédition. On fut également instruit du sort de ses deux sœurs. L'explication des Indiens était épouvantable.

Leur chef, vaillant guerrier et Piaye redouté, voulant donner plus de solennité à la fête de l'Initiation, décida qu'elle serait suivie d'un grand festin. Les chasseurs prirent leurs arcs et se répandirent dans la forêt; lui-même partit avec quatre Indiens. Son absence dura plusieurs jours. Lorsqu'il revint au campement, il ramenait avec lui une Brésilienne d'une rare beauté; c'était la plus jeune des trois sœurs. Après l'initiation des guerriers, la victime fut conduite au sacrificateur qui ne se laissa émouvoir ni par ses charmes, ni par ses larmes, ni par ses prières. L'horrible festin commença, qui se prolongea jusqu'au lever du jour. La jeune fille venait d'être dévorée.

Une nouvelle fête se préparait. Le chef s'éloigna une seconde fois, et la même scène sanglante se renouvela.

Félicité par ses compagnons sur le choix de ses victimes, le chef ne craignit pas de déclarer qu'il avait un « *garde-manger bien garni* » à l'extrémité de la forêt et qu'il leur réservait, pour la prochaine occasion, une meilleure surprise encore.

Le chef tint parole, et la dernière des trois sœurs subit le sort des deux autres. »

Telle est l'histoire de la fazenda des *Tres Virgems*. Nous demandâmes au senhor Valcoreal comment fut vengée la mort des filles du fazendeiro.

— Un des prisonniers, dit-il, signalé comme ayant coopéré au triple rapt avec le chef de la bande, fut passé par les armes. Les cinq autres, bien qu'ayant pris leur part du festin, furent dirigés sur une aldée où ils devinrent l'objet d'une surveillance rigoureuse. Ils parvinrent pourtant à tromper leurs gardiens ; ils en tuèrent deux, après quoi, ils s'enfuirent dans la forêt où ils échappèrent à toutes les poursuites.

Je frémissais encore, tout en considérant Tio Barrigudo qui, nonchalamment étendu sur l'herbe, paraissait goûter le tranquille repos que procure l'absence de préoccupations sérieuses.

Cet air et cette attitude contrastaient avec la férocité native que les Brésiliens attribuent à la nation boticudo.

Pourtant, les faits racontés par Valcoreal étaient contemporains, et plus d'un vieillard, à São-Jorge, aurait pu en certifier l'authenticité.

Quel cas devait-on faire, dès lors, de la protestation indignée du vieux Piaye?

Je demandai aux mulâtres si on avait complétement purgé la contrée de ces affreux anthropophages?

Ceux-ci déclarèrent que les Capitães-do-mato avaient achevé l'œuvre des *Soldados da conquista.* Sans doute tous les Boticudos n'avaient pas péri, puisque, actuellement, il s'en trouvait plus de cent internés à l'aldée *Barra-do-Salgado*, et quelques autres encore, mêlés aux Indiens *Mongoiòs*, à l'aldée *Sant'-Antonio-da-Cruz;* mais ils affirmaient que les hordes errant au fond des solitudes ne dépassaient plus le rio São-Francisco, et que les *Chasseurs de chrétiens* se gardaient bien de franchir les limites du pays que lui et ses braves camarades étaient chargés de parcourir.

Cette réponse ne me rassura pas tout à fait.

Le spectre sanglant des trois vierges de la fazenda, en se présentant toujours à ma pensée, me donnait de singulières hallucinations.

Le murmure de la viração dans les feuilles des arbres me rappelait le chant de triomphe des guerriers, au retour de leur abominable expédition. Le souffle et la rumination des mules retentissaient à mes oreilles comme le bruit de dents occupées à ronger des os. Il me semblait encore entendre les gémissements des trois sœurs, et même je crus voir les hautes herbes s'agiter derrière Tio Barrigudo, comme si elles étaient écrasées par un corps qui rampait mystérieusement.

Cette vision était moins fantastique qu'on pourrait le supposer. On va en avoir la preuve.

Santa-Maria, fidèle à sa promesse, venait d'entreprendre la légende de la *Lagoa*. Il avait à peine abordé son sujet, lorsque Valcoreal se dressa sur ses pieds.

— *Demonio!* s'écria-t-il sourdement.

Et bondissant devant lui, il s'élança du côté des mules.

Jugez de notre surprise, en apercevant une masse noire se lever au pied des bêtes, et Gregorio et le mulâtre s'étreindre avec fureur.

L'assassin, naguère mourant et enchaîné, avait les mains libres à cette heure, et, malgré tout le sang qu'il avait perdu, il dépensait une vigueur extraordinaire.

Lasaro, je le soupçonnai tout d'abord, n'avait pas employé, à bassiner les blessures du prisonnier, toute la cachaça mise à sa disposition pour cet usage. La liqueur prise à forte dose, en rendant son énergie au chef monhambala, devait lui avoir inspiré l'idée de reconquérir sa liberté. L'extrême attention que provoquaient chez nous les récits des capitães, avait certainement donné à l'esclave l'espoir de tromper la surveillance de ses ennemis. Le voisinage des mules, enfin, lui fournissait les moyens de réaliser son projet.

Voilà ce que je compris aussitôt.

Mais la corde qui serrait ses mains derrière le dos et qui le retenait, par le milieu du corps, attaché à un arbre ; cette corde que le capitão Santa-Maria avait naguère soigneusement examinée, comment le noir avait-il pu en trancher ou en défaire les nœuds?

La réponse à cette question ne se fera pas attendre.

Cependant la lutte présentait un caractère de férocité inouïe.

Francisco Valcoreal avait déjà un morceau de la joue enlevé, lorsque son camarade accourut à son secours.

Gregorio, serré à la gorge, posa une main sur le tronc d'un oyty, dans l'intention d'y prendre un point d'appui momentané. Le poignard de Santa-Maria traversa la main du noir et la cloua contre l'arbre.

C'était horrible à voir.

Je me précipitai vers les combattants, pour réclamer en faveur des droits de l'humanité ; mais ma parole ne fut pas écoutée. Mulâtres et noir ne voulaient pas de grâce ; ils ne s'en faisaient point.

La voix du courtier et celle de Manoëla, par leur intonation impérieuse, me rappelèrent de leur côté. Une autre scène de ce drame esclavagiste se passait derrière moi, pendant que j'intervenais en faveur de Gregorio. Après le coup de poignard du capitão Carlos, un rugissement avait répondu au rugissement de l'assassin. Lasaro venait de saisir son facão. Il allait voler au secours de son ancien chef, lorsque João l'entoura de ses bras par derrière.

João n'avait pas oublié le meurtre du giboya, et le refrain de la chanson improvisée par Lasaro retentissait encore à ses oreilles. En conséquence, le Cabinda ne pouvait négliger l'occasion qui se présentait de faire sa cour aux blancs, tout en satisfaisant un ressentiment personnel.

— Ce n'est point Panga ; c'est le Cabinda qui se mesurera avec le Monhambala, dit-il, en étreignant Lasaro, et en paralysant ainsi tous ses mouvements.

Lasaro écumait et se démenait comme un beau diable, jurant que lui et son chef viendront à bout de tous les mulâtres et de tous les noirs réunis, et que, puisque la senhora Rebentão ne doit pas être punie, Gregorio, qui n'a fait que lui obéir, ne mérite aucun châtiment.

Le courtier et Manoëla, qui s'étaient rapprochés avec moi des Capitães-do-mato, comprirent le danger et sautèrent chacun sur un fusil. C'est alors qu'un appel me fut adressé par eux.

La négresse avait une pose vaillante et son œil brillait d'un éclat étrange, pendant que le canon de son arme était braqué sur le groupe formé par les deux noirs.

— Les gueux se sont entendus, me dit Fruchot ; mais je me charge de celui-ci. Holà ! hé ! poursuivit-il en s'adressant à Lasaro, lâche ton facão ou je te casse la tête.

Le Monhambala se roidit, et, par un effort violent, il s'arracha à moitié des mains de João ; mais celui-ci remit ses bras dans l'étau.

— Lâche-le, reprit le courtier, que la colère gagnait à son tour, et je lui logerai mon plomb dans la cervelle.

Je m'approchai des esclaves, toujours enlacés, et j'obtins de Lasaro qu'il m'abandonnât son arme.

— Tu me payeras cela à la première occasion, murmura-t-il à João, lorsque celui-ci lui eut rendu la liberté de ses membres.

La lutte des capitães et de l'assassin avait pris fin

aussi. Les jambes liées ensemble, les deux mains attachées derrière le dos, Gregorio se voyait réduit à la plus complète impuissance. Mais le capitão Francisco était exaspéré. Le sang coulait abondamment de sa joue entamée, et de plus, il portait au cou des blessures profondes faites par les ongles de l'esclave.

Les pistolets avaient glissé de sa ceinture. Il les ramassa, et il se précipita, avec des intentions bien évidentes de justice sommaire, vers le Monhambala redevenu immobile.

L'extrémité du canon s'appuya aussitôt sur l'oreille du noir. Je n'eus que le temps de pousser un cri d'effroi.

— Mais c'est un assassin, un assassin et un calomniateur! me dit Carlos Santa-Maria.

— Laissez aux lois le soin de le punir, répliquai-je en saisissant le bras du mulâtre.

— Mais la loi me rendra-t-elle le morceau de chair que le cachorro m'a enlevé? s'écria le capitão Francisco en grinçant des dents.

Un nouveau sifflement, orné cette fois de roulades fantaisistes, et qui retentit à quelques pas de nous, interrompit à propos cette discussion.

En nous retournant, nous aperçûmes les deux chevaux des capitães, montés chacun par un homme, qui cheminaient paisiblement dans le sentier qui, en cet endroit, coupe la forêt.

Dans l'un des cavaliers, je reconnus, non sans une surprise extrême, Tio Barrigudo. L'autre était ce même Boticudo que la vitesse de ses jambes avait soustrait, la veille, au plomb et aux cordes des Capitães-do-mato.

— Le diable s'en est donc mêlé! s'écria l'un des mulâtres, à cet aspect.

— Le vieux Piaye est libre, et ces affreux cannibales nous raillent, en nous volant nos chevaux! ajouta son compagnon d'une voix tremblante de colère, et aussi d'une certaine terreur.

Et, de fait, les sifflements continuaient de plus belle, jetant aux échos de la forêt des trilles et des vocalises à rendre la Patti jalouse.

— Aux mules! aux mules! s'écria le bouillant Valcoreal.

Les mules étaient couchées sur l'herbe. Elles ruminaient toujours, en renâclant.

C'est en vain que, dans leur impatience brutale, les capitães leur donnèrent force coups de pied dans les flancs. Les pauvres bêtes ne changeaient pas de position.

Sous cette toiture sombre que forment les arbres et les lianes entrelacés, la clarté du jour ne pénètre qu'avec peine. Les mulâtres, que la fureur aveuglait, ne distinguaient rien encore qui pût leur expliquer l'immobilité et les renâclements incessants des mules. Voulant à tout prix poursuivre les fugitifs, ils prirent une mule, l'un par la tête, l'autre par la queue, et ils la soulevèrent. L'animal fut bien forcé de se lever; mais, dès qu'il ne fut plus soutenu, il se laissa choir lourdement, éclaboussant de la terre rougie sur les capitães.

Ceux-ci examinèrent alors le sol humide sur lequel ils marchaient. Ils constatèrent qu'ils piétinaient dans une boue sanglante. L'affreuse vérité ne tarda pas à être entièrement connue. La mule ne pouvait se tenir sur ses jambes, parce qu'on lui avait coupé le jarret gauche du train de derrière. Les trois autres bêtes furent rapidement visitées ; les malheureuses avaient subi la même mutilation que leur compagne.

Je ne chercherai ni à décrire les gestes menaçants des mulâtres, ni à répéter les blasphèmes et les imprécations qui sortaient de leur bouche.

Rien ne devait rester obscur pour nous dans la fuite qui s'accomplissait sous nos yeux. Je venais de ramasser les cordes qui serraient naguère les poignets de Gregorio et le corps de Tio Barrigudo ; ces deux cordes avaient été tranchées franchement et d'un seul coup, par une main vigoureuse.

L'auteur de cette audacieuse opération ne voulut pas nous laisser le moindre doute sur l'identité de son personnage. Cessant tout à coup d'imiter le surucúa, il poussa trois miaulements, sur le même diapason précédemment adopté, lorsqu'un premier signal avait été envoyé au vieux Piaye.

On ne pouvait pas narguer plus effrontément ses ennemis ! Aussi, ce dernier outrage porta jusqu'à la rage la fureur des capitães.

Oubliant l'assassin, à cette heure, ils s'élancèrent, le doigt à la gâchette du fusil, sur la trace des deux Indiens.

Des applaudissements retentirent alors à mon côté.

Fruchot, séduit par la brillante audace du guerrier boticudo, ne pouvait retenir les bruyantes manifestations de son enthousiasme.

— Bravo ! bravo ! ô fils du désert ! disait-il, en battant des mains. Voilà qui est bien joué ! très-bien joué ! supérieurement joué ! Mes vœux sont avec toi, jouteur incomparable, et aussi avec ton digne compagnon !

Le courtier, on en a une nouvelle preuve, n'avait pu entièrement dépouiller le vieil homme. La folle du logis le visitait par moments ; il était resté artiste, en un mot.

Heureusement, les capitães ne pouvaient pas l'entendre !

La course impétueuse qu'ils accomplissaient ne devait produire, elle ne produisit, en effet, aucun résultat. Un dernier chapelet de perles fut égrené par la voix railleuse du Boticudo, et les chevaux, fortement talonés, disparurent derrière les arbres.

Les mulâtres déchargèrent leurs fusils devant eux ; c'était là l'unique protestation qui leur fut permise. Ils revinrent alors au campement, l'oreille basse, l'air farouche et sinistre.

— Le noir payera pour tous ! murmura Valcoreal, en marchant droit à Gregorio.

Ces paroles indiquaient clairement qu'une résolution fatale venait d'être arrêtée entre les capitães. J'intervins une seconde fois avec Fruchot et Manoëla.

— Ce scélérat est incapable de faire un pas, observa Valcoreal, et nous ne pouvons le transporter à dos de mule. Le seul moyen de nous en débarrasser est de l'expédier rapidement. Une balle dans la tête fera justice de l'assassin.

Ce disant, il arma son pistolet.

Nous ne pouvions pas, cependant, laisser ainsi égorger un homme, même un criminel, en notre présence. Nous entreprîmes les deux capitães.

— Vos Seigneuries ne comprennent donc pas tout ce que souffrent des gens de cœur de se voir mystifiés, bernés, volés et déchirés par-dessus le marché ? s'écria Valcoreal en portant la main à sa joue.

— L'esclave et les Boticudos s'étaient entendus, cela est sûr, observa l'autre mulâtre.

— Notre opinion est conforme à la vôtre; mais, réfléchissez-y : en achevant ce malheureux, vous n'aurez pas droit à la magnifique récompense qui vous serait comptée, si vous le rameniez vivant.

— Nous serons vengés, du moins, répliqua Valcoreal d'une voix sourde.

Manoëla prit la parole à son tour, sur un signe du courtier. Le prestige dont nous avions entouré la Mina nous fut, en ce moment, d'un puissant secours.

Santa-Maria partageait, certes, les ressentiments de son camarade. Néanmoins, l'idée de perdre la somme promise parut faire sur lui une certaine impression. Il tenait également beaucoup à se ménager la protection de la fille de l'officier de la garde-robe impériale. L'intérêt plaida chez lui la cause de l'humanité, et il adressa quelques mots dans ce sens à Francisco.

Celui-ci, plus fougueux, plus dominé par la haine, repoussa d'abord toutes les sollicitations. La vie humaine est comptée pour si peu de chose sous les tropiques ! Que pouvait donc valoir celle d'un Africain, d'un esclave, d'un meurtrier, aux yeux d'un individu habitué aux émotions quotidiennes de la bataille, et dont le sang coulait toujours de ses chairs entamées? Pourtant, lorsqu'il nous vit déterminés à empêcher l'exécution de Gregorio, il commença à se radoucir.

— Mais, comment transportera-t-on ce scélérat jusqu'à la fazenda du senhor Pedragulho? demanda-t-il enfin.

Il lui fut répondu que ce soin nous regardait, et que le moribond serait chargé sur les épaules des deux esclaves.

Le vindicatif capitão hésita un instant encore; puis, à une dernière prière de Manoëla, il se décida à remettre le pistolet à sa ceinture.

Voilà comment un mensonge inoffensif, après avoir empêché un conflit sanglant de s'élever entre nous, eût encore pour effet de sauver la vie d'un homme.

Manoëla, en ménagère prévoyante, avait emporté à tout hasard, un petit flacon d'un liquide jaune, à forte odeur de térébenthine. C'était du *sassafras*. Le bois de cet arbre, que la médecine emploie chez nous seulement comme diurétique et sudorifique, possède une autre propriété bien connue des nègres et des Indiens. L'essence de sassafras et la poudre qu'on obtient de l'écorce pilée sont de puissants siccatifs. Par le moyen de l'une ou de l'autre, on arrête aussitôt l'écoulement du sang.

La Mina s'était servie du sassafras pour panser la main de Gregorio. Elle lava de nouveau, et avec autant d'efficacité, la blessure de Valcoreal avec le liquide jaune.

Un brancard venait d'être établi; recouvert de branchages croisés, il reçut le corps de l'assassin.

Heureusement, les selles avaient été suspendues à un arbre pendant que les chevaux broutaient. Les larrons boticudos ne purent donc pas les emporter. Une des deux selles devint l'oreiller de Gregorio; l'autre fut placée sur le dos du petit Fidelis.

Avant de nous remettre en route, l'humanité nous commandait de terminer les souffrances des quatre mules. Les pauvres bêtes se trouvaient complétement hors de service, et nous devions les laisser là où elles étaient tombées. Une balle dans l'oreille de chacune d'elles les plongea dans l'éternel sommeil.

Le signal du départ fut alors donné.

João et Lasaro, momentanément réconciliés, ouvraient la marche.

Suivait le moleque, retenu à la ceinture par une corde attachée au bras du taciturne Valcoreal.

Fruchot, Manoëla et moi, nous formions l'arrière-garde.

Tous, il est inutile de le constater, nous portions l'arme à la main, et nous nous tenions prêts à recevoir les Indiens, s'il leur prenait fantaisie d'entraver notre route, ce qui, du reste, n'était guère probable.

Pendant que les capitães cheminaient silencieusement, Fruchot et moi nous nous entretenions de la tactique savante, — composée de ruse perfide et de froide intrépidité, — employée par les Boticudos et le chef monhambala, en cette circonstance.

L'envoi de la cachaça, fait par le vieux Piaye à Gregorio, et les paroles de remercîments de celui-ci, auraient suffi, à la rigueur, pour établir déjà l'entente des Indiens et du noir.

Depuis la capture de Gregorio, les deux prisonniers avaient su se concerter ensemble, sous les yeux mêmes des mulâtres. Dans des conjonctures périlleuses, un mot, un geste, un regard, valent de longs discours.

Tio Barrigudo était donc parvenu à communiquer à l'esclave son espoir d'être secouru par le Boticudo fugitif, et l'esclave, à son tour, avait fait la leçon à Lasaro, au moment où celui-ci bassinait les plaies de son chef.

Les signaux envoyés vers lui par les miaulements et les sifflements imitant la voix du jaguar et celle du surucúa, Tio Barrigudo les avait expliqués à Gregorio, en l'avertissant de se tenir sur ses gardes, et que le libérateur approchait.

Le farouche monhambala ne se doutait guère qu'il n'était qu'un auxiliaire sacrifié d'avance, et que son rôle consistait à concentrer l'attention sur lui, afin de faciliter la fuite des Indiens.

Probablement le guerrier boticudo, rampant sur le ventre et se glissant, comme un serpent, parmi les hautes herbes, s'était d'abord approché des mules et leur avait fait subir l'horrible mutilation du jarret. Cet acte barbare, ignoré de Gregorio, bien entendu, était une des premières conditions du succès.

Ces prémices posées, il nous est facile de reconstituer scène par scène le drame sauvage dont nous venions d'être, coup sur coup, les témoins stupides et les spectateurs ébahis.

Gregorio, heureusement débarrassé de ses liens, se traîne vers les mules qui doivent, dans sa pensée, l'emporter loin de ses ennemis. La cachaça qu'il a bue, la perspective de la pendaison, l'amour de la liberté, lui rendent momentanément les forces qui lui sont nécessaires; mais découvert par les capitães, ce qui ne pouvait manquer d'arriver, il lutte contre eux, pendant que Lasaro opère en sa faveur une utile diversion.

Les mulâtres et les noirs aux prises, et les blancs distraits forcément par le double conflit engagé sur deux points différents, telle est la situation préparée par le guerrier boticudo.

L'occasion préparée est venue.

L'Indien rusé se traîne vers Tio Barrigudo, et il coupe la corde attachée autour du corps du vieillard. Ils rampent alors tous deux vers les chevaux. Une fois en croupe, ils sont bien certains que toute poursuite devient désormais impossible, en l'état où se trouvent les mules.

La dernière scène est connue.

Et dire que cette audacieuse combinaison a été conçue dans le cerveau d'un de ces sauvages qu'on déclare si complétement abrutis!

Dire que cette combinaison a été exécutée, en plein midi, en face de cinq canons de fusil, par un seul individu, et, ainsi, que cet individu si méprisé à réussi à duper: premièrement, deux noirs intéressés à se méfier d'un Indien; puis, deux gendarmes ombrageux qui tenaient ouverts leurs yeux et leurs oreilles; et enfin deux blancs devenus, par la force des circonstances, les alliés des gendarmes!

Voilà ce qu'admettront difficilement ceux qui ignorent la vie des forêts, et ceux aussi qui, sur la foi des documents brésiliens, ont considéré jusqu'ici les Boticudos comme appartenant à une race inférieure, même parmi les Indiens.

Est-ce encore une exception que j'ai rencontrée ?

J'aurais peine à le croire.

Bien plus : désormais je me crois fondé à soutenir que les adorateurs de Tarou, le *dieu terrible, mais juste* (c'est la formule consacrée chez les Boticudos) sont, sans doute, plus indomptables, plus cruels, que les Tupinambas, les Puris, les Mimderecús, les Guaycurús, les Muras même, si l'on veut; mais qu'ils ont reçu de la nature une somme d'intelligence égale à celle des autres peuplades rouges.

Fruchot, en artiste qu'il était, admirait encore le *génie* (le mot est de lui) dépensé pour mener à bien un plan aussi compliqué, l'auteur de ce plan fût-il un affreux cannibale comme un guerrier de la nation des Fans, lorsque Santa-Maria se tourna vers nous, pour nous montrer les murailles blanches d'une habitation.

— C'est là la fazenda des *Tres Virgems*, dit le mulâtre.

Nous venions de sortir de la forêt ; de vastes plantations de caféiers et de cannes apparaissaient o rs à nos regards.

L'horrible souvenir qui se rattachait à la fazenda des *Tres Virgems* raviva, il paraît, la colère concentrée du capitão Valcoreal.

— Tout n'est pas fini entre nous et les deux Boticudos, proféra-t-il en serrant le poing. Certainement, ils iront à la *Lagoa* pour chercher à se rendre favorable la *Mãe das aguas*. Nous nous y rendrons, nous aussi, et, si nous les rencontrons, je jure bien, par les plaies du Christ! de les ramener à São-Jorge morts ou vifs.

Ces mots me rappelèrent la légende dont Santa-Maria entreprenait le récit au moment de la lutte de Valcoreal et de Gregorio. Mais le capitão ne me sembla guère disposé à recommencer sa narration. Aussi, je ne le priai point de tenir sa promesse.

J'ai eu l'occasion, à mon retour de Bahia, de visiter la *Lagoa*. C'est sur le théâtre même des événements qu'elle rapporte, que la légende m'a été racontée. Je me trouve donc en mesure d'abandonner les mulâtres à leur silence farouche, sans que la curiosité du lecteur, précédemment excitée, soit trompée dans sa légitime attente.

Comme aucun incident nouveau n'a marqué la fin de notre voyage, je crois le moment favorable pour prendre la parole, à la place du capitão Santa-Maria.

CHAPITRE VII

La légende de la *Mãe das aguas.* — Le Gaffouné. — L'éducation des enfants. — Origine divine de l'esclavage.

A MÃE DAS AGUAS

(La Mère-des-Eaux)

C'est une chose curieuse de retrouver au fond des forêts vierges de l'Amérique les superstitions de la Grèce païenne et celles des Gaulois nos ancêtres. Les génies des eaux et des bois, *Janchons* chez les Boticudos, *Ouiaoupia* chez les Tupinambas, — ces deux grandes nations qui personnifiaient les deux races tupique et tamoyo, qui possédaient autrefois toute l'Amérique du Sud, — ne représentent-ils pas les dieux inférieurs qui présidaient aux fleuves et aux bocages : faunes, satyres, naïades, hamadryades de la mythologie? Géropary, n'est-ce pas le dieu Pan en personne? Il n'est pas jusqu'à la sirène d'Ulysse qui n'ait traversé l'Océan pour venir habiter un lac du Brésil, *a Lagoa*, le lac sacré pour les Boticudos, autant qu'étaient sacrés pour les druides le lac de Toulouse et celui que Strabon appelle le lac des *Deux-Corbeaux.*

Lorsque, après avoir remonté le Rio-Patype, on a pu contempler le magnifique spectacle qu'offrent les alentours de la Lagoa, on comprend l'enthousiasme dont ce lieu de délices était l'objet de la part des Boticudos. La Lagoa devait, en effet, servir d'asile à quelque gracieuse divinité.

On vient de franchir les derniers arbres de la forêt; l'horizon s'éclaircit tout à coup, et l'on pénètre dans un vallon verdoyant entouré à l'est et au sud par des hauteurs boisées que l'éloignement revêt de teintes bleuâtres. C'est là que se trouvent en abondance les mines d'or et de diamants si fréquemment visitées, au dix-septième et au dix-huitième siècles par les, *bandeirantes* Paulistes. A mesure qu'on avance, les lignes, faiblement estompées au flanc des montagnes, se dégagent de la vapeur lumineuse qui les accusait à peine et déploient aux yeux charmés leurs généreuses proportions. Le panorama prend à chaque seconde des tons plus vigoureux et plus éclatants; le paysage se montre enfin dans toute sa majesté sereine.

Ces hauteurs couvertes de grands arbres, dont les fleurs d'un rouge vif et les panaches verts se détachent sur l'azur clair du ciel; cette plaine remplie de lumière et d'harmonie; ces oiseaux aux couleurs variées : — le *Caraüna* noir, le *Gallo de Campinha* blanc, avec des ailes brunes et la tête rouge, le *Patativa* jaune avec une couronne noire, le *Cotinga* bleu, le *Tangara* tricolore, — qui sautent de branche en branche en chantant leurs amours; et puis, au centre du vallon, cette vaste nappe d'eau, étincelante, miroitante, sous les rayons du soleil;

tout cela et la forêt qui étale à l'orient ses profondeurs mystérieuses, et le Rio-Patype qui se déroule au nord comme un ruban d'argent, composent un tableau plein d'une grâce ingénue et d'une beauté splendide qu'on ne peut contempler sans une religieuse émotion. C'est, qu'en effet, un souffle puissant, fécond, divin, circule à travers le paysage. Aussi, en présence de cette séve luxuriante, de cette vie qui déborde de partout, des arbres, du fleuve, du lac, du ciel, de l'air, le cœur s'épanouit comme la création, l'âme se fond en elle, l'esprit s'identifie avec elle. L'on éprouve alors, en même temps qu'un sentiment de respectueuse adoration, un peu de l'orgueil philosophique que Lucain prête au vieux Caton, dans ces vers sublimes :

> Est-ne Dei sedes nisi terra, et pontus et aer,
> Et cœlum et virtus? Superos quid quærimus ultra?
> Jupiter est quodcunque vides, quodcunque moveris?

Vous connaissez le cadre.

Placez maintenant sous la voûte profonde que forment les branches d'un quatelé gigantesque (*Lècythis ollaria*) un vieux guerrier buticudo qui fume mélancoliquement sa pipe, et une jeune fille indienne aux longs yeux mongols.

Le guerrier (c'est un Piaye redouté, surnommé par les Portugais le *Grand-Tarou*, à cause du nom appliqué au maître de la création dans la théogonie des Boticudos) est un vieillard long et mince, dont toute la personne accuse quatorze ou quinze lustres.

Le Grand-Tarou est un demi-civilisé puisqu'il a reçu

le baptême. Cela vous explique pourquoi sa peau rougeâtre, son nez épaté, ses yeux obliques et sa lèvre qui porte encore les marques de la *botoque*, ne composent pas une physionomie farouche, repoussante, pareille à celle de Tio Barrigudo par exemple.

Son regard est presque doux.

Néanmoins, lorsque l'Indien s'anime en parlant, on découvre, dans l'éclair de sa prunelle, un reste de cette flamme sombre qui n'est que le reflet de l'existence aventureuse qu'on mène au fond des solitudes.

Le portrait du Grand-Tarou ne serait pas complet si j'omettais de signaler, avec son pantalon de cotonnade rayée de bleu, le bonnet de toile végétale, un spathe de palmiste, qui lui sert de coiffure[1]. Un collier de petits cylindres de jeunes bambous, terminé par une croix de bois, entoure le cou du vieillard et descend sur sa poitrine nue.

Tout en fumant sa pipe, le Grand-Tarou confectionne des chapeaux de paille d'*urucuri*, et de temps en temps il jette un regard de convoitise sur une bouteille de cachaça, au moyen de laquelle le Brésilien Evangelista, mon compagnon de chasse, espère lui délier la langue.

A ses côtés se tient *Tarou-Niom* (Soleil-Nuagé), sa bru. Elle fabrique des boîtes, des corbeilles, des *cestinhas* de différentes formes, avec les fibres du *taqua-*

1. Le spathe est la partie membraneuse qui protége les jeunes régimes de coco, les narcisses, les arums, toutes les parties de la fructification chez certaines plantes, en un mot. Les Indiens enlèvent le cornet avant qu'il e crève et s'en font volontiers un couvre-chef.

rassou et les folioles du *carnahuba* ou palmier à cire. Un petit enfant tout nu se roule sur l'herbe à ses pieds.

Tarou-Niom, malgré ses yeux mongols, la proéminence des os des joues, ses cheveux rasés autour des tempes, possède une physionomie grave, sérieuse, éclairée, pourtant, par une prunelle limpide et douce dont les rayons, lorsqu'ils tombent sur vous, font l'effet d'une caresse. Rien de gracieux comme sa pose penchée en nous regardant; rien de riche et d'original comme sa coiffure :

Figurez-vous toute une famille d'insectes piquée au bout de petites branches flexibles. Les baguettes liées ensemble forment une couronne, et cette couronne, Tarou-Niom l'a mise sur sa tête.

Jamais diadème de perles et même de diamants; jamais fleurs brillantes et diaprées ne produisirent l'effet merveilleux de cette guirlande de papillons. Les couleurs éclatantes du leïlus, se mariant aux points jaunes des charançons et aux nuances plus tendres du nestor, entourent d'une auréole de pourpre et d'or le front de la coquette Indienne. A moins de se faire un bandeau royal de l'arc-en-ciel, ou une couronne d'étoiles, je ne vois pas de combinaison qui puisse rivaliser avec l'élégante et splendide parure imaginée par la fille du désert.

Un collier de corail est passé autour de son cou.

En dépit de ses cheveux rasés, de sa jupe de coton trouée en plusieurs endroits, des lambeaux de toile qui remplacent le vêtement indispensable, l'Indienne aux papillons est charmante.

A vingt pas de nous est le lac, où nous distinguons une créature humaine qui se joue parmi les flots. C'est *Petit-Tarou*, l'époux de la jeune femme. Tantôt couché sur le dos, Petit-Tarou semble immobile; il se laisse bercer par les vagues, comme ces damiers qu'on rencontre fréquemment sous les tropiques et qui s'abandonnent aux capricieuses ondulations de l'Océan. Tantôt il fend l'eau de côté, la tête servant de proue, le bras collé contre le flanc. D'autres fois il heurte de front la lame. Soulevé par le flot et porté sur son sommet, il disparaît aussitôt, mais pour quelques secondes seulement, dans la vallée profonde que le flot vient de creuser. L'Indien déploie dans ces exercices nautiques une grâce, une vigueur qu'on ne peut s'empêcher d'admirer. Un dieu marin aurait paru moins à son aise au milieu du lac.

Placé dans ce milieu de beautés primitives et de grâces sauvages, le lecteur comprendra mieux le récit du Grand-Tarou, dont la langue s'est enfin déliée par l'effet de la cachaça, ainsi que nous l'avait promis le senhor Evangelista. C'est un tableau coloré de l'existence aventureuse des Boticudos et une peinture fidèle de leurs superstitions. Je transmets au lecteur cette légende, avec les réflexions qu'elle m'inspire, sans espérer, pourtant, imiter les tours naïfs et les images poétiques dont l'ancien Piaye émaillait son discours.

Le lac qui se déployait devant nous communiquait autrefois avec l'Océan, et ses eaux étaient salées. Il possédait alors une île riante et parfumée qui servait de rendez-vous de plaisir, après les fatigues de la guerre et de la chasse, aux différentes tribus de Boticudos qui, depuis le São-Matheos, erraient sur la côte orientale.

Aujourd'hui, cette île n'existe plus; elle s'est appuyée à la rive; elle forme un prolongement de terre couvert de plantes, d'arbres et de fleurs, qui s'avance dans le lac.

Une touchante tradition des Boticudos, conservée parmi les anciens de la nation, explique ainsi la disparition de l'île et son adhérence actuelle avec la terre ferme :

L'expédition des guerriers contre les tribus hostiles des *Mucunis*, des *Panhamès* et des *Capochos* avait été des plus heureuses. Une grande chasse fut entreprise, qui donna de magnifiques résultats.

Des cadavres de cerfs, de guaribas, de tamanoirs, de couparaks (cougouars), de couparaks-gipakejus (jaguars), étaient entassés dans une pirogue avec des poules sultanes, des pacas, des hoccos, des lézards et ces larves dégoûtantes que fournit le barrigudo. On voyait même, parmi les victimes destinées au festin, un jacaréo de la grosse espèce, harponné par les pêcheurs de la tribu; car tout ce qui a vie est bon pour l'appétit glouton des Boticudos.

L'île produit en abondance l'amande des *lecythis*, dont les sauvages sont très-friands, bien que ce fruit oléagineux donne, dit-on, l'horrible maladie appelée éléphantiasis; l'*issara*, la gousse de l'*inga*, le choupalmiste et le délicieux tubercule connu sous le nom de *cora do mato*.

Le festin ne peut manquer d'être joyeux, car les provisions abondent, et les guerriers n'ont à déplorer la perte que d'un petit nombre de leurs compagnons.

La pirogue quitte la rive, portant, avec les animaux tués, Cacimuru, le chef des Boticudos, ses sept épouses, sa fille Miranha; Macahé, l'amant de Miranha; Jojuiam et Bebji, père et frère de Macahé; Tayrrha, femme de Bebji, et Pejarrhu, le plus savant des devins, qui tient à la main le maraca sacré rempli de graines de l'*aouai*.

D'autres pirogues suivent la première. Ceux qui n'y trouvent pas de place se jettent à l'eau hardiment; ils tiennent leur arc et leurs flèches d'une main, au-dessus de la tête; de l'autre main et des pieds, ils nagent vers le lieu de la réunion où ils ne tardent pas à aborder.

La tribu tout entière foule le sol de l'île. Le feu s'allume à l'aide de feuilles sèches, et le gibier rôtit sur des charbons ardents.

Pendant ces préparatifs, les jeux ont commencé. Une peau de unau [1], remplie de mousse, forme un ballon qu'on lance avec force ; elle ne doit plus tomber à terre : sa chute termine le divertissement. Malheur au guerrier distrait qui n'arrive pas assez vivement à la riposte : les

1. *Unau*, quadrupède qui se meut avec une extrême lenteur et qui diffère de l'*Aï* en ce qu'il est dépourvu de queue.

(*Dictionnaire de l'Académie.*)

Aï, quadrupède qui se meut avec une extrême lenteur et qui diffère de l'*Unau* en ce qu'il est pourvu d'une queue.

(*Dictionnaire de l'Académie.*)

Sans manquer au respect dû aux quarante immortels, on peut admettre que cette double définition laisse quelque peu à désirer.

huées et les moqueries de ses compagnons le punissent de son étourderie et de sa maladresse.

Le jeu de la poutre que les Tapuyos portaient en courant jusqu'à l'entier épuisement des forces, a été remplacé, chez les Boticudos, par l'exercice du ballon; moins fatigant, cet exercice divertit aussi davantage.

Douze jeunes filles, commandées par la belle Miranha, désignent trois jeunes hommes, choisis parmi les plus robustes, et les défient à la lutte nautique. Faut-il dire que Macahé se trouve parmi ces derniers.

Les trois Boticudos s'élancent dans le lac et fendent l'eau avec rapidité, poursuivis par la bande des jeunes filles. Ils évoluent, ils voltigent, ils font des passes et des contre-passes où se déploie l'extrême agilité de leurs membres. Aussi habiles qu'eux, les Indiennes leur donnent une chasse animée, et les serrent de près. Tout à coup, les nageurs font volte-face et fondent sur les vierges. La mêlée s'engage, pendant laquelle chacun cherche à peser sur la tête de son voisin et à la plonger dans l'eau. Macahé a réussi cinq fois auprès d'autant d'Indiennes; mais Miranha s'approche traîtreusement de lui, et son bras robuste saisit le cou de son amant. Macahé disparaît. Au moment où il revient à la surface, il aperçoit Miranha dont la jolie figure, si riante naguère, s'est tout à coup attristée.

— Qu'as-tu donc? demande avec inquiétude le jeune homme.

L'Indienne porte la main à son oreille et lui montre le lobe de cet organe privé du *houma* blanc qui le parait.

— Il vient de rouler dans le lac! murmure-t-elle.

Macahé plonge avec intrépidité. Les lutteurs consentent tacitement une trêve ; ils s'étendent sur le dos pour se reposer. Deux minutes se sont écoulées, et le hardi nageur n'a pas reparu. Le cœur de Miranha bat avec violence : elle se reproche d'avoir exposé son amant à un danger, car le lac est profond à cet endroit, pour ravoir son ornement. Mais une tête sort de l'eau, c'est celle de Macahé. Il porte sur le *gñimato* (c'est la *botoque*), enchâssé dans sa lèvre inférieure, la plaque cylindrique que sa maîtresse a un instant regrettée. Il la lui offre en souriant. Miranha avance la main ; mais elle reste stupéfaite en reconnaissant que ce n'est pas là le *houma* qu'elle a perdu. Au lieu d'être taillée dans le barrigudo, la botoque que lui présente Macahé est faite d'un métal brillant. Des figures bizarres en couvrent toute la surface des deux côtés.

La troupe folâtre allait reprendre ses gracieuses évolutions, lorsqu'un signal parti de la rive annonce l'heure du festin.

Tous sortent de l'eau ; tous se pressent auprès des deux amants pour admirer la rouelle précieuse ramenée par Macahé des profondeurs du lac.

— Écoutez, dit l'Indien. Ma main remuait le sable pour y chercher le *houma* de Miranha, lorsqu'une voix harmonieuse a frappé mes oreilles. J'ai aperçu alors devant moi une femme admirablement belle, qui m'a tenu ce langage : « Je t'ai remarqué ce matin dans la pirogue du chef, et j'ai désiré être aimé de toi. Voilà la botoque de Miranha ; porte-la-lui ; mais n'oublie pas, qu'après le festin, tu dois être prêt à me suivre dans mon palais. »

Cette déclaration amène des larmes dans les yeux de la vierge. Macahé cherche à la rassurer, en lui jurant que son cœur lui appartient et qu'il n'aimera jamais qu'elle.

— C'est ce soir que nous serons unis, dit-il en terminant, et nulle puissance ne pourra m'empêcher de dormir sur ton sein.

La tribu est bientôt instruite de cette aventure singulière ; et les commentaires vont leur train, comme bien vous pensez.

— C'est la *Mère-des-eaux*, proféra gravement Péjarrhu, le chef des Piayes.

La croyance aux sirènes, qu'ont partagée autrefois les nations polythéistes et qui vit encore parmi les colons des provinces dos Ilheos et de Porto-Séguro, était parfaitement admise par les Boticudos. Elle leur avait été transmise par les Aymorès, de qui ils descendent, aussi bien que les Mucunis. Leur foi robuste était entretenue par des légendes tantôt terribles, tantôt riantes, mais toujours amoureuses. Les *Piayes* cherchèrent d'abord à chasser de leur théogonie, cette divinité aquatique qui bravait au fond de l'Océan l'autorité suprême de *Tarou*, le Créateur de tous les êtres. Malgré le pouvoir des Piayes, cette croyance ne put être affaiblie. Les devins ont fait alors volte-face. Sans craindre de se donner un démenti, ils ont reconnu l'existence de ce génie femelle : ils ont prétendu seulement qu'il faisait partie des esprits inférieurs, démons subalternes appelés par eux *Janchons*, qui habitent les forêts et qui obéissent tous au grand Tarou.

On devine l'impression produite par le récit de Macahé sur ces natures superstitieuses. Les guerriers envient le sort de leur compagnon qui a touché le cœur de la *Mère-des-eaux;* chacun aurait voulu être à sa place. Les femmes et les vierges plaignent tout haut Miranha; mais, intérieurement, d'aucunes éprouvent une joie méchante devant la douleur qui l'oppresse, ni plus ni moins que si elles étaient des civilisées.

Cacimuru, le chef des Boticudos, plisse son front superbe, et regarde d'un air menaçant Jojuiam et Bedgi qui reçoivent d'un air satisfait les compliments de leurs voisins.

Cependant les viandes sont prêtes. Le festin commence.

Ce serait un tableau étrange que celui qui représenterait les physionomies et les parures des convives : ces affreuses botoques enchâssées dans les oreilles et dans la lèvre inférieure, dont quelques-unes, au dire de M. le prince de Neuwied, ont jusqu'à quatre pouces quatre lignes de diamètre sur une épaisseur de dix-huit lignes; ces têtes rasées, à l'exception d'une couronne de cheveux qui en couvre le sommet; ces yeux sans les sourcils qui les surmontent, et ces paupières sans cils; ces membres peints en noirs, pendant que d'autres le sont en rouge, tous sillonnés par des dessins bizarres. Et puis, ces longs manteaux traînants composés d'une peau de *tamandua!* Et ces bracelets en plumes d'ara! Et ces huppes étincelantes tirées de la gorge du toucan, qui parent les Indiennes! Tout cela, nous le répétons, formerait une peinture singulière, qui, sans être gracieuse, ne manquerait pas, toutefois, de produire son effet. Mais nous ne pouvons résister à la tentation de consacrer quelques lignes au costume de Cacimuru :

Le chef boticudo a passé deux heures entre les mains de ses femmes. Son visage, teint en rouge avec la pâte qu'on tire de la pellicule du roucou, est partagé en quatre par une ligne croisée, tracée avec le suc du genipayer. Ses traits, déjà défigurés par la botoque, reçoivent de ce masque hideux une expression plus farouche encore. Un diadème éclatant ceint sa tête : il se compose de plusieurs plumes arrachées à la queue du japu, et qu'un peu de cire fait adhérer aux cheveux. Ce diadème, ou *jakerá iunni-oka*, qu'il ne porte que dans les occasions solennelles, achève de compléter la physionomie grotesque, mais horrible aussi, d'un chef boticudo.

A mesure que les mets disparaissent, la préoccupation des convives va s'affaiblissant. Quand la première faim s'est un peu apaisée, la conversation s'anime; elle devient bruyante enfin, car elle roule sur les prouesses des guerriers, pendant l'expédition si heureusement conduite contre les ennemis de la tribu. Les orateurs se succèdent alors; ils parlent, chacun à son tour, des hauts faits qu'ils ont accomplis, du nombre de femmes et de filles qu'ils viennent de priver de leurs époux et de leurs pères chez les Capochos, les Mucunis et les Panhamès. Ils se vantent d'avoir commis des atrocités épouvantables dans les aldées tombées en leur pouvoir, et ils se promettent de renouveler ces actes affreux à la première rencontre.

Les Indiennes, en dignes compagnes des vaillants Boticudos, applaudissent à l'envi ; les vierges, remplies d'un enthousiasme patriotique, font leur choix parmi les jeunes guerriers.

Macahé prend alors la parole :

— A l'attaque de l'aldée des Panhamès, dit-il, j'ai aperçu debout devant une hutte trois guerriers : c'étaient le père et les deux fils. Je saisis à l'instant l'*ouagické-comm*, et ma flèche de guerre frappe le père en pleine poitrine ; il tombe. Les deux fils bandent leur arc : deux flèches viennent s'enfoncer dans le tronc de l'énorme cupiiba qui me sert de rempart. Je lance un second trait : l'aîné des deux frères est atteint au cœur. J'allais viser le plus jeune, lorsque notre chef redouté, le grand Cacimuru, se précipite en avant et force la palissade derrière laquelle s'abritent nos ennemis. Je le suis en courant. D'un bond j'arrive devant la hutte où le guerrier panhamès s'est posté pour défendre sa famille. Je lève le bras, et mon *caratou* (hache de néphrite) lui défonce le crâne. J'entre alors dans la hutte, qui retentit de hurlements et de cris lamentables. Cinq enfants sont égorgés ; trois femmes, l'une âgée, les deux autres jeunes et belles — ce sont les épouses et la mère des deux frères — sont également abattues. Reste un vieillard, qui, du coin où il est accroupi, tient un arc et cherche, de ses mains débiles, à ajuster une flèche sur sa corde de *tucum*. Je l'immole sans pitié à ma fureur. Cela fait douze Panhamès qui n'iront plus cueillir le miel parfumé dans les forêts, et qui sont tombés sous mes coups.

Aujourd'hui, rassasié de sang et de carnage, je n'aspire plus qu'à reposer ma tête sur le sein de la belle Miranha et à m'endormir, bercé par ses bras caressants.

Ainsi parla le guerrier boticudo.

Chacun félicite Macahé. Les femmes lui jettent les fleurs de leurs sourires; et Miranha, le cœur délicieusement ému, rougit de plaisir.

Dans ce moment, les accents d'une voix mélodieuse se font entendre. Ces mots parviennent, portés par une brise légère, jusqu'au lieu du festin :

— Macahé! Macahé! l'heure arrive, l'heure est arrivée. Tu n'appartiens plus à Miranha; c'est moi qui suis ta fiancée. Viens goûter auprès de la Mère-des-eaux le bonheur réservé aux immortels.

Cette voix, d'un effet puissant, adoucit soudain les farouches physionomies des Boticudos. Miranha seule reste insensible à l'harmonie qu'elle sème dans l'espace; loin d'éprouver du plaisir, comme les membres de la tribu, elle ressent un froid mortel au cœur et se serre instinctivement contre son amant. Le grand Cacimuru plisse de nouveau le front et sait résister à l'entraînement général.

Quant à Macahé, le charme de cette voix le possède entièrement. Un sourire commencé à l'adresse de Miranha se glace à l'instant sur ses lèvres; puis, comme attiré par un aimant invisible, il quitte sa place et s'élance en avant. Miranha avait passé ses bras autour du cou de Macahé; un mouvement brusque la jette sur ses compagnes. Le robuste Cacimuru se précipite sur lui et le saisit par le milieu du corps. Doué à cette heure d'une force surhumaine, Macahé s'arrache facilement à cette étreinte; il envoie rouler le chef, son diadême d'un côté, son auguste personne de l'autre, aux pieds de sa fille. Ainsi dégagé, il suit le courant mystérieux qui vient de s'établir devant lui et il atteint le bord de l'eau.

La voix reprend :

— Macahé! tu m'appartiens! Macahé viens à moi!

Ravi, fasciné, subjugué par ces accents, Macahé plonge dans le lac et disparaît aussitôt.

Cependant le père de Miranha, un moment étourdi par sa chute, se relève et veut continuer à poursuivre l'infidèle. Les guerriers lui apprennent alors ce qui vient de se passer. Cacimuru s'approche du vieux Jojuiam, après avoir ramassé, toutefois, son splendide jakerá iunni-oka.

— Jojuiam, dit-il, en se campant dans l'attitude de la provocation, un bien grand outrage vient d'être fait au chef des Boticudos.

— Je le sais, répond simplement le vieillard.

— Séduit par les accents harmonieux de la Mère-des-eaux, Macahé a abandonné sa fiancée, et Miranha devra cette nuit, à cause de la fuite de ton fils, dormir seule dans la cabane de son père.

— Je sais cela, répète le vieillard.

— Eh bien! je prétends, moi, Cacimuru, chef des Boticudos, que le procédé de Macahé constitue une grave offense, et je te demande une réparation par les armes, suivant la coutume des Aymorès, nos illustres ancêtres.

— Tu auras cette réparation, dit Jojuiam.

Le chef rejoint sa fille qui vient de reprendre connaissance et qui demande, en pleurant, qu'on lui rende le beau Macahé, son époux.

Le savant Pejarrhu s'approche de Miranha et cherche à la consoler.

— Mon enfant, lui dit-il, crois-moi ; au lieu de t'abandonner ainsi au désespoir, demande plutôt au Créateur des êtres de venir à ton secours. Tu n'ignores point que, dans ma jeunesse, je suis resté cinq hivers prisonnier chez les Guaycurús. Loin de me désoler lâchement, j'ai eu confiance en Tarou, et Tarou m'a sauvé. C'est lui, c'est LE DIEU TERRIBLE, MAIS JUSTE, qui a facilité ma fuite à travers le désert et qui m'a ramené sain et sauf dans une tribu de Boticudos.

Et, comme la jeune vierge ne cessait pas de pousser des sanglots, le Piaye reprit :

— Écoute, enfant, cet apologue que j'ai retenu pendant ma captivité :

« Un cavalier guaycurú, traversant le sertão, s'entend appeler par une voix gémissante. Il s'élance du côté où la voix est partie et aperçoit un cascavel qui se tord au milieu d'un cercle de feu.

— Au nom de Dieu, tire-moi de là et sauve-moi la vie, dit le reptile en l'implorant.

Le cavalier se laisse toucher. Il tend sa longue lance; le cascavel s'entortille à l'extrémité de la flèche et il le ramène à lui. Comme le feu a brûlé en plusieurs endroits le serpent, le cavalier frotte ses plaies avec de la graisse de nandu et les guérit. Le cascavel étreint alors le corps de son sauveur et s'enroule autour de son cou. Le cavalier croit que ce sont là les évolutions de la reconnaissance; il est bientôt détrompé en se sentant étrangler par les doubles nœuds du reptile.

— Que fais-tu donc là? lâche-moi, lâche-moi; tu m'étrangles, murmure-t-il d'une voix étouffée.

— Je veux aussi t'étrangler, répond le cascavel.

Et les nœuds s'entortillent plus serrés.

— Malheureux! c'est donc là la récompense du service que je t'ai rendu, en te sauvant la vie, murmure encore le cavalier.

Comme si ces reproches l'eussent touché, le serpent s'arrête dans ses évolutions.

— Écoute, dit-il; tu m'accuses à tort d'ingratitude. Tu subis en ce moment la loi commune. La loi, c'est de rendre le mal pour le bien.

— Tais-toi, blasphémateur, répond le cavalier.

— D'où sors-tu donc, puisque l'énonciation d'un fait aussi simple excite ton courroux?

— La loi, c'est de rendre le bien pour le mal, au contraire, et tu outrages Dieu en soutenant qu'il a ordonné de rendre le mal pour le bien.

— Comme je tiens à te convaincre et à ne pas passer pour un ingrat à tes yeux, non plus que pour un ignorant, je t'accorde une heure de répit. Une heure me suffira pour te fournir la triple preuve dont tu as besoin.

Le cou du Guaycurú redevint libre.

Le cheval altéré flaira une source dans le taillis voisin. Il y courut et se mit à boire. L'eau de la source faisait entendre des plaintes.

— Qu'as-tu donc? demanda le voyageur.

— Je suis indignée de l'ingratitude des humains, répondit la source. J'offre généreusement mon eau limpide aux hommes et aux bêtes, et, au lieu de me remercier, les bêtes entrent dans mon lit et troublent la pureté de mon eau. Je suis souillée, en récompense de mes services.

— Première preuve, observa le cascavel.

— Ce sont les animaux qui sont coupables et non pas les hommes, répliqua le cavalier.

En descendant les bords du *Río-Cuyaba*, ils entendirent encore des gémissements. Qui les poussait? C'était un beau palmier, dont le tronc était partagé par une longue et profonde entaille.

— Que t'est-il donc arrivé? demanda de nouveau le Guaycurú.

— Oh! Dieu n'est pas juste, dit le palmier, puisqu'il a permis que les hommes auxquels je ne fais que du bien me maltraitassent de la sorte. Mes branches leur donnent un frais ombrage; mes feuilles leur présentent une gomme précieuse, et mes fruits rassasient leur faim, tout en étanchant leur soif. En récompense de mes bontés, l'homme me perce la chair avec son poignard, et il fait ainsi couler mon sang qui lui sert de boisson. Voyez la profonde blessure qu'il m'a faite et dites-moi si je n'ai pas le droit d'accuser la destinée.

— Cette fois-ci, c'est bien l'homme qui est coupable, observa le cascavel; mais poursuivons notre route.

Ils traversaient alors un bois touffu. Au pied d'un

arbre, ils aperçurent un singe qui sanglotait, en retenant son bras auquel était suspendu un sac de toile.

— Voyageurs, dit le singe, en les implorant, venez donc à mon aide; vous voyez en ma personne une victime de mon bon cœur.

— De quoi te plains-tu? demanda le cavalier.

— Je me plains de ce que la terre appartient aux méchants. Écoutez mon histoire et vous aurez pitié de moi : un jaguar avait été blessé par les chasseurs; le flanc traversé d'une flèche, il allait expirer, lorsque je passe par hasard près de lui; ne pouvant plus parler, il me fait signe de le secourir. Malgré mon aversion bien naturelle pour les bêtes de son espèce, je m'approche et j'arrache la flèche. Le jaguar se trouve déjà soulagé, et il me remercie avec force protestations de dévoûment.

— Maintenant, si je pouvais manger, je recouvrerais mes forces, dit-il.

Je cours à la fazenda voisine; je tords le cou à deux poulets et je les apporte au malade. Celui-ci revient à la vie et me prodigue de nouvelles assurances de son amitié.

— Désormais, dit-il, tes pareils seront sacrés pour les jaguars, en souvenir du service que tu m'as rendu. Tu mettrais le comble à tes bontés, si tu me procurais une jatte de lait; je sens qu'une jatte de lait achèverait d'éteindre le feu que le séjour du fer a laissé dans mes entrailles.

Empressé de déférer à ce désir, je vole de nouveau à la fazenda. Je presse le pis d'une vache qui allaitait son petit, et je reviens près du jaguar avec une calebasse pleine. Le jaguar commence par bassiner sa blessure avec le lait; puis, au moment où je crois qu'il va avaler le contenu de la calebasse, il m'attire à lui, en enfonçant sa griffe dans mon épaule.

— J'ai changé d'avis, dit-il, et je pense que le sang de singe me fera plus de bien qu'une gorgée de lait.

Vous devinez ma terreur. Sans moi, le jaguar, abandonné de ses frères, périssait dans la forêt; je lui sauve la vie, et, pour prix de mes services, il s'apprête à me dévorer. O ingratitude des animaux! Heureusement, j'ai pu m'arracher à son étreinte, non sans laisser quelques lambeaux de ma chair. Aidez-moi donc, seigneurs, à bander mon épaule et je vous donnerai la calebasse pleine de lait qui est au fond de mon sac.

Le cascavel se tourna vers le Guaycurú.

— Tu le vois, dit-il : partout dans le monde, parmi les hommes comme parmi les animaux, le bon est la proie du méchant. Ne te plains donc plus de subir la loi commune, et prépare-toi à mourir.

— Ahi! ahi! s'écria le singe! mon épaule me fait horriblement souffrir : seigneurs, seigneurs, de grâce! bassinez-moi avec quelques gouttes de lait.

— Au fait! si je buvais le lait de ce stupide quadrumane! murmura le reptile; le sang de l'homme me paraîtra meilleur après.

Et relâchant les anneaux qui serraient déjà étroitement le cou du cavalier, il se laissa glisser à bas du cheval et s'approcha du singe.

— Niais! dit-il, cesse de te plaindre, car tu n'as que ce que tu mérites. Où est ton lait, que je le boive?

— Hélas! seigneur, il est au fond du sac, et je ne saurais l'atteindre avec mon bras endolori.

Le cascavel approcha la tête de l'orifice du sac et descendit pour lamper le lait.

Lorsqu'il eut disparu dans les profondeurs de la toile, le singe serra les cordons et emprisonna le reptile.

— Eh! eh! que fais-tu là? s'écria celui-ci.

— Je te punis de tes forfaits, en vengeant tes victimes, répondit le singe qui n'était plus manchot du tout.

Faisant alors tourner le sac autour de sa tête, il le lança avec force contre le tronc de l'arbre et écrasa la tête du serpent.

Il dit alors au Guaycurú :

— Le mal qu'ils voient impuni autour d'eux fait croire aux méchants que la terre leur appartient. Ils comptent sur leur audace pour opprimer les hommes vertueux, et ils poursuivent sans remords la série de leurs crimes. Mais Dieu ne les perd pas de vue. Quoique tardivement, le jour de l'expiation se lève enfin! Le triomphe des méchants est, en somme, de courte durée.

Faites-le bien, et Nanigogigo[1] ne vous abandonnera pas, et les épreuves donneront à votre vertu un éclat nouveau.

1. *Nanigogigo* est le nom de l'Être suprême chez les Indiens Guaycurús.

Allez, voyageur; craignez Nanigogigo, mais ne redoutez pas les méchants.

Cela dit, le singe s'enfonça dans la forêt. »

Le savant Pejarrhu avait parlé; mais, pas plus que ses discours, l'apologue qu'il venait de raconter ne parvint à calmer la douleur de Miranha.

Cependant les jeux ont recommencé, car la fête doit durer trois jours, et l'injure faite à la famille du chef ne doit pas priver les guerriers des plaisirs qu'ils se sont promis de goûter. Quand la lune commence à éclairer la cime des forêts, chaque Boticudo prépare son lit de feuilles sèches et se couche au pied d'un arbre.

Le lendemain, les guerriers sont réunis sur une pelouse verdoyante. Ils forment un cercle autour de deux groupes. Le premier de ces groupes est formé par le grand chef Cacimuru, deux chefs subalternes qui lui servent de témoins, et la plus jeune de ses épouses, la fière Caraïba, dont la lèvre relève horizontalement la botoque dont elle est ornée.

De l'autre côté se tiennent Jojuiam, Bebji, et Tayrrha aux joues rosées, aux longs yeux divergents comme ceux des Mongols, portant aussi fièrement son houma, et défiant déjà de l'œil la compagne du chef. Jojuiam a également ses deux témoins.

La triste Miranha est assise à l'écart. Pendant que son père s'apprête à venger l'affront fait à leur famille, l'épouse délaissée serre sa tête dans ses deux mains et appelle tout bas le beau Macahé, qu'elle ne peut cesser d'aimer.

Bebji s'avance vers Cacimuru :

— Redoutable chef de notre nation, dit-il, hier tu as provoqué mon père Jojuiam à un combat singulier. Mais tu es encore fort et vigoureux, tandis que Jojuiam a déjà le dos voûté et que ses mains tremblent. La partie n'est donc pas égale entre vous deux. Je demande à prendre la place de mon père; je soutiendrai contre toi, ô chef terrible, l'honneur de mon frère absent, pendant que Tayrrha, mon épouse bien-aimée, se mesurera avec ta compagne Caraïba.

— Cette substitution est juste, disent les témoins de Cacimuru.

Un de ceux-ci tient dans ses mains un faisceau de longues gaules, nouvellement coupées dans la forêt. Chacun des combattants en reçoit une et se campe à sa place.

On voit se renouveler alors cette lutte oratoire si familière aux héros d'Homère et qui précède toujours le combat. C'est l'exposé de ses griefs qu'articule l'offensé; c'est la justification de son défi qu'il donne à ses compagnons, véritables juges de la querelle.

— Pensez-vous, ô guerriers, dit-il en terminant, que mon ressentiment soit fondé?

— Il est fondé ! répondent les Boticudos.

A l'instant, Cacimuru brandit son bâton et le laisse retomber à différentes reprises sur les reins de son adversaire. Celui-ci, vaillant parmi les vaillants, reçoit les coups sans opposer la moindre résistance; car c'est la coutume établie autrefois par les Aymorès et transmise par ces Indiens à leurs descendants, de laisser d'abord l'offensé frapper son ennemi, jusqu'à ce que ce dernier soit rentré dans son droit de légitime défense.

Ce droit est maintenant acquis au frère de Macahé. Bebji s'adresse à son tour aux guerriers :

— Compagnons de guerre et de chasse, dit-il ; un grand outrage a été fait au chef Cacimuru par mon frère Macahé. Celui-ci a abandonné la jeune vierge que son père lui avait donnée pour épouse, et il l'a ainsi condamnée aux regrets et aux larmes. Le fait est malheureusement vrai, et le courroux de Cacimuru a été reconnu légitime. Mais l'affront dont se plaint le grand chef méritait-il qu'un défi fût porté à notre famille? que les reins d'un guerrier courageux comme moi fussent marqués par le bâton?

Macahé s'est arraché des bras de la belle Miranha; mais une force surnaturelle le poussait à agir contre sa volonté. La voix enchanteresse de la Mère-des-eaux a pénétré dans son cœur et l'a subjugué. Macahé a perdu dès lors la conscience de ses actions. Macahé est mortel; la Mère-des-eaux est une divinité; toute résistance devenait impossible. Mon frère n'est donc pas coupable de l'acte que lui reproche Cacimuru, puisqu'il obéissait, en l'accomplissant, à une puissance supérieure. Si l'affront existe, l'intention est absente, et notre chef n'était pas fondé à châtier en ma personne la famille de Macahé. Maintenant les coups de gaule ont suffisamment vengé l'affront; à mon tour de punir l'offense qui vient de m'être faite.

— Bebji a raison! Il est dans son droit! dirent les Boticudos.

L'Indien lève sa longue gaule, et il rend avec usure les coups qu'il a reçus. Fidèle aux traditions des ancêtres, Cacimuru ne cherche pas à se soustraire aux effets du ressentiment de Bebji ; il tend le dos jusqu'à ce que les témoins déclarent que c'est assez.

Placés alors en face l'un de l'autre, dans une parfaite position d'égalité, les deux adversaires croisent leurs bâtons et font assaut d'adresse et de force.

La fière Caraïba s'est élancée au milieu de l'arène ; elle rencontre Tayrrha qui l'attend ; alors les deux Indiennes se sont ruées l'une contre l'autre, avec une intrépidité digne des compagnes de deux valeureux guerriers.

Le combat est acharné des deux côtés. Déjà les gaules se sont brisées ; les témoins les ont remplacées aussitôt. Le duel se poursuit avec des chances égales.

Les femmes s'attaquent avec la même ardeur. A genoux toutes deux, elles se portent des coups vigoureux et meurtrissent leur beau sein. Déjà Caraïba a vu couler le sang de son adversaire. L'œil de Tayrrha jette des flammes ; d'une main, elle saisit la couronne de cheveux de son ennemie ; de l'autre, elle étreint sa botoque et elle arrache la rouelle de barrigudo à la lèvre qu'elle vient de déchirer.

Au plus fort du combat, des cris se font entendre :

— Macahé ! Macahé ! disent les voix des femmes.

— Macahé ! c'est lui ! le voilà ! répètent à leur tour les guerriers.

Les témoins ont fait un signal, et les ennemis ont abaissé leur bâton. Tayrrha renonce avec regret à sa victoire; Caraïba mutilée, couverte de sang, mais non domptée, se retire pour faire recoudre avec une liane les deux lèvres de sa blessure, en conservant un air farouche.

Un guerrier s'avance au milieu des Boticudos. C'est Macahé. Il va droit à Cacimuru. Un grand cercle s'établit aussitôt autour d'eux.

— Chef redoutable de notre glorieuse nation, dit-il; aux flammes qui brillent dans tes yeux, je devine les sentiments qui agitent ton âme. Un charme a opéré qui m'a arraché de ces lieux. Maintenant je reviens, rendu à la raison, rendu à l'amour, et plus épris que jamais de Miranha aux yeux bleus.

Ainsi parla Macahé. Tous les regards l'enveloppent; toutes les bouches s'ouvrent pour l'interroger.

— Voici le récit fidèle de mon voyage dans les profondeurs du lac, reprit-il : A peine eus-je disparu sous l'eau, qu'une main douce comme l'aile du toucan toucha ma main, et qu'une voix, plus harmonieuse que le chant du teitei ou du sabiá soupira à mes oreilles : « Enfin, te voilà, mon bien-aimé ! »

La Mère-des-eaux me conduisit alors dans un palais, dont les murailles sont d'une matière jaune qui étincelle aux yeux, comme des tacapes frappées par les rayons du soleil. Des arcs, des flèches, des houmas, des gnimatos, des kekrocks (gobelets), des vases et des meubles de toutes sortes, travaillés avec un art infini dans les bois les plus précieux, remplissaient de vastes salles, étaient suspendues à des colonnes vertes et rouges. Des pierres de différentes formes et de différentes couleurs, inconnues sur la terre, couronnaient le sommet des colonnes. Cette demeure magnifique sert de résidence à la Mère-des-eaux.

— Voilà ce qui désormais t'appartient, ô mon bien-aimé! me dit la puissante divinité.

Des janchons gipakejus, des janchons coudgis (grands et petits génies), tous ayant des bracelets de mouches luisantes, tous avec des botoques de la même matière que celle que j'ai rapportée hier à Miranha, nous servirent un somptueux festin.

— Voilà l'existence que te réserve mon amour, murmura la Mère-des-eaux.

Après le festin, de charmants petits janchons nous conduisirent dans une pièce plus splendidement ornée que les autres. Aux murailles étaient attachés les deux anneaux d'un hamac orné de plumes d'oiseaux inconnus dans nos forêts, mais plus brillantes encore que celles du toucan.

— Et voilà où tu reposeras à côté de moi, ô mon beau guerrier! soupira-t-elle, en attachant sur les miens ses yeux ardents.

Cette nuit d'ivresse, je l'avoue, s'est écoulée comme un songe. J'avais oublié Miranha, mes compagnons, mon père, ma famille. Les regards de la divinité me causaient des éblouissements; sa voix me transportait sur les bords parfumés d'un fleuve qui roulait des eaux bleues. Enfin, je me suis endormi, bercé par les chansons des oiseaux et des fleurs.

Ce matin, la Mère-des-eaux m'a rendu la mémoire :

— O mon bien-aimé, m'a-t-elle dit, la vie que je te

garde est une vie de félicités sans fin. Le bonheur que tu viens de goûter, sache-le, n'est qu'un avant-goût de celui qui t'attend. Cependant, je veux que tu puisses choisir encore ta destinée; je veux ne te devoir qu'à l'amour que je t'aurai inspiré. Retourne donc parmi tes compagnons et prends ta part des plaisirs des guerriers. Après avoir vu ton ancienne fiancée, tu sauras me dire si Miranha te paraît toujours aussi belle. Adieu, mon bien-aimé, et que mon souvenir soit avec toi. Je t'attends à l'heure où le puissant Tarou va se livrer au sommeil.

Ce récit produit un grand effet sur les guerriers. L'envie qu'ils portaient, la veille, à Macahé, a redoublé. Il n'en est pas un qui ne soit disposé à donner tous les jours qui lui restent à vivre, pour être pendant une heure l'objet d'une passion aussi grande. Les vierges baissent les yeux. En proie à une émotion indicible, elles pensent aux tendres entretiens de Macahé et de la Mère-des-eaux.

L'œil du grand chef est toujours sombre. Sa voix n'a rien perdu de sa rudesse, lorsqu'elle prononce ces paroles :

— Viens-tu ici pour faire parade de ton bonheur et insulter de nouveau à la douleur de Miranha?

Macahé sourit.

— Ne t'ai-je pas déclaré, en arrivant, que j'étais rendu à la raison et à l'amour? dit-il. Maintenant mon cœur, plus épris que jamais, cherche Miranha, comme le Socó-Boi altéré cherche le ruisseau murmurant.

— Cela est-il possible, après ce qui s'est passé? s'écrient le chef et aussi les guerriers.

— Le charme est brisé, reprend l'Indien. La voix de l'enchanteresse ne retentit plus à mes oreilles, et son image s'efface devant celle de ma timide fiancée. Où est-elle? où est Miranhà aux yeux bleus?

— Me voici! dit une douce voix.

Macahé a tressailli. Il se retourne, et, en apercevant la fille du chef, il lui tend les bras. La vierge cache sa figure sur le sein de son amant. Elle a pardonné!

La joie a remplacé la peine et la haine a disparu du cœur des guerriers. Le festin recommence; les jeux succèdent aux jeux, et enfin le chef des Piayes donne le signal des chants.

Pendant que les Boticudos prêtent l'oreille à la mélopée plaintive du devin, les deux amants, assis au pied d'un palmier, devisent ensemble.

— Eh bien! me trouves-tu moins belle qu'hier? demande Miranha, et m'oublieras-tu encore pour répondre à l'appel de la Mère-des-eaux?

— Tu es toujours la même pour moi, dit l'Indien. Quelque puissante que soit ta rivale, je la défie bien désormais de m'arracher d'ici et de chasser de mon cœur ton souvenir.

— Oh! mon bien-aimé! quelle douce existence nous est réservée! reprend-elle. Toi, l'adroit chasseur, tu abattras le coati, le cerf et le tamanoir; moi, je te suivrai dans tes expéditions, portant le filet tressé avec les fils de l'embira, qui contiendra les ustensiles de notre ménage. Quand nous aurons des enfants, je les chargerai sur mon dos, et nous leur apprendrons tous deux à adorer le grand Tarou. Notre vie, alors, ne sera qu'une longue suite de jours filés par le bonheur.

— Comme ta voix est caressante! murmure Macahé. Comme elle sait bien trouver le chemin de mon âme!

— C'est que je t'aime! ô mon beau guerrier! dit Miranha avec tendresse.

— Oh! moi aussi, je t'aime! proféra l'Indien en serrant la vierge sur sa poitrine.

Cet entretien est troublé par des sons d'une suavité infinie.

— C'est la Mère-des-eaux! s'écrie Miranha avec effroi.

Et elle enlace son amant, afin de le disputer à sa rivale, si cela est nécessaire.

— Ne crains rien, dit Macahé, en la rassurant par un sourire.

La voix s'élève graduellement; elle profère une plainte cadencée, en répétant le nom de l'ingrat Boticudo.

— Macahé! Macahé! dit la voix, tu as déjà perdu le souvenir de mes bontés. Miranha te paraît belle, après m'avoir vue! Cela est-il possible? Macahé, l'œil du grand Tarou va se fermer, et les étoiles commencent à consteller le firmament; c'est l'heure où les fleurs échangent leurs parfums; c'est aussi l'heure des doux entretiens. Laisse là ta rouge fiancée, et réponds enfin à l'appel de la Mère-des-eaux. O Macahé! mon beau guerrier! viens à moi! viens à moi!

Le Boticudo, d'abord insensible à ces accents, s'aperçoit que son cœur est peu à peu remué par des mouvements tumultueux. Il raidit le bras qui étreint la taille de la vierge; mais, insensiblement, ce bras perd de sa vigueur; il finit par glisser le long de la cuisse du guerrier. Miranha s'attache à lui avec la force que donne le désespoir. Macahé sent alors ses pieds soulevés par une puissance inconnue; il fait un pas en avant et entraîne dans ce mouvement la jeune Indienne. Il s'avance encore, conduit par un fil invisible, sans que Miranha puisse se résoudre à quitter prise.

L'air est peuplé de notes harmonieuses, de langoureuses mélodies qui troublent les sens et enivrent la raison. Miranha résiste à ces puissantes influences, mais sans parvenir à communiquer son énergie à Macahé. Celui-ci se dirige toujours du côté de la voix, aux bords de l'île.

Miranha, éperdue, ferme les yeux et se laisse traîner par Macahé, résignée à le suivre jusqu'au fond des eaux.

Cependant, aux accents de cette voix connue, les Boticudos ont interrompu leurs chants. Ils accourent en foule à l'endroit où se tiennent les deux amants. Le chef Cacimuru et les Piayes ont devancé les guerriers. Ils ont remarqué la lutte courageuse de Macahé; ils ont entendu les cris de terreur de la vierge.

Au moment où, vaincu par la douceur pénétrante de la voix, Macahé prend malgré lui la direction du lac, Cacimuru s'adresse au chef des devins.

— Savant Piaye, dit-il, toi qui converses avec les janchons et qui connais la pensée du grand Tarou, implore le DIEU TERRIBLE MAIS JUSTE, afin qu'il secoure Miranha aux yeux bleus, et qu'il protége Macahé contre les séductions perfides de la Mère-des-eaux.

Le savant Péjarrhu se tourne vers l'occident. Le soleil va disparaître derrière les montagnes; il jette, comme un regard d'adieu, ses derniers rayons sur les eaux transparentes du lac. Le moment est propice. Le Piaye prononce des paroles mystérieuses, en exécutant d'effroyables contorsions. Il conjure les janchons gipakejus et les janchons coudgis, les génies qui peuplent l'air et les démons qui habitent les forêts. Il leur ordonne de se joindre à lui, afin que le grand Tarou, attendri par leurs prières, prenne en pitié les deux amants. Tout en dansant, il agite sur sa tête le maracca sacré.

— Tarou ! Tarou ! Tarou ! dit-il trois fois, en terminant ses conjurations; avant de détourner ton œil de la terre que tu as créée, souffle sur la Mère-des-eaux et brise le charme que produit sa voix. Un signe te suffit pour anéantir notre ennemie; fais ce signe, et les amants boticudos seront délivrés.

A peine a-t-il prononcé ces paroles, que les rayons du soleil couchant entourent, comme une auréole, la tête de Macahé et celle de Miranha.

— Tarou les enveloppe de sa protection ! dit la Piaye d'un ton solennel.

En même temps, une oscillation se fait sentir. L'île, arrachée à sa base, flotte comme une pirogue sur les eaux; elle se dirige vers la rive du lac, poussée par une main invisible.

Miranha et son amant qui l'entraîne, ne remarquent pas que l'île s'est changée en nacelle. Ils sont arrivés sur les bords de l'eau.

Une femme admirablement belle se joue parmi les

vagues, en charmant les échos par ses harmonieux accents.

— Enfin, te voilà, mon bien-aimé! soupire-t-elle. Ton cœur a répondu aux battements du mien. Laisse là ta rouge fiancée aux yeux bleus; la Mère-des-eaux te convie au bonheur des Immortels. Macahé! Macahé! Macahé!

Saisi d'un amoureux transport, le jeune guerrier veut se précipiter; tout à coup un craquement se fait entendre; ce craquement est suivi d'un grand cri qui ressemble à un sanglot. Macahé chancelle et tombe à la renverse sur l'herbe de la rive.

Tarou a exaucé la prière du Piaye; car l'île, lancée avec force, vient se heurter contre les bords du lac. La voix se tait aussitôt, et la merveilleuse vision de la femme qui se balance sur les vagues a disparu.

Les uns ont prétendu que l'île, en chassant devant elle le corps de la sirène, a fini par l'écraser contre les rochers qui hérissent en cet endroit les rives du lac. Ceux-là oublient que, d'après la théogonie des Boticudos, la Mère-des-eaux était un génie ou janchon, et que les génies sont immortels.

D'autres sont plus logiques dans leurs appréciations. Ils pensent que la Mère-des-eaux, éclairée, par le phénomène de l'île flottante, sur les véritables intentions de Tarou, a renoncé à ses projets de séduction. Elle a plongé dans le lac et a regagné son palais aquatique, laissant à leur amour Macahé et Miranha.

En ouvrant les yeux, le guerrier boticudo aperçoit la vierge qui le contemple avec un doux sourire.

— Que tu es belle ! et combien je t'aime ! murmure le guerrier.

En cessant d'entendre la voix de la sirène, Macahé a subitement recouvré la raison. Son cœur ne reflète plus d'autre image que celle de sa fiancée.

Depuis cette époque, l'île adhère à la terre. Ainsi l'a ordonné le puissant Tarou, le DIEU TERRIBLE, MAIS JUSTE.

C'est là la légende de l'île parfumée, *Lagoa*, et de la Mère-des-eaux (*Mãe das aguas*), telle que nous l'a racontée le vieux guerrier boticudo.

La distance n'est pas grande de la fazenda des *Tres Virgems* à l'habitation du senhor Miguel Pedragulho.

Les capitães signalèrent cette habitation sur notre droite, dans la direction du rio Patipe.

Valcoreal, dont la mauvaise humeur ne s'était pas dissipée, donna une secousse à la corde qui retenait le molèque Fidelis, et lui dit d'un ton railleur :

— Dans une demi-heure, tu pourras jouer avec ton *senhoresinho* (petit maître), à qui tu ressembles tant ! après avoir, toutefois, réglé tes comptes avec le senhor Pedragulho.

Fruchot se pencha à mon oreille.

— Et toi, dit-il, qui as inventé l'Illustrissime senhor João Vicente do-Bom-Jesus, officier de la garde-robe de S. M. dom Pedro, veille au grain, si tu ne veux pas que les mulâtres, bernés, volés, ruinés, par les Boticudos; houspillés, blessés, par le chef monhambala, ne tournent leur fureur contre leurs mystificateurs blancs,

En apprenant que nous touchions au but de notre voyage, Manoëla ne put modérer davantage son impatience. Elle s'élança en avant. Nous la suivîmes.

Une *fazenda*, au Brésil, est une grande ferme qui occupe ordinairement depuis vingt jusqu'à deux cents esclaves; l'exploitation ne comporte pas un personnel d'employés aussi nombreux qu'un *engenho* (usine à sucre), sans doute; on trouve cependant dans quelques-unes des ouvriers de toute sorte : maçons, serruriers, charpentiers, pêcheurs; et, pour peu qu'elle ait de l'importance, la fazenda possède son chapelain et son médecin. Il est telle fazenda où l'on tue d'habitude un bœuf tous les quinze jours et jusqu'à trois ou quatre moutons par semaine.

Le senhor Miguel Pedragulho, averti de notre arrivée, vint nous recevoir sur le seuil de sa porte.

Dès qu'il nous aperçut, il fit gravement trois pas en avant, et, à chaque pas, il exécuta une profonde révérence.

Nous dûmes nous incliner autant de fois, afin de ne pas être en reste de politesse avec le fazendeiro.

Après avoir ainsi prouvé, — en se conformant aux prescriptions de l'étiquette, — que son éducation était à la hauteur de sa position, le senhor Pedragulho nous tendit cordialement la main.

— *Minha casa hê aos ordens dos senhores*, dit-il avec une sincérité qu'on ne pouvait suspecter.

Ce que j'ai déclaré plus haut, relativement aux offres de service des Portugais et des Brésiliens, ne saurait concerner les habitants des campagnes, les *roceiros*, comme on les appelle ici. Autant les citadins s'aventurent dans leurs prévenances, autant les fazendeiros se montrent circonspects, mais en même temps dignes et affables envers les étrangers. Les procédés légers, la politesse exagérée, fausse par conséquent des premiers, ne se retrouve plus dès qu'on a quitté les villes. Le caractère des roceiros est franc et loyal; quand ils vous offrent leur maison, ils l'offrent de bon cœur et vous pouvez compter qu'ils feront tout ce qui dépendra d'eux pour vous en rendre le séjour agréable; à la condition, toutefois, que vous respecterez leurs mœurs et leurs usages. On ne doit jamais oublier que le vice originel de la race lusitanienne, le vice de vanité et de jalousie, les rend d'une susceptibilité ombrageuse, et qu'on les outrage si l'on se montre galant avec les femmes de l'habitation.

Nous donnerons tout à l'heure quelques détails sur l'existence de ces grands propriétaires.

Les Français se départent trop facilement de la réserve qui leur est imposée dans ces occasions; ils ne peuvent s'empêcher d'être empressés, flatteurs, auprès des senhoras, et même, — comme s'ils ignoraient les habitudes des colons, — de regarder trop complaisamment les jeunes esclaves du logis. Cela est un tort, et ce tort devient un crime aux yeux du maître; aussi, dans ce cas, la réparation ne se fait pas attendre. L'asile accordé aux voyageurs, — des *mascates* (colporteurs) pour la plupart, — reste inviolable comme un *lucus*, comme autrefois le temple de Diane d'Éphèse; mais dès que l'étranger, qui a éveillé les soupçons du roceiro, a dépassé les limites de la propriété, une balle, partie d'un *serro* (mont isolé), ou d'une *capoeira* (petit bois épais), lui apporte la protestation de celui qu'il a offensé, quelquefois sans le savoir. La fuite devient le seul moyen de salut qui lui reste, et il doit s'estimer fort heureux, si un galop inespéré de sa mule parvient à le soustraire aux effets de la vengeance qu'il a provoquée.

Vous trouvez dans les fazendas et dans les engenhos une hospitalité large et bienveillante. On vous héberge, vous, vos bêtes et vos esclaves, sans arrière-pensée d'exploitation. Le dernier des *lavradores* (laboureurs, petits fermiers) se croirait déshonoré, s'il acceptait le plus petit présent de l'étranger qui a mangé ou bu chez lui.

Cette noble fierté se remarque, à plus forte raison, chez le grand propriétaire terrier. Les patriarches et les highlanders n'ont jamais traité plus généreusement leurs hôtes. Ceux-ci s'assoient à la table du maître; ils sont servis par les esclaves de l'habitation, et traités enfin comme des parents ou des amis. Ils demeurent un ou plusieurs jours, sans que jamais on leur fasse mauvais visage. Ils s'éloignent lorsqu'il leur plaît, accompagnés par les vœux de tous, touchés, reconnaissants des attentions dont ils ont été l'objet, et sans être parvenus à faire agréer le moindre don qui ressemblerait à un payement.

Mais si le roceiro est plus hospitalier que l'habitant des villes, d'un autre côté il a les mœurs plus rudes, car sa dure écorce a été moins entamée par la civilisation. L'esclave qui subit sa loi, se ressent de l'isolement où s'agite son maître; il est mené plus brutalement que son frère de la cidade.

Ceux qui n'ont point voyagé dans l'intérieur des terres, et qui ignorent par conséquent la vie des fazendas et des engenhos, répugneront à croire que le despotisme des senhores ne soit arrêté, dans son exercice, par aucune considération de bienséance, de respect de soi-même, d'humanité.

Dans les villes, à Rio entre autres, où l'on a la prétention de marcher avec le siècle, la législation a essayé de poser des barrières à l'arbitraire. Là, le chef de police connaît des plaintes des esclaves, lorsque, par hasard, elles parviennent jusqu'à lui. Bien qu'il ne soit pas absolument impossible de citer quelque cas où un abus de pouvoir, par trop exorbitant, ait été puni, on comprendra combien cette protection est illusoire pour une race à qui le code ne reconnaît d'autre droit que celui d'obéir.

Mais les choses se passent plus fâcheusement encore sur les habitations éloignées, soustraites, à cause de là distance, à l'action de la loi. Derrière le désert qui lui sert de barrière le maître exerce, sans contrôle, un pouvoir sans limites. Comme un baron du moyen âge, il a, dans son domaine, haute, moyenne, basse justice. Ses arrêts ne sont point susceptibles d'appel, et, pour tous ses actes, il ne relève que du tribunal de sa conscience. Aucune garantie n'est donc laissée aux esclaves. Arbitre suprême, le senhor dispose à son gré de leur repos, de leur honneur, de leur vie; et les protestations des opprimés s'éteignent, sans écho, au milieu de la terreur de leurs compagnons d'infortune et du silence des solitudes.

Admettez maintenant que le senhor soit dominé par des passions fougueuses; aveuglé par le préjugé de la couleur; ignorant, joueur, ivrogne, débauché; enfin dénué de tout sens moral, et il s'en trouve de ceux-là; vous comprendrez alors toute l'horreur de la situation, pour le bétail humain dont les destinées lui sont confiées.

On raconte de la part de ces hauts seigneurs terriers, des actes d'une férocité froide qui font frémir. Voici une anecdote bien connue de la population européenne de Santos :

Un journal se publiait dans cette ville, qui attaquait vigoureusement l'esclavage.

Afin qu'on sache que nos renseignements sont puisés à bonne source, nous citerons le titre de la feuille; c'était la *Revista commercial.*

L'Allemand qui la rédigeait reçut plusieurs avertissements des fazendeiros, afin qu'il eût à se tenir tranquille. Des menaces de mort lui furent adressées, dans le cas où il ne discontinuerait pas ses *abominables* prédications. L'Allemand ne tint compte ni des avertissements, ni des menaces, et son journal poursuivit courageusement la polémique qu'il avait engagée.

Je ne sais comment les opprimés apprirent, et même s'ils apprirent, qu'une plume vaillante plaidait chaque semaine leur cause devant le public. Ce qu'il y a de certain, c'est que les énergiques protestations du journaliste produisaient leur effet sur la population et que plusieurs esclaves, appartenant à des maîtres différents, prirent la fuite.

Les fazendeiros étaient furieux. L'un d'eux, le baron d'A..., appelé à une réunion, plaisanta ses collègues; il leur soutint qu'ils donnaient à quelques articles de gazette plus d'importance qu'ils n'en avaient réellement.

— Venez demain chez moi, dit-il, et je vous apprendrai le moyen d'empêcher les nègres de gagner le sertão.

Le lendemain, trois noirs de la fazenda étaient ramenés par les Capitães-do-mato. Celui qu'on désignait comme le chef des marrons avait trente ans; il fuyait pour la seconde fois.

Les fazendeiros s'étaient rendus à l'appel du senhor d'A... Celui-ci paya les capitães et les renvoya; puis il dit au médecin de l'habitation d'aller chercher sa trousse.

Le marron récidiviste avait été lié sur un banc.

D'après les ordres du senhor, le médecin prit un bistouri et désarticula la jambe de l'esclave au genou.

— Voilà comment je traiterai désormais tous ceux qui déserteront la fazenda, dit le senhor à ses noirs épouvantés.

Il faut croire que ce fait n'est point parvenu aux oreilles de l'autorité supérieure, puisque le baron d'A... n'a pas été inquiété.

En apercevant le molèque Fidelis, le senhor Miguel Pedragulho avait poussé un ricanement de mauvais augure :

— C'est la troisième fois que tu prends la clef des champs, *cachorrinho* (petit chien), dit-il. Tu sais ce que je t'ai promis. Va te montrer au feitor du telheiro.

Pendant que le molèque s'éloignait, l'oreille basse

et le front soucieux, Lasaro et João déposaient le corps de Gregorio dans une case d'esclave.

Les mulâtres demandèrent que le médecin de la fazenda visitât au plus tôt l'assassin, afin de constater son état.

L'importance de cette capture valut aux capitães des éloges pompeux de la part du maître de l'habitation, en même temps que des consolations leur étaient adressées, à propos de la fuite des deux Boticudos et du vol de leurs chevaux.

— Oh! nous prendrons notre revanche! proférèrent-ils sourdement.

Il paraît que le senhor Pedragulho était un féroce réaliste, car il ne pratiquait guère la fiction constitutionnelle qui ne tient aucun compte des lois physiologiques.

Quoiqu'ils fussent fonctionnaires publics, les mulâtres n'avaient point cessé, à ses yeux, d'être les *fils d'une chienne;* partant, ils ne pouvaient jamais devenir ses égaux. Aussi, les recommanda-t-il à son *mordôme*, homme de couleur comme eux, qui se tenait respectueusement derrière son maître. Après avoir adressé un salut protecteur aux capitães, le fazendeiro leur tourna le dos sans façon.

Le senhor Pedragulho s'excusa alors de s'être occupé d'abord de ces gens-là (*esta gente*).

« Parce qu'ils sont employés du gouvernement, ces *gens-là* nourrissent une arrogance extrême. Ils rendent des services réels, cela est incontestable; aussi, malgré le mépris qu'on leur porte, il convient de les ménager.

Mais, maintenant qu'il est débarrassé d'eux, puisqu'il les a confiés à un individu *de leur espèce,* le fazendeiro se met entièrement aux ordres de Nos Seigneuries. »

En nous conduisant aux salon, le senhor Pedragulho nous déclara qu'il était l'ami du senhor Pedro Clemente da Serra, et que le senhor Macedo l'avait prévenu de notre visite, en lui en faisant connaître le motif.

L'esclave Antonio se trouve chez lui, en effet; il le vendra sans peine; mais, en conscience, il doit nous le signaler comme étant un bien mauvais sujet. Fainéant, ivrogne, voleur, Antonio possède tous les vices, sans avoir les vertus des noirs de sa race; c'est un Mina dégénéré. La meilleure preuve qu'il pût donner de l'infériorité d'Antonio et de l'état de dégradation où il était descendu, il nous la fournissait en ne nous demandant que 600,000 reis (1,800 francs) d'un noir de quarante-cinq ans, qui vaudrait le double sans cela. Antonio, passionné pour la cachaça, se mettait trois ou quatre fois par semaine dans l'impossibilité de faire son service, et la chicote ne parvenait point à le corriger.

— *Le mal est à l'os; Antonio ne s'amendera jamais,* dit, en terminant, le senhor Pedragulho.

— Ce que la chicote n'a pu faire, l'amour de sa fille l'obtiendra, dit Fruchot.

Le Brésilien haussa les épaules.

— On voit bien que vous êtes Français, observa-t-il, et que vous ne connaissez pas cette engeance. Du reste, vous allez voir Antonio, car je l'ai envoyé chercher. Je serai bien étonné, si on ne me le ramène pas à moitié ivre.

Une porte, située en face de nous, faisait communiquer le salon avec une autre pièce plus reculée. Par cette porte entr'ouverte, nous aperçûmes, en entrant, une dizaine de négresses occupées à broder. Au milieu d'elles se trouvaient deux senhoras, étendues sur des nattes et ayant la tête appuyée sur les genoux de deux mulâtresses, leurs mucamas sans doute. La porte fut fermée, dès que nous eûmes pénétré dans le salon; mais nous avions eu le temps de contempler ce tableau singulier des mœurs brésiliennes.

Les deux senhoras, à peine vêtues, les cheveux en désordre et indolemment couchées, étaient la femme et la fille du senhor Pedragulho. Elles appartenaient, en ce moment, corps et âme, à cet enchanteur tropical qu'on appelle le *gaffouné*.

On a parlé souvent de l'indolence des créoles et de leur amour pour le *far-niente*. Leurs passions ardentes ont servi de prétexte à bien des romans réalistes, à bien de savantes études; nul écrivain, que je sache, n'a signalé encore les voluptés étranges qu'elles trouvent dans la pratique du *gaffouné*.

Qu'est-ce que le *gaffouné ?*

Il n'est pas facile de traduire ce mot et de présenter une idée claire, nette de sa valeur, aux dames européennes. Que ma jolie lectrice veuille se souvenir que nous sommes sous les tropiques, et qu'elle visite avec moi une société où les mœurs, les usages, diffèrent essentiellement de ce qui se pratique chez nous. Qu'elle pense aussi à l'infériorité du sexe dans ces contrées, à l'ignorance où il croupit, et au rôle purement matériel qui lui est dévolu au sein de la famille.

Le gaffouné est pour les senhoras brésiliennes, ce qu'est le bain pour les femmes soumises au despotisme oriental : une distraction et un plaisir.

A l'heure des grandes chaleurs ; lorsque se mouvoir, et même parler devient une fatigue, les senhoras, retirées dans les appartements intérieurs, se renversent sur les genoux de leur mucama favorite, à laquelle elles livrent leur tête. La mucama passe, repasse ses doigts câlins dans l'épaisse chevelure déroulée devant elle ; l'esclave laboure en tous sens cette luxuriante toison ; elle gratte délicatement la racine des cheveux, pinçant la peau avec adresse et faisant entendre de temps en temps un petit bruit sec avec l'ongle du pouce et l'ongle du médium. Cet exercice devient une source de délices pour les sensuelles créoles. Un voluptueux frisson parcourt leurs membres, au contact de ces doigts caressants. Envahies, accablées par le fluide qui se répand dans tout leur corps, quelques-unes succombent aux délicieuses sensations qui viennent les visiter et se pâment sur les genoux de leur mucama.

C'est là ce qu'on appelle le gaffouné, ou chatouillement de la tête.

Ce chatouillement offre donc des attraits infinis aux paresseuses senhoras; mais ce sont surtout les femmes appartenant aux classes inférieures, qui nourrissent un goût très-prononcé pour ce singulier divertissement. Elles pensent qu'il procure une bonne digestion, et elles s'y abandonnent d'ordinaire après les repas. La bonne société, celle de Rio particulièrement, mieux façonnée aux idées européennes, sans avoir renoncé absolument au gaffouné, ne le pratique guère qu'en secret, et loin du regard des étrangers.

On est moins scrupuleux dans les provinces et dans les fazendas. Là, à l'occasion des solennités religieuses ou nationales qui servent de prétexte à des ripailles qui durent quelquefois plusieurs jours de suite, il n'est pas rare de voir une demi-douzaine de senhoras se renverser nonchalamment sur le dossier de leur chaise, et livrer leur tête à une jeune esclave, pendant que la conversation suit son cours.

S'il fallait en croire les mauvaises langues, quelques-unes, parmi les senhoras, auraient des motifs plus puissants, pour cultiver assidûment le gaffouné, que le désir d'une douce surexcitation des nerfs, suivie d'un état de prostration qui touche à l'extase. Mais il me répugne d'accueillir ces propos outrageants et d'affaiblir, par un soupçon injurieux, l'admiration qu'excitent les reflets bleus de l'opulente chevelure noire des Brésiliennes. On m'a déjà appelé une fois l'ennemi du Brésil, et je me tiens pour suffisamment averti.

Je ne puis m'empêcher de le déclarer cependant : le gaffouné a des partisans fougueux, comme, chez nous, le bal et le théâtre. Il a même atteint à la hauteur d'une science véritable, et il compte des professeurs émérites. Toutes les mucamas sont tenues de faire un long apprentissage, avant de pénétrer au fond de l'intimité de leurs maîtresses ; mais aussi, une fois leur habileté reconnue, les senhoras ne peuvent plus se passer de leurs soins. Elles préféreraient renoncer à l'odeur âcre de la lavande qu'on brûle dans les appartements, *horrendum!* aux petits gâteaux fortement pimentés, aux œillades dans les églises, aux gambades de leur sahui, qu'aux délices du *far-niente* compliqué du gaffouné.

Les hommes eux-mêmes ne dédaignent point, pendant les heures indolentes de la sieste, de sentir des doigts agiles s'égarer dans leurs cheveux. Un délicieux frissonnement glisse alors dans leurs veines, chaque fois qu'ils entendent ce bruit significatif dont nous avons parlé plus haut, et que produisent en se heurtant les ongles de la mucama.

Je pourrais citer un senhor qui possédait une petite femme gracieuse, spirituelle et mignonne au possible. Sans être jolie, elle avait ce qui plaît, et, de plus, elle aimait son mari. Eh bien! ce malheureux délaissait sa gentille compagne; il la sacrifiait à une affreuse négresse qui exhalait une abominable odeur de musc et de catinga, et, cela, parce que l'esclave possédait à fond son gaffouné.

Donnez donc un époux de cette espèce à une Européenne!

Je suis étonné du petit nombre de Provençales, d'Italiennes et d'Espagnoles qui se trouvent au Brésil; elles y feraient fortune assurément, grâce à l'expérience consommée qu'elles ont dans les doigts, et à une supériorité reconnue dans ce genre d'exercice. Je me suis laissé dire, toutefois, qu'elles sont avantageusement remplacées par les filles des îles et les jeunes négresses. A côté de celles-ci, nos épileuses parisiennes ne seraient que d'ignorantes écolières.

Un esclave nous conduisit à l'appartement qui nous était destiné, en même temps que deux négresses nous suivaient, portant chacune sur la tête un grand vase rempli d'eau pour nous laver les pieds.

Voilà un usage biblique qu'on retrouve dans toutes les maisons brésiliennes, mais qui n'a jamais eu le don de me plaire. Je ne saurais accepter le secours d'un serviteur pour tous les soins qui touchent à ma personne. Cela est instinctif chez moi plutôt que raisonné; aussi jamais la main poisseuse d'un barbier ne s'est promenée sur ma figure. L'idée seule d'un pareil contact me fait horreur. Je ne puis comprendre l'intervention étrangère dans les détails délicats qu'exige la propreté du corps. Initier quelqu'un, un inférieur surtout, aux mystères intimes de la toilette, me paraît un manque de respect pour soi-même. Sans partager le puritanisme de quelques sectes protestantes qui enveloppent d'une couverture les *jambes* du piano qui orne l'appartement, je ne me résoudrai jamais, tant que je serai en bonne santé, à livrer mes pieds nus au savon et à la brosse d'une servante. Il est vrai qu'une négresse n'est pas une femme, au point de vue colonial.

Suivant moi, il y a dans des rapports de ce genre et de la part du maître, une absence de dignité, une espèce d'abdication qu'explique l'indolence tropicale, mais qu'elle ne parvient pas à justifier. De pareils services dégradent plus encore celui qui les réclame, que celui qui les rend. Plus il est subordonné, moins l'homme est indépendant; plus il a de besoins, moins il s'appartient, moins il est fort par conséquent, et moins il fait acte de virilité.

Afin de ne pas blesser la susceptibilité des maîtres de l'habitation, en renvoyant les esclaves chargées des bassins, nous déclarâmes que nous nous proposions d'aller prendre un bain entier à la rivière.

Cet usage patriarcal me rappelle une anecdote relative à l'impératrice Léopoldina. Cette anecdote qui met grotesquement en relief la vanité brésilienne, établit, de plus, le degré de ridicule où peut atteindre le préjugé de la couleur.

L'impératrice Léopoldina, — cette femme de tant de cœur, et qui est morte parce que son cœur a été brisé, — chassait un jour dans la province de *Minas-Geraes*. Surprise par le mauvais temps, la fille des Césars se réfugia avec sa suite dans une fazenda voisine.

On prépara aussitôt tout ce qui était nécessaire pour lui laver les pieds.

D'ordinaire, c'est à la maîtresse *da casa* que ce soin incombe, quand le visiteur est illustre. C'était ici le cas où jamais. Néanmoins, la femme du fazendeiro ne pouvait oublier la couleur de sa face. Cette senhora, qui ne rougissait point de ne savoir ni lire, ni écrire, se serait estimée déshonorée si elle avait lavé les pieds à une blanche, cette blanche fût-elle sa souveraine.

Cependant Léopoldina attendait qu'on lui rendît ce premier devoir de l'hospitalité.

Le fazendeiro avait, parmi ses voisins de campagne, une riche mulâtresse. Ce fut cette mulâtresse, — qu'on avait envoyé quérir à la hâte, — qui remplaça la senhora blanche, dans les fonctions que l'orgueilleuse créature avait cru de sa dignité de répudier.

Le plus fort, le voici :

Voulant récompenser la mulâtresse, l'excellente Léopoldina lui présenta une bague qu'elle retira de son doigt.

La blanche s'imagina que l'Impératrice lui faisait un affront. Avançant hardiment la main, elle intercepta l'anneau au passage.

— Un bijou qui a appartenu à Votre Majesté Impériale, dit-elle, ne saurait orner le doigt d'une femme de couleur. Avec la permission de Votre Majesté, je garderai cette bague, en souvenir de l'honneur que l'Impératrice du Brésil a daigné faire à notre maison.

Puisque nous sommes revenus accidentellement sur le chapitre de l'ombrageuse susceptibilité des Brésiliens, je raconterai un autre trait qui servira de pendant à celui-ci.

Le prince de Joinville, beau-frère de l'Empereur actuel, conduisait sa femme vers le navire qui devait les transporter en Europe. Une foule nombreuse accompagnait de ses acclamations les nobles époux.

Le prince de Joinville jouissait au Brésil d'une grande popularité due, moins à son rang, qu'à son caractère personnel. Cependant certains fidalgos ne pouvaient assez déplorer qu'une princesse Impériale fût échue à une simple Altesse. Le fils du roi des Français ne leur paraissait pas un parti convenable pour une fille de l'illustre maison de Bragance.

Un orage avait éclaté pendant la nuit, qui avait submergé maints quartiers de la ville.

Arrivé sur un point où le chemin restait intercepté par une large flaque d'eau, le prince, oublieux de l'étiquette et ne se préoccupant plus que des moyens d'empêcher sa femme de se mouiller les pieds, saisit celle-ci dans ses bras, et la déposa, après avoir traversé la flaque, sur un terrain séché par le soleil.

Le lecteur ne devinera jamais l'effet que produisit cet acte de sollicitude conjugale.

— Le prince de Joinville a osé manquer de respect à la princesse Francisca, et insulter ainsi à la nation brésilienne tout entière! proféra un des spectateurs indignés.

— Aussi, pourquoi le sang glorieux des Bragance s'est-il uni au sang bourgeois de Louis-Philippe! observa son voisin.

Connaissez-vous cette contrée d'Afrique où le roi est sacré à l'égal d'un dieu, tellement que la loi punit de mort quiconque oserait toucher du bout des doigts son auguste personne, fût-ce pour lui sauver la vie?

Un jour, le souverain de ce pays, — qui est situé, je crois, près des sources du Nil Bleu, — se promenait sur une rivière. Son bateau ayant chaviré, il tomba dans l'eau.

Or, cette rivière était infestée de caïmans.

Tout sacré qu'il était, le monarque aurait été dévoré par ces horribles bêtes, si un esclave dévoué n'eût volé à son secours. L'esclave le ramena sur la rive. Mais, il n'avait pu accomplir cet acte généreux, sans empoigner quelque peu le royal naufragé par sa toison crépue.

La loi, nous l'avons constaté, était formelle.

Convaincu du crime de lèse-majesté, le pauvre esclave fut décapité aussitôt.

Les deux senhores dont il s'agit, étaient bien dignes d'aller vivre au milieu de cette belle civilisation du Nil Bleu.

Emporter dans ses bras, à la face de tout un peuple, une princesse impériale, et cela, pour l'empêcher, en se mouillant les pieds, d'attraper une fluxion de poitrine, ou, tout au moins, un bon rhume de cerveau, voilà, certes, qui est l'abomination de la désolation!

Pourquoi aussi les Bragance se sont-ils mésalliés par leur union avec la famille du roi des Français?

Ces vaniteux fidalgos seraient restés bien étonnés, sans doute, si on leur avait appris que le prince, de qui procèdent tous les Bragance, portait sur son blason la barre de bâtardise.

Ce prince était, en effet, fils naturel de Pedro Ier, appelé au trône, en 1385; il fut roi de Portugal sous le nom de João Ier.

La postérité légitime de João Ier s'étant éteinte, deux siècles après, Philippe II réunit la couronne de Portugal à celle d'Espagne.

La *Constitution* de 1143 avait prévu le cas d'absence de descendants légitimes dans la famille royale; elle consacrait l'hérédité en ligne directe, *même illégitime*, à l'exclusion de tous les étrangers.

C'est en vertu de cette *Constitution* que João, duc de Bragance, après l'expulsion des Espagnols (1er décembre 1640), remonta sur le trône de ses ancêtres. Or, le duc João était issu, au *septième degré*, d'un fils naturel du roi João Ier, bâtard lui-même du roi Pedro Ier, ainsi que nous venons de l'établir, d'après l'histoire.

Le vainqueur des Espagnols fit souche de Bragance.

C'est donc la postérité de deux bâtards, légitimée par le temps et par la gloire, qui occupe aujourd'hui le trône du Portugal et celui du Brésil.

A notre retour du bain, nous trouvâmes Manoëla qui venait de réparer le désordre de sa toilette. La Mina n'avait pas oublié surtout de renouveler sa provision de musc, ce qui répandait dans l'appartement une odeur violente, capable d'étourdir l'Anglaise la plus passionnée pour ce parfum capiteux.

Le senhor Miguel nous attendait. A ses côtés se tenaient le chapelain de la fazenda et deux jeunes garçons bien raides, bien empesés dans leur frac noir et dans leur cravate blanche. Moins au fait des mœurs brésiliennes, j'aurais pu leur demander s'ils se disposaient à partir pour le bal.

Le plus jeune des deux frères surtout, un enfant de dix ans, nous salua avec un sérieux parfait et garda cet air grave, imposant, que les Anglais ont mis à la mode parmi les senhores.

Combien une blouse ou une courte jaquette aurait mieux convenu au petit moço ! Mais, je ne l'ignorais point : au Brésil, l'enfant est dépouillé des grâces naïves de son âge, dont les charmantes prérogatives lui sont refusées. Il ne connaît ni les émotions de la toupie, ni l'exercice salutaire des barres. On l'offenserait beaucoup, si on lui présentait un polichinelle ou un tambour. Au lieu de jouer au soldat avec de petits camarades, et de développer ses forces en plein air, et de revenir au logis avec un pantalon déchiré, la figure barbouillée, entamée quelquefois, mais avec la joue colorée et l'œil brillant de santé, il est affublé d'un vêtement noir taillé à la dernière mode, et on lui apprend à saluer d'après les grands principes. Ici la joie bruyante et folle, l'insouciance adorable de l'écolier, sont proscrites. Le besoin si naturel chez l'enfant de s'agiter sans cesse, de toucher à tout, de se rouler au soleil et d'éprouver sans motif des désespoirs immenses, est impitoyablement contrarié, sinon, nié absolument, par l'orgueil stupide des fidalgos. Il est de si mauvais ton, en effet, lorsqu'on a dix ans, d'épancher au dehors sa gaieté et ses chagrins ! La compression est partout, on le voit, dans les pays à esclaves.

Et puis, ne faut-il pas apprendre de bonne heure à garder son rang, quand on a l'honneur d'avoir la face blanche !

Pauvres petits êtres sacrifiés !

Aussi ne trouvez-vous pas au Brésil ces carnations splendides, ces joues rondes et rosées, cette fraîcheur appétissante des bambins européens, qui font l'orgueil des mères ; on ne rencontre que des figures fatiguées, pâles, sur des corps grêles et étiolés. A la place de charmants lutins dont les chants, les disputes, les espiègleries turbulentes emplissent la maison de bruit et de bonheur ; on est en présence de petits mannequins ridiculement fagotés, — comme ceux qu'on remarque à l'étalage des tailleurs ou dans les gravures de modes, — de poupées à ressorts qui portent gravement une cravate grave ; qui vous demandent d'une voix étudiée des nouvelles de votre santé; qui se tiennent majestueusement sur leur chaise, au lieu de sauter sur vos genoux, de battre la charge sur votre chapeau et de chercher des bonbons dans la poche de votre gilet.

On ne pourrait se défendre d'éclater de rire devant l'aplomb imperturbable des illustrissimes moutards, si on ne se sentait ému de pitié à l'aspect de ces intéressantes victimes de la vanité et de la sottise.

Sans vouloir diminuer en rien l'admiration que les senhores ont vouée à l'auteur prodigieux des *Ideas sobre colonisação,* dont nous parlerons bientôt, et les sympathies si légitimes des senhoras pour le grand écrivain qui leur a donné la *Loteria do amor*; qu'il me soit permis de recommander bien humblement, aux uns et aux autres, un ouvrage dû à la plume élégante d'une femme qui n'est plus, et que toutes les mères européennes ont adopté. Cet ouvrage est intitulé : *Contes d'une vieille fille à ses neveux.* Dans la préface se trouve une page qui est tout un traité d'éducation, à l'usage des chers petits êtres qui nous occupent.

Voici cette page qu'on ne saurait trop méditer :

« S'il fait beau, si le soleil brille, vous pourrez courir dans le jardin, galoper sur un âne, jouer à la corde, à la toupie, à la balle, aux billes, à colin-maillard, à la main-chaude, à la baguette, aux barres, au cheval fondu, à la clémisette, et vous livrer à toute autre occupation de ce genre. L'air, le grand air, l'exercice, les jeux, les cris, les coups de poing même, voilà ce qui forme le cœur, ce qui nourrit convenablement l'esprit. Après l'étude sérieuse, il faut les jeux bruyants; il faut courir après avoir pensé. Voilà ma grande morale à moi, entendez-vous, mes neveux; je serai toujours très-sévère sur ce point-là. »

Puissent les conseils de madame Émile de Girardin être favorablement accueillis par les mères brésiliennes.

Au Brésil, on ne saurait le constater trop rigoureusement, il n'y a d'enfants que parmi les noirs. Du jour où il a fait toutes ses dents, un blanc entre dans sa vingtième année; il a atteint la cinquantaine à l'âge où, chez nous, il enfermerait des mouches dans une cage de papier, et où il ferait traîner par des hannetons un carrosse de carton peint.

L'autre frère était tout aussi gourmé; mais il avait, de plus que le premier, un air ennuyé, suffisant, dédaigneux, impossible à décrire. Son frac ne faisait pas un pli, et ses souliers vernis étaient irréprochables. Il se tenait près de son père dans une pose affectée, le pied droit un peu en avant, une main enfoncée dans la poche du pantalon, l'autre perdue entre la chemise et le gilet; son œil éteint trahissait une fatigue précoce. Le senhor Juliano avait quinze ans à peine! mais, à cet âge, les senhores moços, vivant au milieu de jeunes esclaves agaçantes, sont déjà initiés à toutes les prérogatives du pouvoir absolu.

La ressemblance qui existait entre les deux frères et le molèque Fidelis me frappa.

Après avoir pris des rafraîchissements, nous fûmes invités par le senhor Pedragulho à visiter son atelier de cordages. Il ajouta que, d'après ses ordres, Antonio serait envoyé à l'atelier dès qu'il arriverait. Mais, à peine avions-nous franchi le seuil de l'habitation, que le fazendeiro nous désigna du doigt un noir qui se dirigeait de notre côté.

— Voilà l'ivrogne, dit-il.

L'esclave méritait, en effet, cette qualification, car il marchait en zig-zag, et il chancelait visiblement sur ses jambes.

— Vous voyez l'état où se trouve cette brute ; maintenant, vous allez l'entendre parler, reprit le Brésilien.

Manoëla guettait Antonio dans l'avenue. En apprenant que le noir qui s'avançait était son père, elle se précipita vers lui.

Tombant aussitôt à ses pieds, elle lui demanda respectueusement sa bénédiction.

Antonio attacha sur elle un regard stupide.

— C'est moi, c'est ta fille Manoëla, disait la Mina avec une profonde émotion. Reconnais-moi, paï, car je viens briser tes fers.

— Ma fille Manoëla ! répéta l'esclave machinalement.

Et il partit d'un bruyant éclat de rire.

— Si tu es ma fille, reprit-il, donne-moi une pataque pour acheter de la cachaça.

Le dégoût nous monta aux lèvres, devant une pareille dégradation. Manoëla poussa un soupir, et prenant dans les siennes la main de son père :

— Je suis ta fille Manoëla, dit-elle, et je viens pour te racheter. Veux-tu être libre, paï?

La figure du noir s'éclaircit à ces mots.

— Libre ! libre ! s'écria-t-il. J'aurai le droit de ne plus

travailler et de boire tant que je voudrai? Oh! alors, tu es bien ma fille, ma fille... chérie, ajouta-t-il, en ouvrant ses bras.

Mais il fut obligé de s'appuyer contre un palmier.

Le senhor Miguel l'interpella sévèrement, en l'appelant cachorro. Fruchot intervint à son tour; il lui dit que la liberté ne dispensait pas de travailler, et que c'était avec le prix de son travail qu'il pouvait le racheter.

— Nous travaillons tous à la cidade, reprit Manoëla. Tu feras comme nous. En arrivant à Rio, tu recevras une corde, un ceste, et tu te mettras *negro de ganho* (nègre de peine). De cette façon tu pourras peu à peu, avec ton gain, rendre au senhor l'argent que lui coûte ta libération, et moi je serai heureuse de vivre auprès de mon excellent père.

Antonio paraissait réfléchir.

— Combien en coûtera-t-il pour me racheter? demanda-t-il.

— Six cent mille reis, parce que tu es un ivrogne, un fainéant et un voleur, répondit le fazendeiro.

Antonio se tourna vers le courtier: il tendit la main, en clignant de l'œil.

— Six cent mille reis! cela doit faire pas mal de pataques, observa-t-il. Que le senhor me donne cet argent et qu'il me laisse à la fazenda. Ici je suis nourri, vêtu, logé, et la cachaça est un baume souverain pour les coups de chicote. Avec six cent mille reis je serai un riche esclave, et cela vaut mieux que de travailler pour vivre.

On ne pouvait être plus dégradé.

Le fazendeiro fit un pas vers Antonio et leva la main. Manoëla lui adressa un regard suppliant. Nous nous éloignâmes, le cœur soulevé de dégoût, laissant la négresse avec l'esclave abruti.

Heureusement, à cette heure, les capitães se trouvaient dans la case où le médecin examinait les blessures de Gregorio; c'est ce qui les empêcha d'assister à cet épanchement familial, partant, de connaître le véritable père de celle qu'ils avaient respectueusement appelée DONA et EXCELLENCE.

Je ne répéterai point le discours du senhor Miguel à propos de l'infériorité incontestable des noirs. La scène dont nous venions d'être les témoins nous donnait la mesure de l'abjection de la race africaine.

— Pour les noirs, poursuivit-il, la liberté c'est le droit de boire et de manger sans travailler. Affranchissez-les aujourd'hui, et demain, plutôt que de secouer leur fainéantise, ils voleront, ils assassineront, afin de satisfaire leurs besoins. Ce n'est que par la terreur qu'on obtient d'eux quelques services. On ignore cette engeance en Europe, sans quoi elle y trouverait moins de défenseurs. Croyez-moi, senhores, les noirs seraient embarrassés de la liberté, et Dieu les a créés pour être esclaves.

« Vous avez vu Antonio; a-t-il reconnu sa fille seulement? Son cœur a-t-il eu un généreux mouvement, un élan paternel? La voix de la nature, si puissante sur les animaux les plus féroces, n'a produit aucun effet sur lui. Tous les nègres ne sont pas aussi avilis, aussi déchus, je le confesse, mais aucun d'eux ne sent comme nous, cela est certain. Ils sont tous voleurs, menteurs, crapuleux, ivrognes, indignes par conséquent d'inspirer un intérêt sérieux. Je fais le pari qu'Antonio, loin d'être touché de votre démarche, senhores, me suppliera de ne pas le vendre. »

Celui-là aussi professait les idées du duc Ulric de Wurtemberg.

Mais pourrait-on être esclavagiste si on ne les partageait pas?

Le débat fut animé, car, de part et d'autre, les arguments abondaient. Il s'agissait de savoir si ce n'était pas l'esclavage qui, en étouffant les bons instincts chez les noirs, les livrait à tous les vices, plutôt que d'admettre cette infériorité native dont se prévalaient les senhores.

Le chapelain se mêla à la discussion. Les autorités ne lui manquaient pas pour établir l'origine divine de l'esclavage. Il cita tour à tour l'Ancien et le Nouveau-Testament, les *Épîtres* de Paul aux Éphésiens, aux Colossiens, à Timothée, à Tite, à Philémon; il fit intervenir saint Ignace, évêque d'Antioche, saint Bazile, saint Ambroise, saint Augustin lui-même, qui prétend que la servitude est une juste conséquence du péché originel[1]. Enfin, il réserva pour le bouquet l'opinion si nette, si

1. Prima ergo servitutis causa peccatum est, ut homo homini conditionis vinculo subderetur, *quod non fit nisi Deo judicante apud quem non est iniquitas* et qui novit diversas pænas meritis distribuere delinquentium.

De Civitate Dei, lib. XIX, *cap.* 15, tome VII. Paris, 1685.

catégorique de saint Thomas d'Aquin qui veut prouver par la subordination de certaines choses aux autres, soit au physique, soit au moral, que la nature a destiné certains hommes à être esclaves[1].

Malgré toute son érudition, le chapelain ne nous convainquit pas de la légitimité d'un abrutissant despotisme. Mais, nous-mêmes, en plaidant, tant avec la raison qu'avec le cœur, et aussi avec la *Bible*, la cause des opprimés, nous ne réussîmes pas davantage, on le comprend, à ramener des contradicteurs qui s'appuyaient, pour défendre leur fortune, sur les textes formels des livres sacrés.

En conséquence, Antonio, qui était une exception à nos yeux, resta la règle pour les Brésiliens.

Notre hôte, encouragé par la déclaration de saint Thomas d'Aquin, ne craignit pas de résumer ainsi ses idées sur les noirs. Je rapporte les paroles *textuelles* du senhor Peragulho :

— Les Africains représentent une race intermédiaire entre le blanc et le gorille; ce sont des singes perfectionnés; ce ne sont pas des hommes.

Nous pénétrâmes dans l'atelier de cordages.

La propriété du senhor Peragulho n'était pas, à proprement dire, une *fazenda;* encore moins un *engenho* à

1. Natura providit ut sint gradus in hominibus sicut et in aliis rebus. Videmus enim in elementis esse infimum et supremum, videmus etiam in misto semper esse aliquod prædominans elementum. In plantis etiam...

Ita inter homines erit, et *indè probatur esse aliquos omnino servos secundum naturam.*

De Regimine principum, lib. II, *cap.* 10, tome XVII. Rome, 1570.

sucre ou à café. C'était, en même temps une exploitation agricole et une fabrique.

La maison du maître s'élevait d'un seul étage, sur une longueur assez considérable ; sous le même toit demeuraient le chapelain, le caissier, le feitor-môr (pour major) et le médecin. Les cases des esclaves formaient une ligne circulaire autour du bâtiment.

Sur la gauche, on apercevait le *telheiro* ou hangar qui servait à la principale industrie du propriétaire.

Rien de plus simple que cette construction.

Deux troncs de tapinhuam, ce bois aussi dur que le massaranduba et le vinhatico, soutenaient de chaque côté le poids principal de l'édifice. D'autres poutres de quatelé et de páo-d'arco, à peine dégrossies, mais disposées régulièrement, formaient les bases solides d'une toiture grossière. La muraille du fond se composait de planches de sapin encore marquées de chiffres et de lettres; elles provenaient des caisses de marchandises qu'on expédie d'Europe pour ces lointaines contrées. La façade avait été fermée par le même procédé.

Les deux extrémités de gauche et de droite restaient libres et permettaient à l'air de circuler. Ces deux grandes ouvertures, et les quatre fenêtres pratiquées sur le devant, étaient abritées par des nattes mobiles, pareilles à des stores, qu'on roulait et qu'on déroulait à volonté. Le toit, légèrement incliné, se composait de soliveaux de copal, sur lesquels s'appuyaient des feuilles superposées de palmier.

Tel que je viens de le décrire, ce telheiro avait résisté aux plus terribles ouragans ; il offrait un abri aussi sûr contre la colère des éléments que contre les rayons embrasés du soleil.

Une cinquantaine d'esclaves des deux sexes et de tout âge garnissaient cet atelier rustique, qui pouvait mesurer dix-huit mètres de long, sur huit mètres de large. C'est là que se fabriquaient ces câbles solides et ces grossiers cordages que l'on tire du coco de Piassaba, et qui sont des produits précieux d'échange dans la contrée.

Certes, pour celui qui a vu la magnifique corderie du bagne de Toulon, les procédés employés chez le fazendeiro brésilien n'offrent rien de bien curieux. Le tableau, toutefois, ne manque ni d'animation, ni d'un certain intérêt.

Ces négresses débraillées, préparant les filaments du palmier, et dont quelques-unes portent leur enfant en *calcondo*, c'est-à-dire derrière le dos, comme les pauvresses d'Europe; ces molèques tournant la roue; d'autres tenant à la main une *caneca* remplie d'eau, et suivant les nègres à peu près nus qui marchent à reculons, pendant que leur main exercée aide à la torsion des faisceaux ligneux; ce feitor portugais qui se promène gravement parmi les travailleurs, une chicote passée à la ceinture, la moitié d'un charuto derrière l'oreille; tout cela, cette activité, ce bruit, ces chants, ces faces multicolores, composent un spectacle pittoresque qui n'est pas sans attrait.

C'est là une industrie dont São-Jorge conserve à peu près le monopole et dont le débouché est à Bahia. Elle est d'un gros revenu pour les fazendeiros du pays. Les câbles de coco de Piassaba résistent mieux que les autres à l'action du temps et de l'humidité. Les marins en font grand cas ; il serait à désirer que l'usage s'en répandît parmi les nations européennes. La fabrication grossière dont les filaments de coco sont l'objet dans ces contrées pourrait recevoir d'importantes améliorations, et je ne doute pas que l'application de procédés nouveaux, en rendant la matière plus souple, ne donnât des produits supérieurs à ceux qui jusqu'à ce jour ont été livrés au commerce.

Mieux que la récolte du sucre et du café, la fabrication des câbles assurait au senhor Pedragulho de magnifiques bénéfices. L'année dernière, cette industrie seule lui avait rapporté sept contos et quelques centaines de mille reis (vingt-deux mille francs environ).

En sortant du telheiro, nous trouvâmes les deux Capitães-do-mato qui se préparaient à partir. Gregorio était dans un état alarmant. La fièvre dévorait l'esclave, et la blessure de la main, — le poignard de Santa-Maria, on s'en souvient, l'avait traversée de part en part, — présentait déjà un caractère malin qui faisait redouter l'envahissement prochain de la gangrène.

Les mulâtres avaient hâte de conduire l'assassin à São-Jorge, afin de toucher la prime considérable, promise, dans le cas où il serait livré — vivant — à l'autorité.

Ils nous prièrent de leur donner un certificat constatant, avec le vol des chevaux, la nécessité où ils avaient été réduits d'opposer la violence à la violence, et leur impuissance à poursuivre les Boticudos.

Leur demande était trop juste pour ne pas être accueillie.

Pendant la rédaction de cette pièce par Fruchot, les capitães voulurent aller remercier la Vierge du succès de leur expédition contre Gregorio, et la supplier en même temps de prolonger la vie de l'esclave, au moins jusqu'à leur retour à Saõ-Jorge.

Je les accompagnai à la chapelle où je remarquai, en entrant, une femme prosternée au pied de l'autel et priant avec ferveur.

C'était Manoëla.

Sans doute, la négresse implorait la Vierge, elle aussi, afin d'obtenir que son vieux père lui fût enfin rendu.

Nous respectâmes ce pieux recueillement.

Les capitães marmottèrent leurs oraisons, et moi, j'examinai la statue de la Vierge.

Parée comme une madone d'Italie, cette statue portait une robe de moire antique à triple rangée de volants; elle avait de plus, des pendants de corail aux oreilles; aux bras, des bracelets en perles fines, des manchettes de dentelles aux poignets et des bagues à chaque doigt.

Les Brésiliens, comme tous les méridionaux, du reste, matérialisent volontiers la religion, dont l'esprit se perd pour eux dans l'éclat des pompes extérieures. Le parfum des fleurs et celui de l'encens, la musique, les ornements somptueux, la toilette luxueuse des saints, et jusqu'aux murs dorés des églises, qui reflètent la lumière éblouissante de mille cierges, tout parle à leur imagination. L'idée a pris un corps; Dieu est devenu visible; et c'est à travers les splendeurs du culte qu'ils aperçoivent le chemin du ciel.

La Vierge de la fazenda me rappela le Christ portant sa croix, couvert d'une longue tunique de velours bleu, serrée à la ceinture par une torsade avec des glands d'or, que l'on montre aux fidèles, pendant la semaine de la passion, dans l'église du Largo do Paço; et aussi le divin bambino vêtu d'un riche habit à la française, ayant l'épée au côté, comme un page fringant, qu'on voyait encore à Bahia, il y a quelques années, dans le couvent des Carmes.

Leur prière faite, les capitães prirent congé, en nous avertissant Fruchot et moi que le lendemain, à la cidade, chacun d'eux nous confierait une requête adressée à l'Illustrissime senhor João Vicente do-Bom-Jesus, officier de la garde-robe de S. M. Dom Pedro.

Nous brusquâmes les adieux afin d'éviter une explication, et les mulâtres montèrent dans la barque que le fazendeiro mettait à leur disposition.

J'aurais bien désiré m'en retourner avec eux; mais Manoëla ne pouvait se résoudre à abandonner son vieux père, avant d'avoir essayé d'une nouvelle tentative auprès de lui.

— La Vierge me viendra en aide; j'ai bon espoir maintenant, disait l'excellente créature.

Nous acceptâmes donc pour cette nuit la gracieuse hospitalité du senhor Miguel Pedragulho.

Les capitães partirent, et le chef monhambala alla accomplir ses destinées.

Voici, en quelques mots, l'issue du procès :

Contre toute attente, Gregorio guérit de ses blessures.

La veuve, formellement accusée par les deux esclaves, fut sommée de comparaître; elle comparut, en effet. Naturellement, son avocat établit que le senhor Rebentão était un maître dur, cruel même, et que les assassins, en le frappant, n'avaient obéi qu'à un sentiment de vengeance personnelle.

La senhora Brigida fut donc déclarée innocente de toute participation au meurtre, malgré les déclarations précises, circonstanciées, énergiques, de ses complices.

Mais ce triomphe devait être de courte durée.

Les senhores en puissance de femme tremblèrent lorsqu'ils apprirent cet arrêt. L'opinion publique s'émut sérieusement devant l'impunité acquise, après ce précédent, à toutes les épouses infidèles qui voudraient se débarrasser de leur conjoint. De nouveaux débats s'ouvrirent, malgré les efforts de la puissante famille de Brigida. Le premier jugement ayant été cassé, la veuve, reconnue coupable, fut condamnée à la détention.

La peine de mort est rarement appliquée aux blancs; ce serait d'un déplorable enseignement pour les esclaves, puisque l'égalité devant le supplice détruirait cette prétendue supériorité des senhores sur les noirs.

La senhora maricide, la seule criminelle, en saine logique, puisque l'esclave n'a point de volonté, fut donc conduite en prison. Mais, plus heureuse que madame Lafarge pour laquelle s'employèrent également de hautes influences, la veuve a obtenu sa grâce, dit-on, lorsque se fut éteint le bruit qui s'était fait autour d'elle.

Gregorio et João, les esclaves irresponsables, furent pendus, pour l'édification de leurs pareils.

Voilà la moralité de l'esclavage.

Les choses ne se passaient pas ainsi autrefois sur les bords du Tibre, d'où les Portugais ont tiré pourtant leurs lois et leur idiome.

La législation romaine, qui admettait le droit de conquête et toutes les conséquences d'oppression qui en découlent, ne pouvait manquer d'être dure pour les esclaves. Après l'assassinat du maître par l'un d'eux, elle punissait de mort *toute la famille urbaine*, quand le crime avait été commis à la ville, *toute la famille rustique*, lorsque l'attentat avait été consommé à la campagne; mais elle savait faire fléchir la rigueur de ses dispositions en temps opportun.

Dans un cas pareil à celui dont il s'agit, par exemple, elle se montrait beaucoup plus intelligente et beaucoup plus morale; elle appréciait mieux la part de responsabilité qui incombait au maître et à l'esclave.

Le principal coupable était, à ses yeux, celui qui, abusant de son autorité, avait ordonné le meurtre. Dès lors le châtiment, proportionnel à la criminalité, était terrible pour le citoyen; tandis que la loi devenait miséricordieuse pour l'esclave, dans lequel elle ne voyait que l'instrument aveugle d'une vengeance impitoyable.

Celui-ci en était quitte pour une peine corporelle; mais le maître qui avait armé le bras était condamné à payer de sa vie le sang répandu.

A la bonne heure! voilà une appréciation saine du fait, une appréciation qui tenait compte de la position qu'occupaient, l'un vis-à-vis de l'autre, les deux hommes qui avaient aidé à l'accomplir.

Qui osera soutenir que cette disposition rigoureuse n'était pas plus juste que celle qui passe la corde au cou de Lasaro, et qui se contente d'envoyer la senhora Brigida en prison?

Allons, messieurs les Brésiliens, ayez donc le courage de votre opinion.

Puisque vous soutenez, avec saint Augustin, que la servitude n'est pas une *iniquité* devant Dieu; puisque, suivant l'expression latine, l'esclave n'a point d'état, point de tête, — *caput non habet*, — c'est-à-dire que tout droit, *même celui de défense*, lui est refusé, pourquoi ne pas revenir franchement à la doctrine formulée par Arcadius, Empereur d'Orient, et par son frère Honorieur, Empereur d'Occident, à l'exemple duquel votre loi exclut de tous les emplois publics ceux qui ne professent point le catholicisme?

Dans un rescrit de 397, ces deux Empereurs, envisageant l'éventualité d'une accusation portée par l'esclave contre son maître, ordonnent que cet esclave *soit immédiatement mis à mort, avant même l'audition des témoins et l'examen de la cause.*

Une exception est réservée pour l'esclave qui accuse son maître du crime de lèse-majesté[1].

1. Si quis ex familiaribus vel ex servis cujuslibet domus cujuscumque criminis delator atque accusator emerserit, ejus existimationem, caput atque fortunas petiturus cujus familiaritati vel dominio inhæserit, *ante exhibitionem testium atque examinationem judicii*, in ipsa expositione criminum atque accusationis exordio, ULTORE GLA-

Dans ce cas seulement, la parole de l'esclave mérite d'être écoutée; elle peut même appeler sur la tête du maître toutes les sévérités de la loi.

L'interrogatoire subi par les noirs fournit un enseignement que je tiens à ne pas laisser perdre; c'est l'esclavage condamné, — tant la logique est plus puissante que la loi, — par ceux-là mêmes qui sont chargés de le défendre.

Il n'est pas nécessaire d'avoir assisté au procès de Gregorio pour se faire une idée de cet interrogatoire.

La scène est tout indiquée.

Une foule indignée et frémissante remplit la salle; ce sont les senhores de la cidade et des environs, impatients d'entendre prononcer la condamnation de *l'infâme assassin*.

Dans les coins se pelotonnent timidement quelques noirs. Pâles, inquiets, troublés, ils viennent chercher, d'après l'issue du procès, une règle de conduite pour l'avenir. Ils veulent voir fonctionner, sous l'œil du Christ, ce Dieu puissant et juste, la redoutable justice des blancs.

Le juge a la parole vibrante et le geste sévère; à peine peut-il dominer les sentiments qui l'agitent.

Gregorio est calme, quoique sa figure exprime un étonnement mêlé de tristesse. Que peut-on lui reprocher? N'a-t-il pas accompli la volonté de son maître et

DIO FERIATUR. Vocem enim funestam intercidi oportet potius quam audiri. Majestatis autem crimen excipimus.

(*Corpus juris civilis romani, Codex repetitæ prælectionis, lib.* IX, *tit.* I, *art.* 20, Eutychiano.)

cette volonté n'est-ce pas sa loi, à lui, la seule loi qu'on lui ait appris à connaître, la seule par conséquent à laquelle il doive obéir?

L'horreur du crime fait trembler la voix du magistrat. L'organe de cette société basée sur l'oppression reproche à Gregorio l'acte abominable qu'il a commis.

— Mais c'est la senhora qui me l'a commandé, répond le noir, en renvoyant à qui de droit la responsabilité de l'assassinat.

— En admettant l'excitation dont tu parles, tu ne devais pas obéir, réplique le juge.

Le fonctionnaire brésilien reconnaît donc qu'il existe une loi au-dessus de la loi du maître? Cette loi, qui est celle de Dieu, défend le meurtre; elle condamne aussi, l'ignore-il? le trafic de chair humaine. Gregorio, suivant lui, devait apprécier sainement les paroles de la senhora et refuser de s'y soumettre. Mais, comprend-on l'esclave avec le droit de discussion? Admettre ce droit, n'est-ce pas saper l'institution par sa base? Quelle inconséquence pour un protectionniste?

— La senhora m'aurait chicoté, si j'avais refusé de lui obéir, objecte Gregorio, avec la logique que donnent l'expérience et la conscience de sa position.

— Il fallait te laisser battre plutôt que de verser le sang, riposte le juge.

Quelle absurdité, senhor juge! Vous exigez d'une brute un stoïcisme magnifique, et une moralité que vous ne lui avez pas apprise! Pourquoi donc Gregorio se serait-il bravement exposé aux coups de chicote!

En quoi son intérêt personnel était-il engagé, et quel profit aurait-il retiré de sa résistance?

— Mais la senhora m'avait promis la liberté, dit encore le noir monhambala.

— La liberté en récompense du sang versé ! La liberté est le prix du travail et de la vertu, et non point de l'assassinat ! s'écrie le juge emporté par son indignation.

Décidément, senhor, vous pataugez à plaisir dans le bourbier d'un débat sans issue.

Gregorio est un rude travailleur et il l'a prouvé. Le travail qu'on lui a commandé consistait à jouer du couteau. Comme la vertu de l'esclave est dans l'obéissance passive, il s'est empressé de dépêcher le senhor Rebentão. Cette conduite est logique. En agissant autrement il aurait manqué à son devoir, tel que le Code noir le définit.

C'est égal; suivant vous il devait se complaire à traîner ses fers, lorsqu'on lui offrait les moyens de les briser. On demandait tout simplement à Gregorio une abnégation sublime qui l'aurait élevé de cent coudées au-dessus de ses oppresseurs. Après l'avoir abruti, on voulait trouver un philosophe, un héros, un saint, un saint chez un pauvre noir !

Vraiment ! cela ne fait-il pas pitié !

Croyez-moi, messieurs les protectionnistes, appliquez résolûment le rescrit de 397. On dira de vous que vous êtes des ignorants et des barbares; mais, du moins, on ne vous accusera ni d'illogisme, ni d'hypocrisie.

Eh bien ! ai-je tort de soutenir que l'esclavage fausse le jugement et qu'il carie le cœur?

Ce n'est point là, cependant, l'opinion d'un éminent publiciste brésilien (je dis *éminent*, à cause du chapelet de titres qu'il pend à son cou, avant de parler au public), dont le livre a produit une certaine sensation dans l'empire.

Dans son ouvrage intitulé *Ideas sobre colonisação*, le senhor L. P. de Lacerda Werneck, docteur en... bachelier en..., membre de la Société de..., de l'Institut de..., etc., etc., ne craint pas d'affirmer que l'esclavage n'est point une institution conseillée par l'inhumanité (*aconselhada pela deshumanidade*), rejetée par les lois divines (*rejeitada pelas leis divinas*), par les préceptes d'une saine morale (*pelos preceitos de uma sãa moral*).

J'ai cité textuellement.

Comme le chapelain du fazendeiro, le senhor Werneck possède évidemment ses Pères de l'Église; je le soupçonne même d'avoir lu Jurieu [1], Bailly [2], Mr Bouvier, évêque du Mans [3], Mr Édouard Biot [4], et M. Granier de Cassagnac, qui affirme carrément que *le christianisme a toujours justifié et maintenu l'esclavage* [5].

Mais le docteur Werneck ne s'arrête pas en si beau chemin, et l'on trouve dans son livre des arguments d'une bien autre portée, en faveur de cette institution.

1. *Avertissements aux protestants sur les lettres du ministre Jurieu.* Paris, 1743.

2. *Theologia dogmatica et moralis.* Dijon, 1789.

3. *Institutiones theologicæ.* Paris, 1836

4. *De l'Abolition de l'esclavage ancien en Occident.* Paris, 1840.

5. *Voyage aux Antilles. — Idées du christianisme sur l'esclavage.* Paris, 1844.

Ainsi, entre autres choses, il a découvert que la « mission de l'Amérique était de régénérer et de peu- » pler l'Europe devenue barbare, » et que cette mission civilisatrice, l'Amérique l'a remplie, « grâce à l'esclavage. »

Mais ici encore il faut citer le texte, afin qu'on ne m'accuse pas d'inventer :

« Outro era a missão da America; ella devia regenerar, povoar a » Europa barbarisada!... Graças a escravidão, a Europa foi rege- » nerada, e a America foi o manancial (source qu'on ne tarit pas, » magasin inépuisable) que lhe forneceu os bens e os soccorros que » lhe faltavão. »

Remercions le senhor de Lacerda Werneck, docteur en..., bachelier en..., etc., etc., de nous avoir révélé que l'Europe était tombée en pleine barbarie, lorsque les Américains, — peut-être a-t-il voulu dire les Brésiliens, — ont secoué sur cette vieille ruine le flambeau de leur puissante civilisation, soigneusement entretenu sur le phare de l'esclavage.

Ce que c'est pourtant que de savoir le portugais, et de vouloir se tenir au courant des belles choses qui se publient en cette langue!

Décidément, le senhor Werneck a une singulière manière d'étudier l'histoire. Ce n'en est pas moins un *éminent* publiciste, et, je le jure, je ne regrette pas mon épithète.

Donc, nous sommes les barbares, et les civilisés, ce sont les peuples à esclaves; tenons-nous-le pour dit.

CHAPITRE VIII

Le rôle de la femme au Brésil. — Organisation de la famille, dans les pays à esclaves. — La république noire de Palmares. — Dévouement sublime de Manoëla.

Après le départ des capitães, nous nous dirigeâmes vers la salle à manger, où nous eûmes l'honneur de présenter nos hommages à la senhora da casa et à sa fille.

La table était dressée, et, vraiment, elle avait bon air. Un appétissant cochon de lait, - un *leitão,* —régal fort apprécié des Brésiliens, attira mon attention. Il s'étalait dans une grande jatte oblongue, entre une volaille *sans tête*, c'est ici l'usage, et la *feijoada* nationale. A côté de la volaille décapitée, se trouvait un plat garni de petites graines noires que je pris pour un légume du pays. Une salade ornée de rouelles d'oignon, du vin de Porto et de Lisbonne, de la farine de manioc dans d'élégantes corbeilles rouges, de l'eau fraîche dans des *moringhas* aux formes bizarres, complétaient le menu.

Le service était fait dans cette faïence bleue, de fabrication anglaise, qui est si fort répandue dans toute l'Amérique du Sud. De petites serviettes frangées étaient placées sur des assiettes, que flanquait un couvert complet.

Décidément, le senhor fazendeiro était à la hauteur du siècle, puisque sa çasa ne manquait ni de verres ni de couteaux.

Deux jolis vases remplis de fleurs achevaient de donner à la table une physionomie riante.

Le *copeiro*, en serviteur bien appris, occupait son poste, à la droite du maître. Deux mucamas à peine vêtues, mais ayant chacune une rose éclatante dans les cheveux, se tenaient derrière les senhoras. C'étaient deux jeunes mulâtresses, à la taille souple, au sourire agaçant, au regard effronté, dont les traits, comme ceux du molèque Fidelis, offraient un air de famille avec les traits du fazendeiro et ceux de ses enfants.

On est libre de croire, avec le senhor Werneck, que la *saine morale* n'a rien à reprendre à cette ressemblance, *fortuite*, sans doute, du maître et des esclaves.

Les deux senhoras, avec leur robe de soie décolletée et leurs cheveux enroulés en couronne, ne rappelaient plus, en ce moment, les créatures paresseuses que nous avions surprises au milieu de l'abandon du gaffouné.

Il y avait lieu de s'étonner, toutefois, de ce que la porte des appartements intérieurs s'était ouverte devant elles; car aujourd'hui encore, le fameux proverbe portugais pèse sur les mœurs, et les senhoras, retirées au fond des maisons, restent, d'habitude, invisibles pour les étrangers.

C'est le nom du senhor Clemente da Serra, l'ami commun du fazendeiro et de Fruchot, qui avait produit ce miracle en notre faveur.

La senhora Anastasia est de petite taille; mais sa

beauté a un caractère fier et dédaigneux tout à la fois, qui n'exclut pas certaine grâce indolente particulière aux créoles.

Felipa, sa fille, est une moça de dix-huit ans, déjà rondelette, à l'œil vif et curieux, raide sans être timide, et qui possède à fond la manœuvre de l'éventail.

Voici ce que dit le proverbe portugais auquel nous venons de faire allusion :

« Une femme est assez instruite, lorsqu'elle est ca-
» pable de lire couramment ses oraisons, et d'écrire
» la recette de la confiture de goyave; plus de savoir
» serait un danger pour la paix du ménage. »

De ce proverbe est né un odieux système, consciencieusement pratiqué en Portugal, et introduit par Cabral et ses compagnons au Brésil, où il a fonctionné pendant trois siècles.

La défiance, la jalousie, et la compression qui en est la conséquence, enlevaient tous ses droits, mais aussi toutes ses grâces à la femme, qui n'était, à vrai dire, que la première esclave du logis. La broderie, la confection des *doces* (confitures), le bavardage des négresses, le gaffouné, le maniement de la chicote, et, le dimanche, une visite aux églises, voilà les seules distractions que le despotisme paternel et la politique conjugale permettaient aux jeunes moças et aux inquiètes senhoras.

Franchement, la sollicitude des senhores était par trop ombrageuse et prévoyante; aussi n'eurent-ils guère lieu de se féliciter de dégrader systématiquement les femmes et de les condamner à l'ignorance et à la réclusion à perpétuité.

L'oppresseur peut faire l'ombre et le silence autour de sa victime ; il peut l'empêcher d'écrire et même de parler ; mais il ne saurait étouffer les ardentes aspirations d'une âme enthousiaste, pas plus qu'il ne saurait contraindre la brise à ne plus chanter, les églantiers à ne plus fleurir, le soleil à ne plus sourire au printemps. Il y a plus : la manifestation qu'il voudrait prévenir se produit, en sa présence, le plus souvent, lorsque l'amour se met de la partie.

A défaut de plumes et de paroles pour communiquer les impressions d'un cœur blessé, les yeux n'ont-ils pas un éloquent langage que tous les amants savent comprendre ?

Et les fleurs donc ? ne sont-elles pas des emblèmes discrets qui babillent mieux que le regard le plus tendre, qui en disent plus long que les lettres les plus expansives et les discours les plus passionnés ?

Le selam est un fruit du despotisme oriental, chacun le sait ; aussi, malgré le peu de culture de leur esprit, malgré la surveillance farouche dont elles étaient l'objet, les Brésiliennes trouvaient le moyen de se rapprocher de celui qui les avait charmées, et de lui révéler leur plus secrète pensée. Même au milieu d'esclaves dévoués à leurs tyrans, les confidentes et les messagères ne leur manquaient pas. Le soir, lorsque le galant passait sous le balcon, — ce sont les anciens voyageurs qui le racontent, — une rose, tombée à ses pieds, lui apprenait que le cœur d'une belle recluse battait pour lui, et que l'amour le provoquait aux audacieuses entreprises dont le bonheur, un bonheur mystérieux, était le prix.

Voilà ce qu'était la femme au Brésil sous la domination portugaise.

Le jour où parut l'alvara de João VI, qui ouvrait les ports de la riche colonie aux navires de toutes les nations, le génie européen — les droits de douane payés — put pénétrer dans les villes. Mais il prêcha en vain l'émancipation ; l'esclavage fut maintenu et la femme, qui s'associait au crime, en subit doublement la peine. Lorsqu'il lui était si facile de reconquérir sa place aux côtés de l'homme par la grâce et la beauté, et de soumettre son tyran par les charmes de l'esprit, elle ne songea qu'à acheter des chiffons et à parer son corps.

L'homme des tropiques ne tient pas essentiellement à trouver une âme chez l'instrument de ses plaisirs, et son idéal peut très-bien s'incarner dans le type opulent de la nourrice. De son côté, sa compagne n'éprouve pas le besoin d'une domination aimable, que raffermirait chaque jour davantage le développement des facultés intellectuelles. Aussi, malgré la pression des idées européennes, la femme a conservé un rôle effacé dans son intérieur parce que ses séductions, purement physiques, n'agissent que sur les sens et n'atteignent pas jusqu'à l'être moral. Si l'indolente créole manque complétement d'initiative, — cette arme redoutable des conquérants, — c'est qu'elle ignore l'art charmant et profond de la coquetterie. C'est là ce qui explique l'abandon où l'épouse est laissée, aux lieux habités par de jeunes et belles raparigas. Le dédain dont elle est l'objet explique, à son tour, ainsi que le désœuvrement où elle vit, les entraînements brutaux auxquels elle succombe parfois, au fond des maisons silencieuses et des fazendas isolées.

La Brésilienne n'a donc pas encore compris la haute mission qui lui est réservée dans l'œuvre de transformation qui s'accomplit, si lentement, sans doute, mais pourtant qui s'accomplit sous ses yeux.

Rio possède aujourd'hui une scène lyrique et des journaux; ses rues sont éclairées au gaz, et l'on trouve un piano dans chaque maison. Il est vrai que le théâtre s'élève au milieu d'une plaine infecte; que les journaux ont une sainte horreur pour les discussions sérieuses; que les rues, sans trottoirs, ne sont que médiocrement pavées; et, enfin, que sur ces nombreux pianos, d'origine anglaise pour la plupart, on ne joue guère que des contredanses, des romances et des polkas.

Toutefois, le progrès, repoussé jadis comme un lépreux, a pu faire, quoique timidement, acte d'apparition dans l'Empire. Un commencement d'impulsion a été donné à cette société, si longtemps immobilisée par le génie portugais. Mais les senhoras, cela est triste à avouer, ne se sont mêlées au mouvement régénérateur que pour adopter les robes et les chapeaux de nos femmes. Hélas! pourquoi donc les couturières et les marchandes de modes ne débitent-elles pas aussi, pour de l'argent, la distinction et la grâce qui, seules, donnent du prix aux brillantes toilettes?

Aujourd'hui encore, l'éducation d'une Brésilienne ne laisse rien à désirer lorsqu'elle sait lire et écrire couramment, manier la chicote, confectionner des doces et chanter, en s'accompagnant sur le piano, une romance d'Arnaud ou de Loïsa Puget. Jusqu'ici les senhoras n'ont emprunté à la civilisation que la crinoline, le thé et la polka : — la crinoline ! dont, en général, elles n'ont pas besoin ; — le thé ! la plus détestable de toutes les boissons, à mon avis ; — la polka ! cette danse élégante et légère qui ne va ni à leur tempérament, ni à leur conformation. Il est vrai qu'elles ont conservé le gaffouné et la chicote, ce qui explique pourquoi elles sont toujours les premières esclaves de la maison.

Mais que dire de l'ignorance des femmes qui vivent au fond des provinces et dans les fazendas ? Rien, si ce n'est qu'elles ont bien peu de chose à envier à leurs conjoints. Écoutez ceci :

La conversation roulait depuis le commencement du repas sur les incidents de notre voyage, lorsque la question qui passionnait alors tous les esprits des deux côtés de l'Atlantique, fut mise sur le tapis ; je veux parler de l'expédition de Crimée.

Fruchot venait d'énumérer les forces dont pouvaient disposer les puissances occidentales, dans le cas d'un conflit européen. L'Autriche allait être mise en demeure de prendre enfin un rôle actif ; le Piémont avait joint ses armes à celles de la France et de l'Angleterre ; l'Espagne se préparait à envoyer son contingent de soldats ; la Suède se liait par un traité à la politique des cabinets de Londres et de Paris, et les sympathies du Danemark, comme celles des États secondaires de l'Allemagne, nous étaient acquises. Il ne restait donc que la Prusse qui se rangeait du côté de la Russie, et dès lors l'issue de la guerre ne pouvait être douteuse. Le colosse du Nord devait être écrasé par cette formidable coalition.

Le senhor Miguel Pedragulho prit alors la parole :

— Mais, vous oubliez le Portugal, dit-il; si le Portugal embrasse la cause de la Russie, les choses pourraient bien prendre une autre tournure pour les puissances occidentales.

Le senhor Miguel, quoique despote absolu, était bon homme au fond; mais il faut convenir qu'il n'était pas très-fort.

Telle est, pourtant, l'idée que les descendants de Cabral se font encore aujourd'hui du Portugal.

La senhora Anastasia nous prouva qu'elle était digne de son superbe époux, par l'étendue de ses connaissances. Elle m'adressa plusieurs questions qui m'embarrassèrent fort. Celles-ci entre autres :

— Est-il bien vrai que Paris soit plus grand que Rio-de-Janeiro et plus beau que Bahia?

Combien de mètres d'étoffe les Françaises mettent-elles à leurs jupons?

Quel est le talisman en vertu duquel les Parisiennes se font obéir de leurs maris? Y a-t-il, ou n'y a-t-il pas sorcellerie dans ce pouvoir, inconnu des femmes d'Amérique?

La jolie Felipa, elle, voulut savoir combien on attelait de chevaux au carrosse de l'Empereur; comment se coiffait l'Impératrice et si elle préférait les bandeaux aux anglaises?

Telles étaient les préoccupations du fazendeiro, de sa femme et de sa fille. On voit jusqu'où s'étendaient leurs connaissances politiques, géographiques, historiques, sociales et morales.

Mais, si les grandes personnes raisonnaient comme des enfants; les enfants, à leur tour, se prenaient au sérieux et se posaient en hommes graves.

Pendant que je tâchais de satisfaire la curiosité de mes interlocutrices, j'entendais le senhor Juliano qui demandait à Fruchot combien, en France, un senhor moço de son âge recevait de son père, chaque mois, pour ses menus plaisirs.

— A votre âge, senhor, répondit le courtier, les moços français sont encore au collége, et les favorisés de la fortune qui reçoivent cinq francs par mois se dépêchent d'en acheter des gâteaux qu'ils mangent avec leurs camarades.

La figure de Juliano exprima une dédaigneuse surprise.

— Cinq francs! des gâteaux! répéta le moço avec mépris.

Mon père, reprit-il, m'alloue pour argent de poche dix mille reis (30 fr.) mensuellement, et c'est à peine si je puis acheter quelques colifichets à Sancha.

Sancha était une des deux mulâtresses qui nous servaient.

— Cinq francs! des gâteaux! murmura encore le senhor moço.

Nul doute qu'à partir de ce moment, il ne crût les Français de quinze ans bien inférieurs aux Brésiliens de cet âge, puisque les uns dépensaient leur argent en friandises comme des enfants, tandis que les autres avaient déjà les passions des hommes.

Il n'est pas jusqu'au bambin qui n'eût aussi une importante question à m'adresser. On venait d'entamer le plat de petites graines noires, lorsque le moutard me demanda gravement si les moços de mon pays, à dix ans, avaient une montre, et s'ils portaient la cravate blanche lorsqu'ils allaient dans le monde?

Voilà de quelle manière on comprend ici la civilisation, et comment les *Senhores brancos* prétendent justifier la supériorité qu'ils s'attribuent sur les noirs.

Tout cela ne serait que puéril, ridicule et grotesque, si, au fond, ce n'était pas souverainement immoral et odieux; mais l'esclavage donne des fruits plus corrompus encore, n'en déplaise à l'auteur des *Ideas sobre colonisação*.

La question de son plus jeune fils avait fait sourire le senhor Pedragulho. Sans me laisser le temps de répondre au vaniteux bambin il me demanda, en me montrant du doigt les petites graines noires, comment je trouvais ce mets brésilien.

— Mais très-bon, lui dis-je; comment appelez-vous ce légume?

— Ce légume, répondit-il en riant, s'appelle des fourmis grillées.

Je crus avoir mal entendu.

— Vous dites?...

— Je dis que ce sont des fourmis grillées, répéta le fazendeiro.

D'un mouvement rapide, je repoussai mon assiette loin de moi, et je ne pus retenir une grimace de dégoût. Plus cuirassé que moi, Fruchot me regardait d'un air narquois.

Je connaissais quelques mets hétéroclites : les nids d'hirondelles chinois cuits à l'étuvée, la blanquette de Matlametlo[1], les rôtis de gorille des Fans, la salade à la crème du Texas, la soupe à la bière d'Allemagne, le jambon aux confitures aigres de Westphalie, les escargots de la Camargue, etc.; tous mets qui m'inspirent un profond respect, à défaut d'un grand amour.

On m'avait parlé, en Europe, du goût peu orthodoxe des Brésiliens pour certains lézards nommés *iguanas*, et depuis mon arrivée en Amérique, j'avais aperçu plusieurs de ces quadrupèdes ovipares très-proprement parés, écartelés, comme on le fait chez nous des agneaux, à l'étalage des marchandes du *largo do Rosario;* mais j'ignorais encore à cette époque les propriétés nutritives de l'insecte ailé, et le rôle éminent que lui réservent, dans leurs préparations culinaires, les gastronomes Sud-Américains.

Le senhor Pedragulho m'apprit alors, et le *Roteiro do Brazil* m'a depuis confirmé son assertion, que cet aliment, emprunté aux Indiens, est fort goûté dans l'intérieur de l'Empire. Dans la province de São-Paulo, on l'estime autant que la choucroute en Allemagne. A Espirito-Santo, à Porto-Seguro et à São-Jorge, on est aussi friand de fourmis torréfiées que dans le pays des Chingés et des Bangalas de larves blanches séchées au soleil. Au marché de ces villes on vend des fourmis, réduites à l'abdomen et toutes préparées, comme à Paris on détaille des pommes de terre frites.

1. Le *Matlametlo* (*Pyxicephabus adspersés* du docteur Smith) est une énorme grenouille du cap de Bonne-Espérance, dont la chair ressemble à celle du poulet.

Les habitants de Victoria portent si loin leur prédilection pour ce mets, qu'on les appelle vulgairement, suivant M. Ferdinand Denis, *papa-tanajeiros* ou mangeurs de fourmis.

L'autorité des textes et le sourire de mes hôtes ne parvinrent point à triompher complétement de ma répugnance, je l'avoue; cependant j'essayai de faire bonne contenance; reprenant mon assiette, je rompis quelques-uns de ces insectes que j'avais cru être des légumineux.

La chair intérieure était blanche; elle n'avait pas un aspect repoussant. Je voulus donc payer d'audace et imiter le superbe courage de Fruchot, dont la fourchette n'avait pas interrompu ses fréquentes évolutions.

— *Macte animo, generose puer*, me dit l'ironique courtier.

Le docteur Livingstone déclare quelque part dans son livre (*Explorations dans l'intérieur de l'*Afrique Australe) qu'il a mangé des sauterelles grillées chez les Bakouains et même qu'il préfère ces insectes, ainsi préparés, aux crevettes. Je dois en convenir : je ne suis pas un gourmet de l'école du célèbre voyageur anglais. Les fourmis valent les sauterelles, sans doute; pourtant il me fut impossible d'avaler désormais ce ragoût de Tupiniquins. Je pris ma revanche sur la volaille décapitée, et, le porto aidant, j'eus bientôt purifié mon palais de l'étrange parfum qu'y avaient laissé les fourmis grillées.

Nous passâmes enfin dans le salon où le café venait d'être servi. Après le café, on devait faire de la musique, car Fruchot avait avoué qu'il jouait du piano, et la senhora Anastasia était bien aise de nous faire admirer le talent de sa fille Felipa sur cet instrument.

En ce moment, des cris aigus et plaintifs, presque aussitôt suivis d'autres cris aigus, mais qui conservaient un caractère menaçant, glacèrent nos intentions mélodiques.

Je crus d'abord que Lasaro et Joaõ étaient en train de vider leur querelle, et je me précipitai vers la porte. Le feitor-mõr, en se montrant tout à coup, nous apprit la cause de ce vacarme.

Fidelis connaissait l'accueil qui l'attendait à son arrivée à la fazenda ; du reste, le senhor Pedragulho, en le recommandant au feitor, avait clairement indiqué le résultat qu'allait avoir pour lui son escapade. Au lieu d'obéir à l'ordre du maître, le molèque, dès qu'il eut été délié par les Capitães-do-mato, courut se cacher. On l'avait cherché vainement pendant plusieurs heures. Maintenant seulement on venait de le découvrir, et aussitôt la chicote s'était levée sur lui.

Aux cris poussés par Fidelis, une négresse était accourue. Cette négresse, joignant ses clameurs à celles du molèque, lui faisait un rempart de son corps et rendait le châtiment impossible. C'était la mère de Fidelis. Elle poussait l'audace jusqu'à traiter le feitor d'imposteur, lorsqu'il déclarait qu'il ne faisait qu'exécuter les ordres du maître.

— Le senhor ne peut pas avoir ordonné de fouetter mon petit molèque, affirmait la négresse.

— Ah! elle a prétendu cela? dit le senhor Pedragulho en ricanant; eh bien! nous allons rire.

Il s'élança en avant; je le suivis, soupçonnant bien la cause de la résistance de la négresse. Celle-ci frappa ses mains de joie, en apercevant son maître.

Mais le fazendeiro fronça le sourcil, et, avant qu'elle eût parlé, il ordonna de nouveau de fouetter Fidelis.

La mère, désabusée, tomba sur ses genoux et supplia le senhor. Ses prières furent inutiles.

La négresse se releva alors. Entourant de ses bras le corps du molèque, elle s'écria avec un accent indigné que, puisque le père osait châtier son enfant, il ne devait pas craindre de faire couler le sang de la mère.

Fidelis, je n'en avais jamais douté, était le fils du fazendeiro, tout comme les deux mucamas qui nous avaient servi à table étaient ses filles.

Ce fait, qui révolte la conscience, ne pourra surprendre, toutefois, que ceux qui ignorent absolument l'esclavage. En effet, là où règne cette institution on professe, à l'endroit du mariage, les théories les plus complaisantes. Il n'est pas un créole qui croie manquer à ses engagements, en trouvant jolies les raparigas de son habitation. Ce commerce, que la loi et la sainteté du foyer domestique réprouvent énergiquement dans tout pays chrétien, n'effarouche pas le moins du monde les mœurs esclavagistes.

Je l'ai déclaré plus haut : les noirs, abrutis par la chicote, se sont vengés des oppresseurs en leur inoculant tous leurs vices. Les femmes légitimes elles-mêmes, soit par indifférence, soit par impuissance, quelques-unes par orgueil (une senhora peut-elle être jalouse d'une négresse?) autorisent, en se taisant, ces unions adultères qui augmentent leur capital humain.

D'où il résulte que tous les fazendeiros, tous les senhores d'engenho, tous les maîtres d'une grande exploitation, sont de véritables sultans et qu'ils ne manquent pas d'user de leurs prérogatives, sans même admettre que le chapitre des devoirs réciproques fasse suite à celui des droits.

Là où l'on se ruine en Europe, ils trouvent, eux, plaisir et profit tout à la fois. De plus, l'oblitération du sens moral les garantit contre les obsessions du remords.

D'où il résulte en même temps que les enfants de la senhora da casa vivent d'abord pêle-mêle avec ceux des négresses. A mesure qu'ils grandissent, la ligne de démarcation s'établit, brutale, inflexible, entre ces fils d'un père commun, et enfin les frères sont esclaves des frères, ils sont battus par eux; et plus tard, à l'âge des passions, les jeunes senhores oublient facilement que ces belles mulâtresses à la démarche indolente, à la prunelle enflammée, sont leurs sœurs.

Je défie tout voyageur désintéressé, qui a parcouru les pays à esclaves, de nier l'exactitude de cette peinture.

Il y a plus fort que cela encore, et nous verrons bientôt que certaines habitations ne sont autre chose que de véritables haras, où le maître s'occupe uniquement de l'élève du noir.

Or, cet état de choses n'est-il pas incompatible avec la pureté de mœurs qui est l'essence même de la vie de famille et de l'intimité domestique?

Et quel enseignement pour les jeunes moças, que ces

raparigas qui se trouvent toujours dans une *situation intéressante !* Est-il possible que de pareils exemples ne portent pas leurs fruits et que ces fruits ne soient pas empoisonnés ?

Ce sujet, qui appartient essentiellement à l'étude que nous avons entreprise, est d'une importance trop capitale pour ne pas être soigneusement approfondi. Nous le reprendrons tout à l'heure sous une forme plus saisissante.

Loin d'être ému par le touchant appel de la négresse, la senhor Miguel Pedragulho haussa les épaules et répéta son ordre.

— Fouettez la cachorra et le cachorrinho, dit-il froidement.

Il ajouta aussitôt :

— Et avant huit jours, Fidelis sera vendu.

Je ne pouvais rester spectateur muet de cette scène. A ma sollicitation, la chicote s'arrêta en chemin et les deux esclaves furent épargnés pour cette fois.

La mère se précipita aux pieds du fazendeiro.

— Senhor ! senhor ! murmura-t-elle en joignant les deux mains, vous n'avez pas toujours été aussi dur pour Aureliana ; mais je ne me plains pas. Accordez-moi seulement la grâce de ne pas me séparer de mon enfant, et si vous le vendez, vendez-moi avec lui.

Quel contraste avec Antonio l'ivrogne !

Le fazendeiro daigna à peine regarder la négresse.

— Veille sur ton molèque si tu tiens à le garder auprès de toi, dit-il. Si le capitão me le ramène encore, il sera vendu. Va-t'en.

Quand personne ne put nous entendre, je protestai vigoureusement contre l'inhumanité des senhores, à l'égard de leur progéniture de couleur. Mais mon indignation éclata en pure perte, devant le préjugé qui régit ces populations vaniteuses et ignorantes. Le fazendeiro ne niait pas la paternité qui lui était attribuée, non vraiment; et pourtant, il trouvait des arguments pour justifier sa conduite.

— Si chaque senhor, dit-il, reconnaissait les enfants que lui donnent ses négresses, il rognerait d'autant la part d'héritage de ses fils légitimes, ce qui serait odieux. Il n'y a qu'un mauvais chrétien ou un père sans entrailles qui puisse ainsi préparer la ruine de ses enfants.

Cet homme qui parlait au nom de la morale, de la religion et de la famille, me fit horreur en ce moment. J'eusse préféré avoir pour contradicteur un être sans vergogne, entièrement dominé par ses passions.

Ma réplique fut acerbe et méprisante.

— Mais, répondis-je, c'est d'un bon chrétien de vivre dans le désordre avec des esclaves, en présence de sa femme et de ses fils légitimes, n'est-ce pas? C'est d'un bon père aussi de maintenir ses enfants naturels dans l'esclavage et de les livrer à la chicote du feitor? Un bon père ne rogne point la part d'héritage de sa progéniture légale; mais il a le droit de vendre, et cela sans remords, un mulâtre qui lui doit la vie, n'est-il pas vrai?

Le fazendeiro, qui sifflotait pendant que je parlais, amena, quand j'eus fini, un sourire dédaigneux sur ses lèvres, comme pour me donner à entendre que je n'étais pas à sa hauteur.

— Allons rejoindre les senhoras, reprit-il tranquillement.

Au regard interrogateur de dona Anastasia, il répondit par ces seuls mots :

— C'est cette cachorra d'Aureliana qui voulait empêcher le feitor de fouetter le petit molèque.

— Voilà ce que c'est d'être trop bon pour ces créatures! observa philosophiquement la senhora.

Et elle dit à sa fille de remplacer Fruchot au piano.

L'impudent sang-froid du senhor Pedragulho et l'insouciance cynique de sa compagne suffiraient pour constater l'amoindrissement, que dis-je? la déchéance de l'être moral, aux lieux où le noir est une marchandise dont le maître dispose à son gré.

Déjà, dans le chapitre consacré aux mulâtres, le lecteur a pu jeter rapidement un coup d'œil sur le foyer brésilien. Déjà, derrière une paix et une union apparentes, il a deviné les divisions intestines, les impurs rapprochements, les haines farouches, qu'engendre forcément un état de choses fondé sur la supériorité et sur l'infériorité conventionnelles des races.

Maintenant les derniers voiles viennent d'être déchirés à peu près entièrement.

La conduite du fazendeiro envers le petit molèque nous permet de juger, dans ses effets les plus désastreux, l'œuvre redoutable de démoralisation accomplie par l'esclavage.

La perturbation dans les mœurs publiques et privées, a

pour cause principale la négation de la loi naturelle de protection et d'égalité dans l'amour. Cette négation conduit ainsi logiquement à la désorganisation du foyer domestique.

Nous osons le déclarer formellement :

La famille (nous parlons de la famille chrétienne), cette concentration des forces de l'esprit et du cœur sur un point abrité, isolé, mystérieux; cette riante oasis qui appelle sous ses bosquets toujours verts le voyageur meurtri, déchiré, par les ronces et les pierres de la route sociale; cet asile de paix sereine et de joie intime où l'âme, froissée par l'injustice et la méchanceté, se retrempe chaque soir pour les luttes du lendemain; la famille, source divine des plus pures, des plus sérieuses, des plus ineffables jouissances, ne peut s'établir sur ses bases véritables dans les pays à esclaves.

Cette proposition, qui paraîtra peut-être audacieuse au lecteur européen, et que les créoles brésiliens et louisianais appelleront certainement paradoxale, deviendra d'une évidence incontestable si les faits eux-mêmes se chargent de la démontrer.

Les faits vont donc prendre la parole avec l'autorité qui leur appartient.

Il y a quelques années, une famille, composée du mari, de la femme et de deux fils, habitait une fazenda située dans la chaîne des Orgãos, à soixante-dix kilomètres de Rio-de-Janeiro, et sur les bords du Rio-Ignassú.

José et Casimiro, les deux fils du senhor Soares, son

âgés, le premier de vingt-cinq ans et le second de vingt-trois.

Parmi les esclaves de la fazenda se trouve une mulâtresse nommée Calista. Calista vient d'atteindre sa dix-neuvième année. Elle est belle et rusée. Sa mère Constança lui a répété maintes fois que le senhor Soares avait promis de l'affranchir et Calista avec elle; mais la parole du maître s'est envolée vers les sombres solitudes, où se perdent les serments d'amour oubliés.

Calista jure à la vieille négresse d'obtenir la liberté pour toutes deux, dût son entreprise causer la ruine de la famille du fazendeiro.

Déjà José est épris de la rapariga.

Calista manœuvre de façon à incendier le cœur de Casimiro, et elle y réussit sans peine.

Une rivalité terrible s'établit alors entre les deux frères, dont chacun aspire à la possession exclusive de l'esclave.

La mulâtresse, fidèle au rôle qu'elle s'est imposé, coquette avec tous les deux, et les désespère également par sa réponse invariable :

— Mon amour est fier; il a horreur du joug; je ne l'accorderai qu'à celui qui m'aura faite libre.

Casimiro et José ne possèdent rien; ils ne peuvent donc pas racheter l'esclave de leur père.

Aveuglés par la passion, ils décident de réduire par la force l'indomptable créature. Le hasard prononcera entre eux, et celui qu'il favorisera n'aura plus à redouter les prétentions de son rival évincé.

L'épreuve s'accomplit en présence même de Calista.

Une pièce d'argent est jetée en l'air.

Le sort se déclare contre Casimiro.

Dans sa joie brutale, José ose railler celle qu'il considère comme sa victime.

— Ce soir, dit-il, ma volonté triomphera de tes dédains.

Mais Calista n'a pas engagé cette partie dangereuse, pour amener simplement l'immolation volontaire de l'un de ses adorateurs. L'abattement de Casimiro lui fait craindre que la lutte ne soit terminée. Elle est perdue si elle ne ravive pas toutes les passions fougueuses qui sont refoulées, à cette heure, dans l'âme du plus jeune des fils Soares.

La mulâtresse jette à Casimiro un regard empreint du sentiment d'une tendresse alarmée.

— Et si j'invoquais contre cette volonté la protection du senhor Casimiro? demande-t-elle.

Casimiro, que le regard avait déjà fait tressaillir, répond chaleureusement à l'appel direct de la rapariga.

— Cette protection ne te manquerait pas, Calista; je te le jure.

Un sourire méprisant s'étale alors sur les lèvres de José.

— Tu oublies, Casimiro, dit l'aîné, que tu as remis ta cause entre les mains du hasard, en promettant de respecter son arrêt, quel qu'il fût; or, le hasard a prononcé en ma faveur, faut-il te le rappeler? En l'état, tu ne conserves plus le droit ni d'aimer, ni de défendre la rapariga rebelle. Je dirai plus : ton honneur est intéressé à ce qu'elle m'appartienne.

C'était là, vraiment, une logique d'esclavagiste, dont la valeur ne pouvait être contestée par un autre esclavagiste.

Mais la passion ne tarda pas à protester contre la logique ; cela est dans l'ordre.

Le soir, Casimiro devait descendre le rio Iguassú. Il allait toucher à Rio-de-Janeiro le prix de la dernière récolte de café, expédiée par son père à un négociant anglais.

Casimiro s'imagine être le préféré de Calista.

L'idée que son frère se prévaudra, pendant son absence, des droits que le sort lui a conférés, le trouble et le désespère. Ne serait-il pas un lâche si, étant aimé de la mulâtresse, il abandonnait celle-ci à la merci de José ?

Foulant aux pieds ses derniers scrupules, oubliant, sous l'aiguillon de la jalousie, l'épreuve qui lui a été défavorable, il trouve le moyen d'entretenir secrètement Calista.

Il sollicite alors la rapariga de le suivre à la cidade, en promettant de prélever sur la somme qu'il va recevoir l'argent nécessaire au rachat de l'esclave.

Calista ne fait aucune difficulté pour accepter ces conditions. Elle consent à monter dans la barque qui conduira Casimiro à Rio-de-Janeiro.

A l'heure convenue le signal est donné.

La mulâtresse se glisse hors de l'habitation ; elle rejoint Casimiro, et tous deux se dirigent vers le rio Iguassú.

Mais la jalousie veillait également à la fazenda, pendant que l'amour enlevait sa proie.

Un coup de feu trouble subitement le silence de la nuit, et le bruit d'une marche précipitée arrive jusqu'aux oreilles des fugitifs.

Casimiro, dont les forces sont doublées par le danger, emporte Calista dans ses bras, et se hâte vers l'embarcation.

Une voix bien connue l'appelle alors par son nom et lui enjoint de s'arrêter, sous peine de mort.

Casimiro brave la menace.

Il vient d'atteindre la rive du fleuve, lorsqu'une main furieuse s'abat sur son épaule.

Cette main est celle de José.

Les deux frères se retrouvent en présence, l'injure à la bouche, la haine dans les yeux.

Casimiro brandit un couteau; José étreint son fusil, le doigt touchant le chien du canon qui est resté chargé.

La mulâtresse est accroupie au pied d'un caféier. Elle assiste, froide et dédaigneuse, à cette scène de récriminations qui peut se changer tout à coup en une scène de meurtre.

— Parjure! voleur! homme sans foi! disait l'aîné. Ta trahison ne servira qu'à te couvrir de honte. Cette rapariga m'appartient et je te tuerai plutôt comme un chien que de te l'abandonner.

— Lâche! assassin! ripostait Casimiro. C'est moi que Calista préfère; je puise mes droits dans un amour partagé et non point dans une erreur du hasard; ces droits, je les défendrai jusqu'à la mort.

Cette altercation allait dégénérer en une lutte sanglante, lorsque des éclats de voix, partis de l'habitation, annoncèrent l'approche de nombreux témoins.

Casimiro comprit que son stratagème n'aboutirait pas cette fois.

— Rappelle-toi que tu as tiré sur moi ; nous règlerons nos comptes à mon retour, proféra-t-il sourdement.

Et il s'élança dans la barque.

En atteignant le théâtre des événements, suivi de plusieurs esclaves, le senhor Soares devina ce qui venait de se passer. Il accabla José de reproches, et, séance tenante, il fit donner à Calista vingt coups de chicote.

Deux jours après, la mulâtresse était vendue à un marchand d'esclaves.

Pendant que s'accomplissait le marché, José, perdant toute retenue, osa menacer son père.

Casimiro arriva à temps pour compliquer encore cette situation, déjà si fortement tendue.

Les deux frères, exaspérés, ne gardèrent plus de mesure.

L'argent venait d'être compté.

Sans avoir plus d'égard aux injonctions du senhor qu'aux supplications de la senhora, José et Casimiro entreprirent de s'opposer violemment au départ de Calista.

L'autorité paternelle ne pouvait être plus audacieusement violée.

Le senhor Soares dut, à son tour, employer la force pour la faire respecter. Il terrassa lui-même le plus jeune de ses fils, en même temps que, d'après ses ordres, des esclaves paralysaient tous les mouvements de l'aîné.

La mulâtresse, impassible comme elle l'était au bord du rio, ne fait entendre aucune plainte. Elle a demandé seulement à embrasser sa mère, et cette suprême consolation lui a été refusée.

Elle se tourne vers le maître de l'habitation :

— Le senhor, dit-elle lentement, a fait châtier sans pitié, l'autre nuit, la fille de Constança ; à cette heure il la vend comme une tête de bétail, sans lui permettre de pleurer encore une fois sur le sein de sa mère. Dieu punira cruellement le senhor.

— Chienne ! s'écria le vieux Soares, en levant la main sur l'esclave.

Les deux frères se démenaient toujours sous les poignets de fer qui les étreignaient ; mais ils se démenaient en vain.

Calista attacha sur Casimiro un long regard noyé de tristesse, et, d'une voix brisée :

— Senhor, oubliez-moi, lui dit-elle ; quant à moi, je ne cesserai de penser à vous, car c'est vous, je le sens, qui m'avez le plus aimée.

Après avoir décoché cette flèche empoisonnée au cœur du jeune homme, la perfide créature entra dans la barque où l'attendait son nouveau maître.

Je ne surprendrai pas le lecteur en lui déclarant qu'à partir de ce jour la maison Soares devint un enfer.

Les deux frères se haïssaient mortellement, ce qui ne les empêchait point de braver leur père en toute occasion.

Le fazendeiro était doué d'une musculature solide.

A défaut de la persuasion, il eut recours à la violence

pour rester le maître chez lui. Ne pouvant être respecté, il voulut du moins être craint, afin d'être obéi.

La défiance était telle entre ces membres d'une même famille, que chacun d'eux se barricadait la nuit dans sa chambre.

Le senhor Soares fit coucher en travers de sa porte un esclave armé.

Calista tenait la parole qu'elle avait donnée à la vieille négresse abusée par son senhor. La maison Soares menaçait de s'écrouler sur ses fondements; sur cette maison planaient la ruine, la désolation et la mort.

Après plusieurs scènes d'une brutalité féroce, la vie commune étant reconnue impossible, la senhora Soarès se retira chez son père à Rio-de-Janeiro, avec le plus jeune de ses fils.

Le chef de la famille resta seul à la fazenda avec José.

Mais avant de s'éloigner définitivement de l'habitation, Casimiro s'entretint mystérieusement avec Constança.

Que dit-il à la mère de Calista?

Nul ne l'entendit.

Un fait d'une gravité extrême, et qu'explique seul l'état d'aberration entretenu par l'esclavage, doit être ici signalé.

Cette institution abrutit tellement les âmes qu'elle leur enlève toutes les notions, — les plus simples et les plus naturelles, — du juste et de l'honnête.

Ainsi, aucun lien, autre que celui d'une dépendance absolue pour l'esclave, ne saurait exister entre lui et son senhor.

A plus forte raison, aucune parenté n'est admise entre deux enfants consanguins, dont l'un est libre tandis que l'autre vit dans la servitude.

Ni la religion, ni la morale, — également impuissantes à dompter les instincts brutaux du maître, — ne sont parvenus à diriger ces instincts vers un but humanitaire, social.

Le blanc, qui méprise son frère mulâtre quoique celui-ci ait été reconnu, ne considérera jamais comme sa sœur une mulâtresse esclave, bien que cette mulâtresse soit la fille de son père.

L'enfant suit la condition du ventre : tel est le principe proclamé par la législation romaine, et inscrit dans le Code noir moderne.

Les infamies accomplies en vertu de ce principe ne sont plus ignorées du lecteur. Ce qu'il ne pourra jamais soupçonner, et ce que nous voulons constater devant lui, ce sont les iniquités énormes, les crimes honteux, — inconnus dans notre civilisation, — que provoque, en certains cas, l'application mensongère de ce principe.

Donc, l'esclave, encore qu'il ait du sang bleu dans les veines, ne cesse pas d'être un étranger pour son père blanc et pour les fils de celui-ci.

C'est dans cette répudiation radicale, systématique, qu'il faut chercher le vice originel de la famille esclavagiste.

La Senhora da casa, celle-là même qui s'est révoltée le plus, à propos de l'indigne rivale que lui a donné son époux, ne s'affectera pas autrement de l'intimité qui s'établira sous ses yeux, entre son fils légitime et la progéniture de cette rivale.

Nous avons déjà indiqué les rapports que le pâle Juliano entretenait, à la fazenda du senhor Pedragulho, avec la mulâtresse Sancha.

Les choses se passent de la même manière sur l'habitation des Orgãos.

Ce n'est pas l'entraînement de José et de Casimiro vers Calista, que blâment les époux Soares. Ce qui irrite et effraye tout à la fois ces bons parents, c'est l'ardente compétition des deux frères.

Le senhor et la senhora auraient toléré, sans vergogne, la liaison de Calista avec Casimiro ou José; mais la passion jalouse qui animait les deux jeunes gens alarmait la tendresse du père et de la mère pour leurs fils légitimes.

Nous avons dû signaler cette monstrueuse déviation du sens moral produite par l'esclavage.

Calista ne pouvait pas, dans l'état de dégradation où la maintenait la servitude, nourrir des scrupules auxquels ses deux adorateurs restaient inaccessibles.

Néanmoins le besoin de vengeance qui remplissait son âme, à défaut d'un sentiment absent de pudeur, l'inspira assez pour ne parler jamais, même au moment de quitter l'habitation où elle était née, des liens naturels qui l'unissaient aux deux frères.

Dans la maison de ce père qui trafiquait de son sang, elle voulait déchaîner des passions aveugles, impitoyables.

L'astucieuse créature ne réussit que trop bien dans son infernal projet.

Un an s'était à peine écoulé depuis le départ de la mulâtresse, lorsqu'une affreuse catastrophe atteignit la famille Soares.

Le fazendeiro et son fils José périrent empoisonnés.

L'enquête poursuivie par la justice ne jeta aucune lumière sur ce drame colonial. On constata sans peine les divisions intestines qui agitaient la famille; mais on ne pouvait accuser ni José qui était une des victimes, ni la senhora et Casimiro, qui vivaient loin de la fazenda.

Casimiro entra paisiblement en possession de l'héritage paternel.

Son premier acte de propriétaire fut l'affranchissement de la vieille Constança. Il lui assigna pour demeure un petit pavillon garni de quelques meubles; puis, il partit pour Rio, dans l'intention de racheter celle qu'il n'avait pu oublier.

Ses recherches ne restèrent pas infructueuses.

Il découvrit le marchand d'esclaves à qui le senhor Soarès avait vendu Calista. Mais ce marchand s'était défait de la mulâtresse, en faveur d'un senhor d'engenho de São-Paulo qui l'avait emmenée dans sa province.

Casimiro, chez qui les obstacles redoublaient l'amour, s'embarqua pour Santos. De là, il gagna la *Cidade Imperial* de São-Paulo.

Aussitôt arrivé, il se transporta à l'engenho qui lui avait été désigné.

A l'engenho, il trouva une famille plongée dans la désolation.

Le maître et son fils s'étaient également épris de Calista.

Une rivalité de ce genre n'est pas aussi rare qu'on pourrait le croire, surtout lorsque l'esclave veut résolûment, et par tous les moyens, conquérir sa liberté.

Ici, du moins, la mulâtresse agissait dans la plénitude de son droit de défense. La coquetterie était son arme de guerre.

Ne pouvant lutter victorieusement contre son père, le jeune homme, constamment repoussé à l'engenho, mais non désespéré, par la perfide créature, céda à une pensée criminelle. Une lettre de change sur laquelle était imitée la signature du chef de la famille, procura au fils les fonds nécessaires pour le rachat de la rapariga.

Calista quitta alors l'habitation ; elle se rendit à Santos, où elle attendit le jeune homme.

Celui-ci, lancé déjà dans une voie funeste, ne s'arrêta pas en chemin. De l'escroquerie, il passa à l'effraction et au vol. Avant de déserter l'engenho, il força le secrétaire de son père et un coffret de sa mère. Il déroba à l'un, *deux contòs de reis* (6,000 fr.), et à l'autre ses bijoux.

C'est alors seulement qu'il rejoignit Calista à Santos.

Là ils se sont embarqués tous deux pour Rio-de-Janeiro.

Le senhor d'engenho a été averti à temps de l'émission de la lettre de change fausse. Après avoir retiré le papier de la circulation, il s'est mis à la poursuite de son fils unique, de ses contos, des bijoux de sa femme, et de la belle mulâtresse qu'il a juré de faire jeter dans une étroite prison, s'il ne parvient pas à la réintégrer dans la servitude.

Tous ces détails, que lui donna la mère du jeune homme, tombèrent comme autant de coups de massue sur le cœur de Casimiro.

Voilà près de trois mois que Calista a abandonné la province de São-Paulo, et elle n'a point encore fait parvenir de ses nouvelles à l'habitation des Orgões.

Calista a oublié, dans la double ivresse de l'amour et de la liberté, sa vieille mère esclave et celui qui ne peut vivre sans elle ! Elle ignore même les affreux ravages qu'a causés à la fazenda l'obsédant souvenir de ses adieux !

Casimiro a promis à Constança de lui ramener sa fille. Pourtant, il se demande à cette heure s'il s'inquiétera davantage de l'ingrate mulâtresse.

L'idée qu'un autre était heureux par elle jetait des frissonnements dans ses veines.

Ce qui aurait dû le détourner de Calista l'enflamma de plus en plus, en excitant sa jalousie.

La passion qu'inspirent des créatures indignes conduit à de semblables lâchetés.

Casimiro en arriva à excuser la mulâtresse. Elle se cache à cause des poursuites dont elle est l'objet de la part du senhor d'engenho, et les dangers qu'elle court expliquent le silence qu'elle garde vis-à-vis de lui, Casimiro.

— Elle a perdu la tête ; sans cela, elle se serait adressée à moi, disait le malheureux.

L'ignorance où elle se trouve des événements qui se

sont accomplis à la fazenda, acheva de justifier Calista dans l'esprit de Casimiro.

Maintenant, le fazendeiro n'a plus qu'une pensée : retrouver Calista, rembourser au senhor d'engenho le prix de la libération de la mulâtresse, et soustraire celle-ci tant au ressentiment du père qu'à la protection du fils.

Casimiro se mit en campagne le lendemain de son arrivée à Rio-de-Janeiro. Le hasard le favorisa, et quelques jours après il entrait dans la *quinta* embaumée où le Paulista avait abrité sa courte félicité.

Hélas ! les rosiers et les orangers ne cessaient pas d'y répandre leurs parfums ; mais la quinta était déserte.

Probablement le senhor d'engenho avait découvert la retraite des deux amoureux et troublé ainsi leurs doux roucoulements ; à moins, toutefois, que la fidélité de la mulâtresse, ébranlée déjà par la perspective d'un prochain dénûment, puis, terrifiée par les menaces du père, ne se fût envolée enfin vers les horizons dorés et calmes qu'on ouvrait devant elle.

Ce qui est certain c'est que Calista, toujours belle, mais plus coquette que jamais, était partie pour l'Europe, au commencement du mois, avec un négociant portugais.

Casimiro pleura amèrement.

— Elle ne sait seulement pas ce que j'ai fait pour la conquérir ! murmura-t-il, en se déchirant la poitrine. Le Paulista a volé pour elle ; mais, moi !... moi !... la misérable ! elle m'a tué !

Si Casimiro avait possédé ses poètes, il aurait pu

trouver quelque consolation dans ces jolis vers de Camões :

D'amor e seus danos
Me fiz lavrador ;
Semeava amor
E colhia enganos.
Não vi, em meus anos
Homen que apanhasse
O que semeasse [1].

Mais Casimiro avait semé autre chose que de l'amour. Contrairement à l'opinion paradoxale du Camões, en récoltant la perfidie et le désespoir il ne recueillait que ce qu'il avait semé.

Cette exaltation cérébrale, provoquée par la coquetterie de Calista, ne saurait infirmer en rien l'opinion émise plus haut, relativement à l'action négative qu'exercent ces créatures sur l'être moral de leurs adorateurs.

A la fazenda, aussi bien qu'à l'engenho, les désirs provoqués par la mulâtresse sont contrariés. L'âge de Casimiro et du Paulista doit aussi nécessairement influer sur la vivacité de leurs impressions. Enfin, la résistance systématique de Calista, et, surtout, les moyens honteux, vils, détestables, employés pour vaincre cette résistance, ont achevé d'égarer la raison des deux jeunes gens. C'est parce qu'ils ont la conscience de s'être dégradés pour elle, que Casimiro et le fils du

1. Je me fis un beau jour
Le fermier de l'amour.
Amour, beaucoup d'amour, telle fut ma semence,
Qui ne produisit rien, sinon de la souffrance.
Dans ce monde, cela doit être proclamé,
On ne récolte pas ce que l'on a semé.

senhor d'engenho subissent l'empire de la mulâtresse et qu'ils se laissent sérieusement dominer par elle. Dans le crime, plus encore, peut-être, que dans le vice, réside une force d'entraînement redoutable. C'est le crime qui, en consommant le sacrifice de leur honneur, a resserré des liens qu'une possession paisible aurait facilement dénoués.

Le désespoir de Casimiro est expliqué désormais.

La passion à laquelle il s'est abandonné est de celles qui se mêlent au sang, qui s'incarnent dans l'homme, et qui veulent être satisfaites à tout prix, sous peine de dévorer le malheureux qu'elles ont absorbé.

Casimiro avait revêtu la tunique du centaure. Cette tunique le brûlait, sans qu'il parvînt à éteindre le feu qui ravageait ses entrailles.

Dieu seul sait si le remords n'étreignit pas, à son tour, cette âme jusqu'alors aveuglée et implacable.

Quant à la vieille Constança, elle était tombée dans un accablement stupide.

Parfois, elle parait le pavillon et garnissait les vases de fleurs, en disant que Calista allait revenir. Parfois aussi elle errait dans la vallée, en tenant des propos étranges sur la double catastrophe qui avait frappé la famille Soares. La négresse se croyait alors poursuivie par un démon hideux qui répétait à ses oreilles, avec un ricanement sinistre, les noms du vieux senhor et de José.

Un propriétaire voisin, ennemi de Casimiro, recueillit quelques-uns de ces propos et les colporta chez les senhores d'alentour.

Un matin la justice, avertie par la rumeur publique, opéra une nouvelle descente sur l'habitation Soares.

L'arrivée des magistrats coïncida, chose singulière! avec l'apparition de symptômes d'empoisonnement chez la mère de Calista.

La vieille négresse se tordait au milieu de souffrances atroces; elle prétendait, toutefois, que la senhora l'avait sacrifiée afin de l'empêcher, par ses révélations, d'éclairer la justice. C'est pourquoi elle se hâta de déposer.

Constança accusa formellement le senhor Casimiro de l'avoir poussée au meurtre de son père et de son frère.

« Le senhor m'a promis, dit-elle, lorsqu'il serait devenu le seul maître de la fazenda, de racheter Calista, de la ramener à l'habitation et de nous affranchir toutes deux. Alors moi, qui avais été trompée par le senhor Soares et qui ne pouvais vivre loin de mon enfant, j'ai mis ma haine et mon amour au service du senhor Casimiro. Mais voilà que Calista m'a abandonnée; dès lors je n'ai plus rien à faire dans ce monde. Ma mort, je le reconnais, est le juste châtiment de mon crime. J'espère que Dieu me pardonnera à cause de mon repentir, et aussi à cause des tortures horribles que j'endure. Avant de comparaître devant lui, je déclare une dernière fois que j'ai agi d'après les excitations du senhor Casimiro, et que celui-ci est un exécrable parricide. »

Cela dit, elle expira.

Devant une déposition aussi précise, il devenait impossible de ne pas s'assurer de la personne de Casimiro.

La senhora Soares fut maintenue provisoirement en liberté ; mais, pendant l'instruction, elle mourut de chagrin et de honte ; de remords aussi, peut-être, si, en effet, c'était elle qui, pour sauver son fils, eût perpétré l'empoisonnement de Constança.

Privée du seul témoin qui pût diriger l'action de la justice, l'enquête ne révéla aucun fait nouveau.

Restait l'affirmation d'une négresse, dont la faible raison n'avait pu résister à l'abandon de sa fille ; — ce qui ne fut pas difficile à établir.

En face de l'accusation se dressait, énergique, indignée, la protestation du fils et du frère des deux victimes.

La partie n'était pas égale.

Faute de preuves suffisantes, Casimiro fut acquitté.

Mais les violentes émotions ressenties pendant le procès avaient produit un ébranlement considérable dans toute la personne de l'accusé. Ses facultés morales subirent un choc dont elles ne se relevèrent jamais, en même temps que son corps se courba comme celui d'un vieillard. Dans la nuit qui suivit son acquittement, la tête de Casimiro blanchit tout à coup et son intelligence s'éteignit.

Le fils du senhor Soares sortit de prison pour entrer dans la maison de fous de Bota-Fogo.

Tels sont les désastres provoqués par l'esclavage et qui s'abattent, tant sur les oppresseurs que sur les opprimés.

La vengeance de la mulâtresse Calista a causé des effets terribles.

Elle a produit une double passion incestueuse, un parricide et un fratricide, un troisième empoisonnement, un faux et un vol par effraction, la mort d'une mère, et, enfin, l'anéantissement d'un homme au milieu de l'épanouissement de la jeunesse : deux foyers désolés, six victimes atteintes, trois par le poison, une par le déshonneur, la cinquième par la honte, et la sixième par l'abandon de la pensée.

Émancipez Calista et sa mère, ainsi que cela leur avait été promis ; reconnaissez les droits naturels de la mulâtresse, et on n'a à déplorer aucun de ces malheurs.

Voilà sur quelles bases est assise la famille dans les pays à esclaves. Qu'y a-t-il d'étonnant alors si toutes les abominations, introduites au cœur du foyer domestique, conduisent fatalement à tous les crimes.

Maintenant devons-nous établir que les senhoras subissent, autant au moins que leurs époux et leurs fils, l'influence désastreuse du pouvoir absolu?

Devons-nous constater que cette attraction que possède l'harmonie de la forme et de la couleur chez certaines nations noires, et que fortifie encore l'odeur de la catinga, s'exerce sur les femmes tout comme sur les hommes des colonies?

Mais cela est tout naturel, il nous semble.

Que doit engendrer la corruption, si ce n'est la corruption?

Serait-il raisonnable d'admettre que dans une société livrée à tous les débordements, à tous les excès de l'esclavage, le respect des devoirs pût être exclusivement pratiqué par un seul des conjoints?

Comment la pudeur, ce parfum exquis de l'âme de la femme, résisterait-elle au spectacle journalier de raparigas agaçantes accomplissant, demi-nues, leurs fonctions domestiques; de noirs drapés dans des haillons troués qui ne cachent ni le développement généreux de la poitrine, ni les magnifiques proportions d'un torse herculéen?

L'esclave, qui restait une *chose* pour l'Impératrice romaine, est devenu un homme pour la créole familiarisée avec les souillures du foyer.

Si vous interrogez les voyageurs qui ont séjourné à Cuba et au Brésil, ils vous raconteront que dans ces deux pays il est plus d'une grande dame qui apprécie fort, chez les noirs, ce genre de mérite qui s'affirme par une solide musculature.

La conduite licencieuse des pères, des frères, des maris, a produit ses effets inévitables, car rien n'est contagieux comme l'exemple.

Sollicitées par leur nature sensuelle, qu'une morale élevée n'a point modifiée, les senhoras remarquent à leur tour, au milieu des jolies esclaves que leurs époux chargent de colliers et de bracelets, les formes splendides des nègres de la côte orientale. Affranchies de tout scrupule par le spectacle impudent du mépris de la foi jurée, d'aucunes, parmi elles, imposent un amour que celui auquel il appartient légalement a dédaigné, et se complaisent, au fond de leurs retraites silencieuses, à provoquer tous les emportements de la passion africaine.

Rappelez-vous la scène abominable qui se passe dans

le jardin de Shahriar, le glorieux sultan des Indes, et qui sert tout à la fois de prétexte et d'introduction aux merveilleux récits de Sheherazade.

Cette scène, réduite à de moindres proportions, se renouvelle dans maint logis esclavagiste, et surtout dans les fazendas de l'intérieur.

Le beau Masoud a été transporté en Amérique, et sa discrétion est garantie par les terribles dangers qu'il affronte pour répondre à l'appel de l'amoureuse sultane.

Malheureusement, la dépravation causée par le pouvoir absolu atteint de bonne heure les membres les plus intéressants de la famille.

Nous connaissons l'emploi que fait de ses 10,000 reis mensuels le fils adolescent du senhor Pedragulho.

Trop souvent aussi, hélas! les moças, parce qu'elles vivent au milieu d'une atmosphère viciée, perdent tout à coup cette timidité virginale, cette divine candeur, cette retenue précieuse, qui sont, en Europe, un des plus grands attraits des filles de leur âge.

Si notre voix pouvait être entendue, nous proposerions aux gouvernements esclavagistes de faire graver sur une plaque d'airain, qu'on clouerait contre la porte de chaque maison, ces vers du poëte latin :

Maxima debetur puero reverentia; si quid
Turpe paras, ne tu pueri contempseris annos.

avec la traduction à côté, bien entendu.

La fille d'un banquier de la Havane était recherchée en mariage par un haut fonctionnaire de la ville. Cette alliance convenait au père sous tous les rapports; néanmoins, il dut renoncer à la conclure devant les refus persistants et l'énergique opposition de la señorita.

Soupçonnant quelque intrigue amoureuse, le banquier fit surveiller sévèrement la jeune personne. Celle-ci fut surprise une nuit en compagnie d'un esclave.

Dans sa fureur aveugle, le banquier se porta aux plus odieuses brutalités. Bien que la señorita eût avoué qu'elle était sur le point de devenir mère, son père la traîna par les cheveux et lui meurtrit tout le corps.

Le lendemain la malheureuse créature mit au monde un enfant mort.

L'esclave fut plus cruellement traité encore.

On constata que chaque nuit, pendant le sommeil de ses parents, la jeune fille descendait nu-pieds de sa chambre et venait rejoindre le noir. Celui-ci eut beau jurer par son saint patron qu'il n'avait fait qu'obéir à la volonté de sa maîtresse, il périt lentement sous le fouet.

Une autre señorita, qui se trouvait dans le même état que la première, n'eut pas le courage d'avouer sa faute. Elle suivit à l'autel l'homme que son père lui présenta pour époux. Celui-ci, aussitôt la cérémonie terminée, l'emmena sur son habitation. Six mois après, la pauvre femme accoucha d'un petit mulâtre.

Certes, l'affront était grand pour le caballero; mais aussi sa vengeance fut atroce.

En présence de la mère affolée, le créole fit jeter l'enfant aux pourceaux. Quant à la señora, il la livra à ses esclaves.

Trois jours après elle était morte.

Faut-il parler des veuves qui se retirent du monde, afin de rester fidèles au souvenir du cher défunt? Ostensiblement, elles repoussent avec indignation les hommages de leurs égaux; mais plus d'une, au fond de sa mystérieuse retraite, demande à l'amour africain des consolations puissantes, qui l'aident à porter gravement en public le masque d'une éternelle douleur.

Et ces familles austères qui, par crainte du scandale, et afin de conserver intact l'honneur d'une fillette trop précoce, pactisent avec la nécessité?

Dans ces deux derniers cas, le principe rappelé plus haut : *l'enfant suit la condition du ventre,* est impudemment violé. La maternité étant attribuée à une négresse esclave, le fruit de la liaison de la senhora et du noir est faussement enregistré sous un nom supposé. La blanche voue ainsi sans remords son fils à la servitude; mais sa réputation n'a reçu aucune atteinte, et elle reste à l'abri de tout soupçon injurieux.

La loi, à laquelle elle a menti, la protége désormais contre les investigations de la curiosité et de la haine. La loi garantit absolument ses droits lorsqu'elle trafique de son sang; et la blanche ne cesse pas d'être honorée après avoir vendu, soit le mulâtre sorti de ses entrailles, soit le complice forcé de ses honteux égarements.

Parmi les écrivains qui ont traité la question qui nous occupe, nul, — sans en excepter madame Beecher Stowe, — nul n'a pensé à éclairer ce côté odieux et répugnant des mœurs esclavagistes.

Nous terminerons cette étude par un fait monstrueux,

incroyable, qui résume, *à peu près*, toutes les abominations, toutes les ignominies, toutes les lâchetés qu'engendre l'esclavage.

Un *lavrador*, Portugais d'origine, s'était établi dans la province intérieure de *Matto-Grosso*, au nord de la ville de Diamantina.

Ce lavrador habitait un petit domaine sur les bords du *Rio-do-Ouro*, avec sa femme et six esclaves, dont deux noirs et quatre négresses. Il se livrait, non seulement à la culture de la terre, mais encore à l'élève du bétail humain. Ainsi, chaque Africain avait deux épouses qu'il soignait exclusivement.

Sa femme, douée d'une fécondité prodigieuse, lui donna, en trois ans, cinq héritiers, et ses quatre négresses devinrent mères chacune trois fois.

Comme père, comme agriculteur, comme propriétaire d'un haras, le Portugais n'avait rien à désirer dans le présent, et l'avenir se dorait pour lui des plus belles couleurs.

Malheureusement, son double négoce fut subitement interrompu par l'invasion de la fièvre jaune. Le fléau ravagea la ville de Diamantina et sévit cruellement sur les riverains du Rio-do-Ouro.

Le lavrador fut un des plus maltraités. En quelques mois, il perdit trois de ses enfants et dix de ses esclaves. Il ne lui resta plus qu'un des deux étalons, et une seule négresse.

Le Portugais était un homme de ressources; il le fit bien voir.

Voici la singulière combinaison qu'il imagina, non-seulement pour conjurer sa ruine, mais encore pour rétablir sa fortune sérieusement compromise.

C'est ici le moment de rappeler au lecteur les réflexions que nous a inspirées le despotisme féroce de certains fazendeiros.

L'éleveur habitait un coin isolé, au fond d'une province plus grande que toute l'Allemagne, et où, par conséquent, l'action de la loi ne pouvait l'atteindre.

Il exerçait réellement un pouvoir illimité et, pour ses actes, il ne relevait, en effet, que de sa conscience. Or, la conscience de cet être ignorant, cupide, et brutal, lui disait que tous les moyens sont bons pour faire fortune.

Il commença par se procurer une vache laitière; puis, à force de menaces et de mauvais traitements, il contraignit sa femme à cohabiter avec le nègre. Lui-même accapara la négresse.

Ce croisement donna de magnifiques résultats.

L'élève du mulâtre avait remplacé l'élève du noir.

Chaque année, les deux femmes mettaient au monde deux nourissons auxquels la vache fournissait une alimentation substantielle. La production ne s'arrêta point, et au bout de cinq ans la perte des dix esclaves était réparée. Le spéculateur vendit quatre des moricauds sur les six que lui avait laissés la fièvre jaune, et deux des petits mulâtres. Avec le prix qu'il en retira il racheta deux jeunes négresses et un vigoureux esclave de vingt ans.

L'année suivante, il se défit encore de deux mulâtres et acquit une troisième négresse.

En poursuivant cet exécrable système de création et d'échange le lavrador possédait, à la fin de la dixième année, un capital de vingt-cinq esclaves, dont dix mulâtres et quinze négrillons, et, de plus, neuf sujets dans la force de l'âge, parmi lesquels, trois superbes étalons et six négresses.

Est-il nécessaire de déclarer, après les explications consignées plus haut, que chaque mulâtre était enregistré sous le nom d'une esclave, et qu'ainsi, en plaçant son infâme négoce sous la protection de la loi, le lavrador vendait impunément la progéniture de sa femme et la sienne propre ?

Ce trafic, plus odieux mille fois que celui qui se pratique dans les *baracons* du cap Lopez, m'a été garanti par une personne digne de foi.

J'admettrai, si l'on veut, que cette personne a exagéré les faits; il suffit qu'ils soient possibles, — et, ils le sont, — pour que nous soyons fondé à signaler les imaginations perverses, diaboliques; les écarts bizarres, extravagants; les honteuses et terribles aberrations; en un mot, toute la série des actes étranges, monstrueux, invraisemblables, qu'on chercherait en vain au fond des boues et des scories de la civilisation, mais que, seul, l'exercice d'une autorité sans contrôle est capable d'inspirer.

Quant à l'existence de haras où un propriétaire cynique surveille et favorise la propagation de la race noire, c'est là un fait qui ne sera contesté, — quelque douloureuse surprise qu'il produise de ce côté de l'Atlantique, — ni par ceux qui connaissent l'Amérique, ni par ceux qui ont lu les ouvrages sérieux qui traitent de l'esclavage.

Buckingham a écrit sur cette question des pages curieuses. Buckingham a visité les établissements dont il s'agit, et il a pu ainsi constater le développement considérable que prend chaque année cette industrie immonde.

Dans la Virginie principalement, la fortune de nombreux propriétaires a pour base la fabrication des esclaves, parce que les terres, fatiguées par une excessive production, ne rapportent qu'un intérêt insuffisant. Là, on crée des noirs, comme on crée des poulains et des veaux dans la Camargue, des oies en Picardie et des gallinacés partout; on les crée pour le commerce, comme si c'étaient des têtes de bétail : « *these are regularly bred and multiplied for sale, like cattle*, » et chaque jour les journaux contiennent des annonces qui promettent de l'argent comptant pour un esclave à naître : « *cash for likely negroes.* »

Buckingham n'hésite pas à affirmer qu'en Virginie le maître vend sans scrupules l'enfant qu'il a eu avec une esclave.

Il constate, de plus, par des chiffres, l'importance toujours croissante qu'a prise cette infâme spéculation.

De 1820 à 1830, la population serve qui comptait 1,538,118 individus, s'est élevée au chiffre de 2,011,320, ce qui donne une augmentation annuelle de 47,320 sujets.

De 1830 à 1850, ce chiffre atteint celui de 3,204,306; ce qui représente, pour cette période, un accroissement de 1,192,984 âmes; soit 59,649 individus par an.

Bien que l'application inexorable du bill Aberdeen ait porté un coup mortel à la traite, on compte aujourd'hui plus de 4 millions d'esclaves dans les États-Unis de l'Amérique.

Les haras, il faut le croire, ont été l'objet d'une sollicitude d'autant plus grande que les arrivages devenaient plus rares.

Le senhor Werneck, déjà cité, écrase les éleveurs de cette espèce sous le poids de sa vertueuse indignation. Le patriotisme de l'écrivain va-t-il jusqu'à supposer que les fazendeiros de son pays sont plus moraux que les fermiers yankees? Dans ce cas, pourquoi leur recommander expressément de ne provoquer la propagation des esclaves que par des moyens *qu'autorisent la morale et la religion, et de concilier ainsi les intérêts de l'agriculture avec les prescriptions de la charité chrétienne?* Pourquoi insister sur cette idée, en ajoutant que c'est là *un devoir imposé par les lois divines et humaine*?

A notre avis, M. Werneck fait intervenir un peu trop souvent la religion et la morale pour protéger la détestable institution. Ignore-t-il donc réellement que la religion condamne l'exploitation de l'homme par l'homme, et que cette exploitation est réprouvée, — sinon par le code brésilien, — du moins par les lois divines, sous quelque forme qu'elle se produise?

Le propriétaire d'esclaves est le même à Rio-de-Janeiro qu'à La Havane, à Richemond et à Augusta; il se préoccupe uniquement de son intérêt, et il pratique la charité chrétienne en vendant sa progéniture de couleur.

Une industrie qui procure un bénéfice annuel de plus de 30 pour 100 est évidemment une excellente industrie; aussi s'exerce-t-elle au Brésil tout comme dans la Virginie.

Que le lecteur consulte l'intéressante relation du docteur Ywan, et il ne doutera plus de l'existence, — au fond des provinces brésiliennes, — de haras immondes où des hommes indignes du nom de chrétiens s'adonnent à l'élève de la race noire.

Quod erat demonstrandum.

Maintenant le lecteur est édifié sur la portée de ce travail. Il a pénétré avec nous jusqu'aux profondeurs les plus intimes d'une société basée sur l'oppression, et il a pu mesurer le niveau de la dépravation qu'engendre fatalement ce système impie.

Pourtant nous n'avons pas tout dit.

Il est des mystères que, par respect pour le lecteur, par respect pour nous-mêmes, nous ne voulons pas, nous ne pouvons pas approfondir.

Ce que nous connaissons, toutefois, est plus que suffisant pour nous permettre de placer notre conclusion, à côté de celle du senhor Eugenio do Prado.

Absence de moralité dans les mœurs publiques; mépris effronté des liens conjugaux; souillures journalières dans le foyer domestique; la brutalité licencieuse et l'intérêt sordide substitués au droit et au devoir; l'asservissement complet des âmes, en un mot : tel est le bilan de l'esclavage!

Dès lors, comment la famille pourrait-elle se constituer sérieusement parmi des populations qui outragent à chaque instant la loi divine et la loi naturelle, en étouffant dans l'âme humaine le double sentiment de la paternité et de la fraternité? Elle ne peut s'établir réellement que dans des conditions respectées de pureté et d'égalité dans l'amour.

Nous sommes donc autorisés à le répéter :

Non, la famille chrétienne n'existe pas dans les pays à esclaves.

On aura beau me citer des maisons où la volonté des pères est aussitôt obéie par les enfants ; où les frères et les sœurs nourrissent les uns pour les autres une vive et profonde sympathie,

— Gardez-vous bien, crierai-je aux imprudents, d'approcher un flambeau de tel intérieur qui paraît paisible, décent, heureux ; n'interrogez pas les passions qui s'agitent derrière ces murailles silencieuses. Le Régent de France poussait bien loin, lui aussi, l'amour de la famille ! Relisez l'histoire des Perses et des Égyptiens ; parcourez celle des Kurdes, et vous devinerez peut-être des secrets qui vous feront frémir.

A cette heure, la conduite du senhor Pedragulho envers la négresse Aureliana et le molèque Fidelis, de même que l'observation philosophique de dona Anastasia, sont suffisamment expliquées.

J'ai dit que dona Anastasia avait engagé sa fille à remplacer le courtier au piano.

Justin, nous le savons, possédait le sentiment de la grande musique. Pour plaire aux deux Brésiliennes, il venait d'exécuter une sonate de Mozart et une mélodie de Beethoven, sans produire, toutefois, l'impression sur laquelle il comptait. On le combla d'éloges, il est vrai; mais on ne craignit pas de déclarer tristes (*tristes* en ce moment voulait dire *ennuyeux*) les morceaux qu'il avait joués

La jeune moça qui se croyait (on le lui avait répété si souvent) une virtuose de première force, attaqua bravement la polka de *Hans Jorgel* (la Duchesse, par Jos. Lanner), puis le quadrille des *Rats*, par Repler, et enfin, elle clôtura la séance en chantant une affreuse chose qui faisait fureur dans l'Empire et qui s'appelle la *Géraldina*. Imaginez-vous un cheval boiteux trottant sur une route caillouteuse, et vous aurez une idée de la composition que répétaient tous les pianos du Brésil.

Fruchot accepta le défi.

Afin de servir à nos hôtes une nourriture qui convînt à leur tempérament musical, il traduisit aussitôt et débita, avec l'accent voulu, l'histoire drôlatique des tribulations du *Sire de Framboisy* qui était alors à Paris dans toute sa primeur.

Irra! senhora!
O que esta fazendo aqui?
Senhora!
O que esta fazendo aqui?

Les fazendeiros ne purent contenir leurs transports.

— Charmant! délicieux! ravissant! murmuraient-ils à l'envi.

Ce premier succès mit Fruchot en gaieté, en même temps qu'il l'enhardit à poursuivre sa plaisante entreprise. Mon ami possédait son portugais aussi bien qu'un

Provençal qui sait le latin. Lâchant la bride à sa verve fantaisiste, il traduisit de nouveau, et dans un style des plus pittoresques, la chanson si connue :

Un sous-lieutenant accablé de besogne, etc., etc,

L'accompagnement était monté à la hauteur des paroles ; aussi l'effet produit fut-il immense.

C'était trop de jouissances à la fois, vraiment !

Nos hôtes battaient des mains en mesure, tout en répétant le refrain bouffon :

Drin, drin, drin, drin, drin, etc., etc.

Il n'est pas jusqu'aux cravates blanches des Illustrissimes moutards qui ne s'associassent à cette joyeuse manifestation. La brusque pantomime de l'aîné dérangea les plis, si corrects naguère, de la sienne. Quant au carcan du puîné, il s'insurgea contre l'étiquette à ce point que le nœud alla s'asseoir irrévérencieusement au beau milieu de la nuque.

Fruchot triomphait sur toute la ligne.

Il dut recommencer les deux morceaux et même promettre de les expédier au senhor Macedo qui les enverrait à la fazenda.

Le courtier venait de venger les deux maîtres allemands.

Les esclaves, qui s'approchaient pour demander la *benção* [1], interrompirent les plaisirs de la soirée. Cha-

1. *Benção*, bénédiction. Les esclaves s'approchent l'un après l'autre du maître de la maison, puis de la maîtresse, puis des enfants, et

cun d'eux passa à son tour devant le fazendeiro, qui put ainsi compter son bétail humain.

Nos ordres donnés à Lasaro et à João pour le départ du lendemain, nous gagnâmes notre appartement.

L'abominable odeur de musc qui le remplissait naguère ne s'était pas dissipée; cette odeur me prit à la gorge, et c'est à peine si je pus interroger Manoëla sur l'issue de son entretien avec son père.

La négresse hocha tristement la tête.

— La cachaça a ôté ce soir la raison au vieil Antonio, répondit-elle. Demain, mon père témoignera sa reconnaissance au senhor Fruchot et il sera heureux de devoir la liberté à ses bontés.

Impossible de passer la nuit dans ce lieu. Ma chambre, tout autant que celle du courtier, était envahie par les capiteuses senteurs du musc. Décrochant mon hamac, je le suspendis à deux bâtons qui saillaient extérieurement sur la varanda.

même des *blancs* étrangers, s'il y en a de présents. Tendant la main en avant, comme s'ils demandaient l'aumône, ils s'inclinent et prononcent la formule sacramentelle : *A bençāo, senhor*. Ils défilent ensuite silencieusement et vont à leurs occupations.

L'Abençoar-se a lieu deux fois par jour, le matin, avant d'aller au travail, et le soir, au moment où l'on allume les bougies.

Il n'est pas sans intérêt pour nous de retrouver des traces de cet usage, — fruit naturel de l'esclavage, — dans la société antique. Voici, en effet, ce que rapporte Suétone, dans la vie de l'empereur Galba :

« *Veterem Civitatis exoletumque morem ac tantùm in domo suâ hærentem, obstinatissime retinuit, ut liberti servique bis die frequentes adessent, ac manè salvere, vesperi valere sibi singuli dicerent.* »

Cette coutume, en rappelant à l'esclave ce qu'il doit à son maître, permet à celui-ci de faire un dénombrement certain et de s'assurer qu'aucune tête ne manque au troupeau.

Les événements de la journée, en se présentant à cette heure à ma mémoire, auraient bien suffi pour éloigner le sommeil de mes paupières. J'avoue cependant que mes préoccupations étaient de toute autre nature. En ce moment, la coquetterie atroce de Manoëla me faisait oublier, et Gregorio, et les Boticudos, et les Capitães-do-mato, et le petit molèque, et le dilettantisme des Brésiliens, et aussi les fourmis grillées, et même le but de notre voyage. De Manoëla, ma pensée se reportait, à travers les émanations nauséabondes du musc, sur cette séduisante Barbara *que sa grâce enchanteresse rendait la souveraine de celui dont elle était l'esclave.* Je me demandais si la négresse aimée par le Camões faisait usage aussi de petits sachets chinois. Cette idée, qui paraîtra ridicule, me poursuivit une partie de la nuit et fit un tort considérable, dans mon esprit surexcité, à l'auteur des *Luziadas*, tout comme à sa Lesbie noire.

Pourquoi donc les nombreux biographes et les doctes commentateurs de l'Homère portugais : Manoël de Faria Souza, Manoël de Faria Severim, Diogo de Couto, Manoël Correa, Pedro de Mariz, John Adamson, Maria de Souza, Botelho ; et plus récemment : madame de Staël, MM. Francisco Alessandro Lobo, Charles Magnin, Ferdinand Denis, et tant d'autres qui sont entrés dans de si minutieux détails sur tout ce qui concerne le Camões, ont-ils négligé d'éclaircir ce point qui avait pour moi, à cette heure, tant d'importance ?

Manoël de Faria dont l'aïeul, Estacio de Faria, fut l'ami intime du poëte, devait bien ajouter un coup de pinceau au portrait de la belle négresse. Il m'aurait tiré d'un grand souci, tout en m'empêchant de prêter au Camões des goûts hétéroclites.

Les touchantes *endechas* qu'il composa pour Barbara exhalaient pour moi, couché sur la varanda, à cause de mon horreur du musc, un peu de cette odeur affreuse que Manoëla semait après elle. L'amie de Fruchot diminuait mes sympathies pour l'esclave chantée par le poëte. Je finis cependant par dégager ces deux figures de l'atmosphère suspecte où ma folle imagination les avait placées. Évidemment, bien qu'il fût Portugais, la délicatesse du Camões devait être tout autre que celle du capitaine de la sumaca *Os-dous-Anjos*. Je restai donc convaincu qu'un homme qui aurait vécu dans un commerce intime avec le musc, n'aurait pu faire ni les *Luziadas*, ni les *Redondilhas*.

Le lendemain, *a madrugada* (première aube) je fus réveillé par les esclaves qui se rendaient à leurs travaux. Une des mulâtresses vint nous avertir que le senhor Pedragulho nous attendait pour tuer le ver (*matar a bicha*).

Nous trouvâmes toute la famille réunie, et Fruchot dut subir de nouvelles félicitations à propos des légendes qu'il avait chantées la veille au soir.

— J'ai rêvé du *Sire de Framboisy*, cette nuit, déclara la jolie Felipa.

— Et moi, j'ai rêvé de la senhora qui *emporte un Dragon sous son bras*, dit le fazendeiro.

— Les Français sont vraiment un peuple d'artistes! Il n'y a qu'eux au monde pour trouver d'aussi charmantes compositions! observa dona Anastasia, avec une sincérité incontestable.

Quelle somme d'admiration lui aurait donc inspiré le génie français, si notre hôtesse avait entendu *les Bott's à Bastien; Mirliti, mirliton*, et surtout *Le Pied qui r'mue*.

Malheureusement, *Le Pied qui r'mue* n'avait pas encore été inventé à cette époque.

Par politesse, nous ne protestâmes point contre le compliment, ainsi motivé, de la senhora.

Pendant que nous buvions le coup de l'étrier, Lasaro et João préparaient la barque qui devait, en l'absence de nos mules, nous conduire à São-Jorge.

Manoëla parut alors en compagnie de son père. La Mina avait l'air consterné.

Antonio, qui n'avait pas bu, cependant, répéta sa déclaration de la veille. Il repoussait une liberté qui le condamnait au travail à perpétuité. Il ne voulait pas être exposé à manquer de nourriture, ce qui lui arriverait infailliblement les jours où la cachaça lui ôterait tout à la fois les forces et la raison. A la fazenda, cette éventualité n'est pas à craindre. Qu'il remplisse ou non ses obligations, il a toujours sa part de farine de mandioca et de carne secca, une place pour dormir, des haillons pour couvrir son corps.

Ce n'est pas tout : libre, il lui faudrait s'épuiser, afin d'acquitter peu à peu la dette qu'il aurait contractée envers le senhor Francèz ; sa vie se consumerait à travailler pour un autre. A la fazenda, la tâche est moins lourde; la paresse y est possible malgré la chicote; à la ville elle ne l'est point. Tout compte fait, tout bien calculé, il préfère rester esclave.

L'animal était accoutumé à son bourbier; il l'aimait.

Le fazendeiro nous jeta un regard de triomphe.

Manoëla roulait de grosses larmes, partagée entre la honte et l'indignation. Antonio raisonnant sa dégradation me faisait compassion et horreur tout à la fois. Fruchot n'avait pas de paroles pour exprimer son mépris.

— Senhor, lui dit enfin la négresse qui venait de surmonter son émotion, j'ai fait mon devoir, grâce à vous; mais mon père refuse la liberté que je lui apporte...

Antonio l'interrompit. Tendant la main vers elle par un geste de mendiant, il lui dit avec un sourire abject :

— Je refuse la liberté, mais non point les pataques.

L'indignation fit taire la pitié chez Manoëla.

— Partons! s'écria la Mina.

Mais se ravisant tout à coup, elle s'approcha de son père et lui présenta une bague qu'elle venait de tirer de son doigt.

— Gardez-la en souvenir de votre fille Manoëla, dit-elle.

— Combien vaut-elle? demanda le cynique vieillard.

C'en était trop.

L'heure du départ avait sonné; nous nous éloignâmes le cœur rempli de dégoût.

— N'oubliez pas le morceau du *Sire de Framboisy*, nous cria Felipa.

— Pensez aussi au délicieux *drin, drin*, ajouta dona Anastasia.

Manoëla se retourna deux fois, afin d'apercevoir encore son père; mais Antonio, préoccupé du prix de la bague, ne leva pas tant seulement la tête.

Celui-là était véritablement un *burro* et un *cachorro !*

En entrant dans la barque, Manoëla poussa un soupir et se parlant à elle-même :

— Ma mère est morte, murmura-t-elle; mon père a refusé de me suivre ; me voilà seule au monde maintenant.

Fruchot l'interrompit.

— Oublies-tu que je suis là, moi, dit-il, et que je t'aime, Manoëla !

La négresse tressaillit; ses traits se détendirent et sa figure rayonna au reflet d'une profonde joie intérieure.

Attachant un regard reconnaissant sur le courtier :

— La Mina, dit-elle simplement, mais d'une voix pénétrée, voudrait mourir pour le senhor.

En arrivant à São-Jorge, nous trouvâmes la sumaca *Os-dous-Anjos* prête à partir. De plus, le senhor Macedo nous apprit que les senhores Santa-Maria et Francisco Valcoreal étaient furieux contre nous, à cause de la mystification que nous leur avions fait essuyer.

Les Capitães-do-mato avaient apporté, ce matin même, chez le marchand, les deux pétitions annoncées. Le senhor Macedo qui n'était point prévenu leur rit au nez, en entendant parler de l'officier noir de la garde-robe de S. M. dom Pedro. Il leur révéla alors le but de notre visite au senhor Pedragulho.

— Le père de la Mina est esclave, et les senhores se sont rendus à la fazenda dans l'intention de le racheter, leur dit-il.

Les mulâtres s'étaient retirés indignés, en froissant leurs rouleaux de papier, ornés de rubans aux couleurs brésiliennes.

— Nul doute, ajouta le marchand, qu'ils ne guettent le retour de Vos Seigneuries.

— Ma foi ! tire-toi de là comme tu le pourras, toi qui as inventé l'Illustrissime senhor João Vicente do-Bom-Jesus, me dit le courtier d'un ton plaisant.

Nous ne tardâmes pas, en effet, à voir paraître les mulâtres. Sans hésiter, je marchai vers eux.

Le lecteur devine sans peine l'air rogue et hautain des Capitães-do-mato. Valcoreal avait la tête enveloppée d'un bandeau. Au sommet du cadre que formait le bandeau, brillaient des yeux sombres et menaçants. Son camarade montrait une physionomie tout aussi rébarbative. Je crois, vraiment, qu'ils avaient ajouté quelques pièces encore à l'arsenal formidable qu'ils portaient habituellement à leur ceinture.

Avec de pareils caractères la situation n'était pas facile; je m'en tirai pourtant, à notre honneur à tous, grâce à la vanité bien connue des mulâtres.

Mon langage peut se résumer ainsi :

« La réputation des Capitães-do-mato est celle d'intrépides soldats qu'aucun danger ne saurait effrayer. Le bruit de leurs exploits dans le sertão a traversé les mers; aussi, depuis longtemps, désirions-nous nous trouver en présence de quelque membre de cette milice justement redoutée. Lorsque l'occasion s'est présentée, nous l'avons saisie avec empressement. La senhora Manoëla étant notre compagne de voyage, nous ne pouvions pas lui faire l'injure de la repousser, au moment du repas; d'un autre côté, le voisinage de la négresse répugnait très-fort aux senhores, et nous autres nous tenions beaucoup à choquer nos verres contre les leurs. Notre embarras était grand. Une innocente plaisanterie, imaginée en vue d'endormir momentanément la fière susceptibilité des capitães, a résolu le problème. C'est ainsi que, sans manquer à notre amie, nous avons eu la bonne fortune de retenir dans notre société les invincibles Capitães-do-mato; c'est là un honneur et un bonheur tout à la fois dont nous garderons éternellement le souvenir. »

Je venais d'attaquer la corde sensible; cette corde donna les vibrations que je désirais obtenir.

La figure du senhor Santa-Maria s'éclaircit la première; celle de son camarade se dérida à son tour. Un paquet de cigares que Fruchot offrit aux mulâtres, et une bouteille de porto que nous vidâmes ensemble chez le marchand, scellèrent notre réconciliation.

La seule vengeance qu'ils se permirent consista : de la part du farouche Valcoreal, à toiser superbement Manoëla, en passant devant elle; et de la part de Santa-Maria, à la prier ironiquement de transmettre ses respectueux hommages à l'Illustrissime senhor João Vicente do-Bom-Jesus, officier de la garde-robe de S. M. don Pedro II.

— J'espère apprendre, à mon retour de Bahia, leur

dis-je, que les vaillants capitães ont réussi à régler leurs comptes avec les insolents Boticudos.

— Nous partons cette nuit pour la *Lagoa*, répondit Santa-Maria.

— Quant à moi, j'ai juré de garder mon bandeau jusqu'à ce que j'ai pris une revanche éclatante sur l'Avocat-Rouge et son compagnon, ou bien sur d'autres mécréants de leur espèce, ajouta solennellement Valcoreal.

Nous nous séparâmes, les capitães et nous, les meilleurs amis du monde.

J'ai dit que la sumaca s'apprêtait à mettre à la voile; mes amis m'accompagnèrent à bord.

Le senhor Carvalho se trouvait à sa place habituelle, sur le quai. En nous apercevant, il vint à nous et nous donna de l'Excellence en plein visage. Notre excursion de la veille intriguait visiblement le bonhomme ; mais il ne put dissimuler une curiosité inquiète, lorsqu'il apprit que Fruchot et moi allions nous séparer.

Le courtier se pencha à son oreille.

— Son Excellence, dit-il, en me désignant, va faire le relevé exact des fidèles Sebastianistas de Bahia. Quant à moi — Fruchot baissa la voix davantage — je m'enfonce dans le désert, où je vais essayer de gagner à la cause du roi martyr les Boticudos et les Tupinambas.

Le lendemain, je continuais ma route vers Bahia, pendant que le courtier et Manoëla se dirigeaient vers le point du *Rio-das-Contas* où se trouvait la fazenda du senhor Carlos Clemente da Serra.

Je clorai ce volume en racontant la fin des amours de Fruchot et de la belle quitandeira.

Manoëla infidèle? pensez-vous déjà.

Hélas! cela eût mieux valu.

Pendant que, dans votre esprit, le courtier et sa duchesse bronzée sèment à pleines mains les roses du dévouement, sur le chemin qu'ils parcourent ensemble; pendant que vous les voyez forçant au respect, à l'envie même, tous ceux qui sont témoins de leur bonheur, Fruchot regagne seul Rio-de-Janeiro en compagnie du désespoir. Manoëla l'a quitté; Manoëla ne reviendra plus; et le blanc se désole à la pensée de cette éternelle séparation.

C'est une histoire lamentable, allez; une histoire où la chaleur, la faim, les reptiles et les *urubus* (vautours) ont tour à tour joué leur rôle.

Pauvre Manoëla!

Depuis deux mois, Fruchot, oublieux de Rio-de-Janeiro et des affaires, passait son temps à chasser sur les bords du Rio-das-Contas, lorsqu'il reçut une lettre que lui envoyait le senhor Macedo. Cette lettre, écrite par le chef d'une grande maison de Rio, nécessita le départ du courtier de la fazenda de son ami. Il serra la main au senhor Clemente da Serra, et revint à São-Jorge où il s'embarqua pour Pernambuco, sur un vapeur de la nouvelle Compagnie du commendador Antonio Pedroso d'Albuquerque.

La province das Alagoas est renommée pour l'excellence de ses cotons. Il s'agissait d'opérer en grand sur cette marchandise et d'accaparer toute la récolte, si faire se pouvait. C'était là une mission importante, confiée au courtier, et dont il se tira à la satisfaction de ceux qui l'employaient. De la cidade d'Alagoas il se transporta à la bourgade d'Anadia, dont les habitants se consacrent uniquement à la culture du coton. La razzia fut complète dans cette dernière localité.

Ses affaires terminées, Fruchot ne voulut pas quitter le pays, sans tenter une pointe du côté de la *Serra-da-Barriga*, où il espérait trouver quelques vestiges du *Quilombo de Palmarès*.

Palmarès, il n'est peut-être pas inutile de le rappeler, est le fait le plus mémorable qu'aient enregistré les annales de l'Amérique méridionale, pendant la seconde moitié du dix-septième siècle.

Voici en abrégé ce que les historiens portugais appellent le *fatal Quilombo*. Je citerai Rocha Pitta qui était contemporain des événements.

« Pendant l'occupation hollandaise, quelques nègres marrons s'enfoncèrent dans le sertão et y formèrent un *quilombo*. Un *quilombo* est une réunion de cabanes qu'élèvent les esclaves fugitifs; ceux-ci vivent là misérablement, jusqu'à ce que les Capitães-do-mato viennent les y surprendre et les ramènent à leurs maîtres, ce qui ordinairement est l'affaire de quelques jours. Mais il n'y avait pas de Capitães-do-mato à cette époque. Le quilombo établi près de *Porto Calvo* acquit en peu de temps assez de développement pour que les Hollandais qui s'étaient emparés du Pernambucano, dirigeassent contre les marrons une force imposante. Le quilombo fut détruit.

» Ceci se passait en 1644.

» Mais tout fait provoqué par une idée vraie, c'est-à-dire juste, porte tôt ou tard ses fruits. La tentative d'établissement des esclaves produisit les conséquences les plus graves. Porto Calvo existait toujours dans l'imagination de la race opprimée, et des récits qu'on écoutait mystérieusement, après les travaux, disaient le courage et le malheur de ceux qui avaient rêvé l'indépendance dans le désert. Les esprits s'enflammèrent; un complot s'organisa, et, en 1650, quarante noirs de Guinée, possédés de l'ardent amour de la liberté, réussirent à briser leurs fers. Après s'être emparés de quelques fusils, ils s'enfuirent vers l'endroit choisi par les premiers marrons et ne craignirent pas de s'établir sur les ruines de l'ancien quilombo.

» En peu de temps, leur nombre s'accrut de tous les noirs mécontents des environs. Le quilombo ne tarda pas à se transformer en une ville sérieuse, appelée Palmarès. Les femmes manquaient aux esclaves émancipés; sans le savoir, ils copièrent les Romains. A l'exemple de ceux-ci, ils considérèrent comme leur appartenant toutes les femmes blanches, noires, ou de couleur, qui vivaient dans le voisinage, et ils les enlevèrent à main armée. La terreur qu'inspiraient les Palmarésiens aux planteurs contraignit ces derniers à acheter leur alliance. Ils fournirent aux noirs des munitions, des armes et même des marchandises d'Europe, et reçurent d'eux en échange des produits agricoles. »

Sans vouloir relever toutes les exagérations de l'historien portugais, j'admettrai avec lui que le travail adoucit les mœurs du nouveau peuple, et qu'un code ne tarda pas à être promulgué. Cette *République rustique*, ainsi que l'appelle Rocha Pitta, eut à sa tête un président électif qui s'appelait le Zombé (c'est le nom du diable), et dont les fonctions étaient à vie. Des ministres furent nommés, pour aider le premier magistrats et partager avec lui les soins de l'administration. Les lois, proclamées à son de trompe, se conservaient par la tradition orale : elles punissaient de mort l'homicide, l'adultère et même le vol.

Usant de représailles, le législateur noir condamnait les blancs à l'esclavage; mais il n'excluait pas les hommes de couleur de la république; ceux-ci pouvaient même prétendre à la suprême dignité de Zombé. La peine capitale était décrétée contre l'individu qui, ayant une fois brisé ses fers, retournait vers son maître. Le noir esclave était réservé à un châtiment moins terrible, lorsque, après s'être échappé, il retombait entre les mains des Palmarésiens.

Les lecteurs ont une idée maintenant de l'organisation de la *République rustique*.

J'ajouterai que des aldées s'élevèrent dans la campagne, entourées de riantes plantations, et que la capitale fut défendue par des fortifications en bois. L'industrie des habitants était précaire, cela se conçoit. Si la Serra-da-Barriga pouvait leur fournir la pierre, ils manquaient des outils nécessaires pour l'extraire et pour la travailler. Mais la forêt était voisine. Des arbres énormes, à peine équarris, formèrent des remparts grossiers qui enceignaient d'une double ligne de circonvallation la cité nouvelle. Trois ouvertures avaient été laissées entre les madriers, qui servaient de portes, et chacune de ces portes était dominée par une plate-forme solide sur laquelle veillaient jour et nuit 200 soldats noirs.

Déjà trois générations s'étaient succédé. Palmarès, un demi-siècle après sa fondation, contenait une population de 20,000 âmes, et sur ce chiffre, 10,000 hommes capables de porter les armes.

Le gouvernement portugais s'alarma enfin d'une prospérité aussi rapide et qui menaçait de s'accroître encore. Une première expédition commandée par Gaëtano de Mello de Castro, gouverneur de la capitainerie de Pernambuco, échoua par le manque d'artillerie. Du haut de ces fortifications qu'on avait dédaignées, les Palmarésiens décimèrent les troupes ennemies et les forcèrent à la retraite.

Après cet échec, il n'était plus possible de reculer, et la guerre devenait sans merci.

Laissez-moi signaler, en passant, le trait d'un capitaine noir, qui rappelle le patriotique dévouement de Brutus et des mères spartiates.

Le fils de ce capitaine avait été fait prisonnier. On proposa au père de livrer la porte qu'il était chargé de défendre ; à cette condition, son fils lui serait rendu. Le noir refusa énergiquement de racheter son enfant par une infâme trahison. Le prisonnier fut alors placé au premier rang des soldats qui marchaient contre les remparts. La fusillade ne produisit pas l'effet que les Portugais en attendaient. Le capitaine avait reconnu son fils. Sa compagnie hésita un instant à répondre au feu des assaillants, de peur d'atteindre le prisonnier; mais, sacrifiant ses affections paternelles à la patrie, le chef fit un geste sublime de résignation et commanda une décharge générale. Le noir tomba sous les balles de ses frères. Le malheureux capitaine resta néanmoins à son poste jusqu'à la fin de la bataille, sans qu'on vît faiblir son courage. Les assiégeants battirent en retraite; Palmarès était sauvée. Alors, mais alors seulement, le père pleura sur le cadavre de son fils unique!

Il semble qu'avec de pareils défenseurs Palmarès n'avait rien à redouter de ses ennemis; hélas! Palmarès devait finir par succomber, malgré l'héroïque résistance de ses habitants.

Une nouvelle armée commandée par le capitão-mõr Bernardo Vieira de Mello, et qui se montait à 7,000 hommes, sans compter l'artillerie, marcha sur la capitale des noirs. On bloqua la place de tous côtés, et bientôt les horreurs de la famine se firent sentir. Contrairement à ce qui se pratique parmi les nations civilisées, les femmes, les enfants et les vieillards ne furent pas chassés de la ville pour être placés sous la sauvegarde des sentiments généreux des Portugais. L'esclavage, tel était le sort le moins affreux que les assiégeants réservaient aux vaincus, car, je l'ai dit déjà, la guerre était sans merci. Encombrée de bouches inutiles, Palmarès se vit bientôt réduite aux abois. Les noirs n'en continuèrent pas moins à se défendre avec acharnement; mais tout leur courage devait échouer devant les effets du canon.

Ici, nous allons lire une page qu'on croirait arrachée à l'histoire de Sagonte, et, aussi, à nos yeux vont apparaître les mâles figures de Léonidas et de ses compagnons.

Comme la colline de l'Acropole qui occupait le centre de Byrsa, au cœur même de Palmarès se trouvait une roche élevée d'où l'on pouvait suivre tous les progrès du siége. Lorsque les madriers des remparts se furent écroulés sous l'action du boulet et que des flots d'ennemis se précipitèrent dans la place, le chef de l'Etat, le vieux Zombé, se réfugia sur ce point avec les principaux fonctionnaires. Nul parmi eux ne voulait survivre à la ruine de la république. Au moment où les vainqueurs se dirigeaient de leur côté en poussant des cris de triomphe, le président et ses ministres s'élancèrent la tête la première contre les rochers.

Les cadavres des noirs roulèrent aux pieds des Portugais épouvantés.

Les Palmarésiens venaient de montrer, par cet acte d'énergie, qu'ils étaient dignes de la liberté qu'ils avaient conquise.

Tels étaient les citoyens de cette *République rustique* si bafouée par Rocha Pitta.

C'est là une page sublime, convenez-en, et, de plus, un magnifique plaidoyer en faveur d'une race si souvent calomniée.

Et il y a encore des protectionnistes ! des gens qui soutiennent l'infériorité absolue des noirs !

Que ceux-là lisent l'histoire de Palmarès.

Bravo, Zombé ! bravo, ministres !

Voici quel fut le sort des vaincus :

Palmarès détruite de fond en comble et ses habitants réduits en esclavage, telles furent les fatales conséquences de cette guerre impitoyable.

Mais les processions solennelles faites, à cette occasion, à São-Salvador et à Pernambuco, disent assez l'importance que le gouvernement attachait au résultat obtenu.

Enfin le capitão-mōr Bernardo Vieira; je me trompe; le chef malheureux de la première expédition, Gaëtano de Mello de Castro, fut nommé vice-roi des Indes.

Le lecteur comprend maintenant le désir de Fruchot d'aller visiter les ruines de Palmarès, et l'attrait qu'avait pour lui une partie de chasse qui lui permettrait d'évoquer les ombres de ces noirs héroïques.

Il partit donc d'Anadia avec sa fidèle négresse, armée comme lui d'un fusil, et conduit par un nègre qui portait des provisions. Ils se dirigèrent vers la Serra-da-Barriga; car, c'est sur le versant de la chaîne que se trouvait la capitale de l'empire des noirs.

Les champs de cotonniers s'effacèrent derrière eux; ils entrèrent dans une immense chapada où Fruchot tira, par-ci, par-là, quelque guarauna, quelque jabirus, qui se rendaient sur les rives solitaires du São-Francisco. En sortant de la chapada, qu'ils coupèrent obliquement, ils pénétrèrent dans une zone abrupte, sans traces de culture, couverte de buissons, de sauge sauvage et de pierres rougeâtres. Ils marchèrent pendant une heure environ, le guide consultant tantôt les rochers, tantôt l'horizon; le courtier et Manoëla le suivant à distance, sans s'inquiéter de la route, uniquement occupés à rejoindre un vol de cardinaux qui venait de partir sur leur gauche.

Il y avait bien six heures qu'ils avaient quitté Anadia, et le soleil projetait sur leur tête ses rayons perpendiculaires, car le lecteur ne doit point ignorer que les chasseurs se trouvaient alors par le 9e degré nord. Le nègre cheminait en sifflant lorsque, se tournant vers Fruchot, il lui montra un rocher entouré de tiges d'armoise et formant une espèce d'abri; il demanda au courtier s'il ne pensait pas encore à déjeuner.

Le noir, je parle du noir esclave, oubliera que son service l'appelle à la ville, qu'il est sorti pour porter un *recado* très-pressé; il oubliera que son senhor se meurt et qu'on l'envoie chercher le médecin. Dans quelque position qu'il se trouve : que la maison brûle, ou que ses maîtres soient plongés dans l'affliction ; jamais, il n'oubliera que l'heure de manger est arrivée.

Les provisions furent promptement étalées: Fruchot voulut s'asseoir ; mais la pierre était brûlante, si l'air était enflammé. Bonifacio mangea et but comme un glouton; puis il coupa une rouelle de tabac et alluma sa pipe. Quant au courtier, il se sentait accablé. Malgré les instances de Manoëla, il lui fut impossible de toucher aux mets, ni de boire l'eau chaude que contenait la gourde du guide. Il avala quelques gouttes de rhum et, mettant son fusil sur l'épaule, il donna le signal du départ. Bonifacio se plaignit alors de douleurs de tête. Soupçonnant que le noir rusé désirait faire tranquillement sa sieste après avoir fumé sa pipe, Fruchot lui ordonna de se lever.

Les chasseurs continuèrent à marcher dans cette immense plaine calcinée, où, semblables au marin isolé sur l'Océan, ils n'apercevaient qu'un horizon sans limites.

Tout à coup Bonifacio, s'affaissant sur lui-même, déclara qu'il ne saurait faire un pas de plus. La figure du pauvre esclave était d'un jaune terreux, indice, chez ceux de sa race, d'une souffrance réelle autant que profonde. Fruchot se pencha sur lui, essayant de lui faire boire quelques gouttes de rhum. Bonifacio repoussa la bouteille et serra sa tête entre ses deux mains. Puis, son regard se voila ; sa face devint plus livide encore, et, enfin, il tomba comme foudroyé sur le sol.

Obéissant à une première inspiration, Fruchot répandit sur la figure de l'esclave le contenu de la gourde ; mais cette eau chaude ne produisit aucun effet. Manoëla imbiba son mouchoir de rhum et elle lui frotta les tempes. Rien ! Le courtier tenta d'introduire de nouveau quelques gouttes de cette liqueur dans la bouche ; mais les dents serrées lui opposaient une barrière infranchissable. Il l'appela à différentes reprises ; Bonifacio ne l'entendit pas. Il appuya la main sur son cœur ; il lui parut que le cœur battait encore, mais faiblement.

Vous devinez ce que fut cette nuit pour les chasseurs. Fruchot et Manoëla s'étaient dépouillés de leurs habits qu'ils jetèrent sur le corps de Bonifacio, espérant que l'esclave n'était qu'assoupi et que cette léthargie cesserait, après quelques heures de repos.

Ils ne savaient pas combien sont dangereux les rayons du soleil des tropiques, après un copieux repas, et avec quelle rapidité ils produisent une congestion cérébrale, qui est généralement mortelle.

Quoique plus aguerris que les blancs contre la chaleur, les noirs ne sont pas à l'abri de ses effets pernicieux. Surpris au moment de la digestion, Bonifacio avait eu son crâne ramolli par les flèches de feu qui tombaient du ciel. Sa cervelle s'était fondue comme une pelote de graisse.

L'esclave continuait donc à ne pas donner signe de vie. Fruchot et Manoëla revinrent à la charge ; mais ils eurent beau frotter ses tempes avec le reste du rhum et le piquer aux pieds et à la paume de la main ; le noir resta immobile. Un moment le courtier eut l'idée d'employer la saignée ; sa maladresse l'effraya. Lorsqu'il se résolut à prendre ce parti, il était trop tard ; le froid avait déjà gagné les extrémités.

Le senhor de Bonifacio regretta moins son esclave, assurément, que le courtier qui le connaissait depuis quelques jours à peine.

Avant de s'éloigner, Fruchot aurait voulu lui rendre les derniers devoirs; mais il n'était pas facile d'ouvrir ce sol pierreux. Le travail aurait été rude pour un ouvrier muni d'un pic ou d'une bêche ; et lui ne possédait d'autre instrument que son couteau. Il lui fallut donc renoncer à enterrer son compagnon. Aidé de Manoëla, le courtier roula deux grosses pierres sur le cadavre, afin de le soustraire, en partie du moins, à la voracité immédiate des animaux féroces.

Ce devoir rempli, le blanc et la négresse tinrent conseil. Qu'allaient-ils devenir? Comment se reconnaître désormais dans cette plaine aride et déserte? Poursuivront-ils leur route vers la Serra-da-Barriga, dont les crêtes bleuâtres se confondaient dans le lointain avec l'azur du ciel? Ou bien, retourneront-ils sur leurs pas? Mais comment retrouver leur chemin, à travers ces hautes herbes qui se referment derrière le voyageur, comme l'Océan derrière le navire qui sillonne ses flots, sans laisser aucune trace de son passage?

On avait parlé à Fruchot de grands marais qui se trouvaient dans les terrains bas de la vallée. Des huttes de *vaqueiros* s'élevaient près des marais, au pied des montagnes. Après mûre réflexion, les chasseurs résolurent de continuer leur route vers l'ouest, persuadés que Dieu ne les abandonnerait pas dans une situation aussi critique.

Des tiraillements d'estomac rappelèrent au courtier qu'il n'avait rien mangé depuis trente-six heures. Manoëla ne se plaignait point; mais sa figure, devenue jaunâtre, trahissait le secret de souffrances cachées. On ouvrit le panier du noir d'où s'exhalait déjà une odeur de corruption bien prononcée. Hélas! tout se décompose si vite sous ces latitudes embrasées!

Les chasseurs avaient emporté un *perù* (dindon) froid et un jambon que Bonifacio avait vigoureusement attaqué la veille. Les chairs de la volaille étaient gâtées, et une légion de fourmis s'étaient abattues pendant la nuit sur les reliefs du jambon. Impossible de toucher à ces viandes souillées. Pour comble de malheur, il ne restait plus une seule goutte de rhum dans la bouteille, et la provision d'eau était épuisée. Les fusils auraient bien pu procurer des aliments sains; mais on ne peut pas manger sans boire. Voilà donc les chasseurs condamnés à mourir d'inanition !

Découragé par la pensée du sort qui les attendait, lui et Manoëla, Fruchot se laissa tomber à côté du cadavre de Bonifacio, et le souvenir de madame Godin des Odonais se présenta brusquement à son esprit. Il compara leur position à celle de cette vaillante femme qui avait vu périr sous ses yeux son père, son frère et deux de ses enfants. Il se dit qu'ils n'étaient pas perdus, comme madame des Odonais, dans les forêts sans fin de l'Amazone; qu'au bout du compte, une petite journée de marche les séparait d'Anadia, et que cette contrée n'était pas déserte comme les rives du grand fleuve.

Cette réflexion le réconforta.

Manoëla se tenait silencieusement accroupie sur une pierre, les yeux fixés tendrement sur le courtier. C'est dans cette attitude qu'elle attendait la mort.

A la voix de son compagnon, la Mina se leva.

Fruchot venait de trouver dans sa carnassière un morceau de sel citrique. Il le partagea avec Manoëla, à qui il dit d'en frotter sa langue pour tromper la soif. Passant alors leur fusil derrière l'épaule, les chasseurs se dirigèrent du côté de la Serra. Ils se retournèrent après quelques pas, afin d'envoyer un dernier adieu à Bonifacio.

Déjà les courriers de la mort avaient répandu la fatale nouvelle dans les airs, et une troupe d'urubus noirs planait sur le cadavre, en attendant l'heure de l'affreux festin.

Le blanc et la négresse échangèrent un regard désolé.

— Voilà, si nous ne sommes pas bientôt secourus, le destin qui nous est réservé! disait ce regard.

Les montagnes paraissaient fuir devant les chasseurs. Au soir, ils arrivèrent devant un grossier telheiro ouvert à toutes les intempéries; ce telheiro ressemblait à ceux que les vaqueiros et les sertanejos élèvent dans le sertão, et où moyennant une modique rétribution les mascates trouvent un abri suspect pour la nuit. Le telheiro tombait en ruine. Il devait avoir été abandonné depuis plusieurs années par la famille nomade qui l'avait construit. Malgré l'extrême fatigue qui étreignait leurs membres et les souffrances plus horribles de la faim et de la soif, les chasseurs purent pousser un cri de désespoir; ce cri s'éteignit dans le désert, sans rencontrer d'écho. Tentant un dernier effort, Fruchot se traîna vers un petit bois qui marquait la limite de cette plaine aride et de la Serra. En atteignant les arbres, il s'étendit sur l'herbe. Il lui était impossible de faire un pas de plus. Son estomac était en feu, et sa langue, malgré le contact du sel citrique, restait collée au palais.

Manoëla eut encore la force de soulever la tête du courtier et de l'appuyer sur ses genoux.

— J'aurais voulu mourir pour le senhor, murmura-t-elle, mais Dieu m'a refusé la grâce de me dévouer pour le sauver.

— Nous mourrons ensemble! répondit Fruchot d'une voix éteinte.

En ce moment, un frôlement sourd frappa leurs oreilles. La négresse tourna la tête du côté d'où le bruit était parti. Elle aperçut un énorme câble brun, étendu à quelques mètres à peine du lieu où ils se trouvaient. Deux yeux verts la regardaient fixement, et l'extrémité du câble fouettait la terre d'alentour par des mouvements brusques qui indiquaient une colère prête à éclater.

Le câble représentait un de ces énormes reptiles appelés *sucuriu*, et plus communément *cobra do veado* (serpent du cerf), qui mesurent jusqu'à 25 et 30 pieds de longueur, et qui ne craignent pas d'attaquer, lorsqu'ils sont pressés par la faim, les voyageurs qui traversent la forêt. Les mâchoires du sucuriu ont une élasticité prodigieuse ; on a vu de ces serpents avaler un bœuf tout entier, puis rester des semaines entières plongés dans un engourdissement qui les livre sans défense aux habitants du sertão. Celui qui apparut alors aux moribonds était en train de dévorer un animal. Il témoignait assez, par les évolutions de sa queue, combien leur présence lui était importune.

Malgré l'abattement du courtier, l'idée de devenir la proie du hideux reptile lui rendit momentanément quelque vigueur. S'appuyant sur les genoux et sur les mains, il se traîna à vingt pas de là. Manoëla, la courageuse négresse, la femme dévouée, adossa Fruchot contre un palmier; puis, surmontant elle-même sa faiblesse, elle se glissa dans le bois, à la recherche de quelque nourriture et d'une source, surtout.

Elle venait à peine de disparaître lorsqu'un cri rauque, qui retentit sur la tête du courtier, lui révéla la présence d'un nouvel ennemi. Il reconnut, perché sur la cime d'un arbre, un de ces redoutables urubus qu'il avait aperçus le matin volant à l'entour du corps encore chaud de Bonifacio. Le vautour attachait sur les siens ses yeux ronds et cruels, comme pour lui reprocher de tromper son impatience, et l'engager à lui abandonner au plus tôt son cadavre.

Fruchot n'avait plus la force de se servir de son fusil; sa tête s'alourdissait de plus en plus, à chaque seconde. Des bourdonnements sourds grondaient à ses oreilles et l'éclat du jour à son déclin fatiguait ses paupières.

Il pensa à la France où il avait laissé toutes ses radieuses espérances d'artiste, et qu'il ne devait plus revoir; à sa mère, dont la mort causait tous ses malheurs; à sa sœur, riche de ses dépouilles, vivant au sein des joies de la famille et dans l'abondance de toutes choses, dont le cœur, gangrené d'égoïsme, ne s'était pas ému lorsque, — contraint par la misère, — il était parti pour l'exil; il pensa encore aux compagnons de son enfance parmi lesquels, quelques-uns, devenus les amis de sa jeunesse et les confidents de ses peines, ne l'avaient point oublié sur la terre étrangère; il pensa enfin, et surtout, en ce moment solennel, à la vaillante et généreuse créature à laquelle il devait tant de jours heureux; puis il ferma les yeux que heurtaient déjà les ailes glacées de la mort.

L'urubu poussa alors un cri funèbre, et une voix s'éleva de l'autre côté du bois, qui disait un chant familier à des oreilles françaises.

Je vais revoir ma Normandie,
C'est le pays qui m'a donné le jour.

chantait cette voix.

L'assoupissement du courtier cessa aussitôt. Il secoua l'engourdissement qui paralysait ses membres, et il parvint à se dresser sur ses genoux. Il tendit l'oreille avec anxiété.

Rien! il n'entendit plus rien!

— Allons! pensa-t-il, je rêvais. Cette voix, que j'ai cru entendre, n'a jamais retenti que dans mon imagination.

L'urubu noir poussa plusieurs croassements âpres et saccadés, puis, battant des ailes, il prit son vol dans les airs.

En même temps, la voix reprit le refrain de la romance :

Je vais revoir ma Normandie,
C'est le pays qui m'a donné le jour!

Plus de doute; Fruchot n'était pas le jouet d'une illusion. Une créature humaine, civilisée, un Français, passe gaiement près du sentier où il va rendre le dernier soupir.

Par un effort suprême, le moribond parvient à proférer quelques sons inarticulés pour appeler à son secours. Il rampe aussi sur les mains, dans la direction du chanteur. Exhalant enfin un dernier cri étouffé, il retombe parmi les arbres pour ne plus se relever. Il le croyait du moins.

Il lui sembla alors entendre de nouveau le refrain de

la chanson; puis il s'imagina qu'on l'emportait, qu'on le couchait dans un hamac, et que des figures sympathiques se penchaient vers lui.

Ce n'était point là le résultat d'une hallucination; tout cela était bien réel.

Un Français vivait, en effet, dans ces parages. Installé depuis plusieurs années au pied de la Serra avec sa petite famille, il s'occupait de l'élève du bétail. Le chanteur que la Providence venait d'amener sur le chemin de notre ami le courtier, était un brave Picard devenu, à la suite d'une aventure dramatique que nous raconterons un jour, planteur, vaqueiro et sertanéjo. Ses deux filles prodiguèrent au malade les soins les plus touchants, lorsque leur père l'eut porté dans leur cabane. Grâce à elles, il ne tarda pas à reprendre connaissance.

En ouvrant les yeux, Fruchot regarda autour de lui et appela Manoëla.

Manoëla ne répondit pas.

Quand il sut que l'on n'avait aucune nouvelle de sa compagne, le courtier ne put consentir à rester davantage dans la cabane. C'est pour lui, il s'en souvient maintenant, que Manoëla a tenté un effort surhumain, et qu'elle s'est traînée dans le bois afin de lui rapporter quelques gouttes d'eau. Son épuisement l'aura forcée de s'arrêter dans l'accomplissement de cet acte, que les circonstances rendaient héroïque; elle est tombée à son tour, et, pendant la nuit, les jaguars, les reptiles, les urubus... Horreur!

Il fallut qu'on transportât notre ami dans le bois où

s'était enfoncée la négresse. Les recherches ne durèrent pas longtemps. Manoëla fut retrouvée, mais froide, mais ensanglantée, déchiquetée, mutilée. Les jaguars avaient fait ripaille de son corps, et une troupe d'urubus, la même sans doute qui s'était abattue sur le cadavre encore chaud de Bonifacio, était en train de prendre sa fouaille dans ces débris humains.

Fruchot se mit à genoux et pleura toutes les larmes de son cœur.

Avant de quitter ce lieu maudit, il retira du doigt de Manoëla la bague qu'il lui avait donnée autrefois, en échange d'une pêche; puis, malgré sa faiblesse, il voulut ensevelir lui-même la fidèle compagne de son exil.

Le dernier vœu de la Mina avait été exaucé. Elle était morte, victime de son dévouement, pour sauver celui qu'elle aimait !

Le lecteur connaît-il beaucoup de blanches qui pourraient être justement comparées à la négresse Manoëla?

FIN

TABLE

PARIS. — IMPRIMERIE ÉDOUARD BLOT, RUE SAINT-LOUIS, 46

www.ingramcontent.com/pod-product-compliance
Ingram Content Group UK Ltd.
Pitfield, Milton Keynes, MK11 3LW, UK
UKHW020152250726
13967UKWH00003B/1005